环境与健康

huanjing
yu
jiankang

崔宝秋 主编

化学工业出版社
·北京·

内容简介

本书以普及环境教育为出发点，立足人们的日常生活与工作。首先简要概括环境问题以及各种环境因素对人体健康的影响，然后分别从大气环境、水体环境、土壤环境、居室环境、食品安全、生活用品等方面来论述与健康之间的关系，探讨了怎样利用有利的环境因素来增进人体健康和控制不利因素对人体健康的影响以预防疾病的发生，从而保证人群健康。最后介绍了绿色化学与低碳生活等方面的相关知识。本书在广泛参考国内外文献的基础上，结合作者近几年的教学研究，通过情景案例引入相关知识，强化了教材的可读性和实用性。使读者在学习环境知识的同时，提高了环境保护意识，增强了健康观念。

本书为高职高专、成人教育、中职学生的公选素质课教材，也可供广大读者作为爱护环境、增强环保意识和关心人体健康的科普读物。

图书在版编目（CIP）数据

环境与健康/崔宝秋主编．—北京：化学工业出版社，2012.12（2025.4重印）
ISBN 978-7-122-15508-5

Ⅰ.①环⋯ Ⅱ.①崔⋯ Ⅲ.①环境影响-健康-教材 Ⅳ.①X503.1

中国版本图书馆CIP数据核字（2012）第237705号

责任编辑：王文峡 石 磊　　　　　　　　文字编辑：刘莉珺
责任校对：宋 玮　　　　　　　　　　　　装帧设计：尹琳琳

出版发行：化学工业出版社（北京市东城区青年湖南街13号　邮政编码100011）
印　　装：北京科印技术咨询服务有限公司数码印刷分部
710mm×1000mm　1/16　印张15½　字数264千字　2025年4月北京第1版第8次印刷

购书咨询：010-64518888　　　　　　　　　　售后服务：010-64518899
网　　址：http://www.cip.com.cn
凡购买本书，如有缺损质量问题，本社销售中心负责调换。

定　　价：39.00元　　　　　　　　　　　　　　　　　版权所有　违者必究

前言

环境教育被誉为"全民教育、终身教育",从高层决策人物到普通百姓,从各行各业到日常生活,无一例外都与环境问题密切相关。环境问题不仅影响社会经济的可持续发展,而且也影响到人民群众的身体健康和生活质量。因此,许多院校在各专业、各学科中相继开展了环境教育。本书以高等教育普及环境教育为出发点,立足日常的生活与工作,内容不仅涉及环境因素与健康,而且从大气环境、水体环境、土壤环境、居室环境、食品安全、生活用品等方面来论述与健康之间的关系,探讨怎样利用有利的环境因素增进人体健康和控制不利因素的影响以预防疾病的发生,从而保证人群健康。最后介绍了绿色化学与低碳生活以及环境污染事件的紧急处理方面的相关知识。本书在广泛参考国内外文献的基础上,结合作者近几年的教学研究,通过情景案例引入相关知识,强化了教材的可读性和实用性。使读者在学习环境知识的同时,提高了环境保护意识,增强了健康观念。本书既可作为高职高专、成人教育、中职学生的公选素质课教材,也可作为广大读者爱护环境、增强环保意识和关心人体健康的科普读物。

在本书编写的过程中,辽宁医学院胡晓光,锦州师范高等专科学校秦俭、王莹、孙萍等参与了部分章节的修改工作。锦州师范高等专科学校毛玖学教授、陶丽英教授审阅了书稿,并提出了很多宝贵的意见,在此谨致谢忱。

鉴于作者水平有限,本书在章节体系安排、资料取舍以及对书中所涉及到的专业术语的了解程度,难免会出现疏漏和不足。编者真诚希望各位专家、学者和环保爱好者提出宝贵建议。

崔宝秋
2012年5月

目 录

1 环境与环境污染

【案例导入】

  环境与宜居 ·· 002
  环境污染影响寿命 ·· 002

【讨论】

  1.1 环境 ·· 002
    1.1.1 环境组成 ·· 003
    1.1.2 环境因素 ·· 004
    1.1.3 生态系统与生态平衡 ······························ 006
    1.1.4 环境问题 ·· 008
  1.2 环境污染 ·· 009
    1.2.1 环境污染物 ······································ 009
    1.2.2 环境污染物影响健康因素 ·························· 013
    1.2.3 环境污染危害人体健康 ···························· 017

【阅读材料】

  世界环境问题 ·· 020
  世界卫生组织健康标准 ·· 022

2 环境因素与健康

【案例导入】

硒元素与寿命 ·· 024
切尔诺贝利核电站大爆炸 ······································ 024
2009年陕西凤翔铅超标事件 ··································· 024

【讨论】

2.1 物理因素与人体健康 ······································ 025
    2.1.1 噪声 ·· 025
    2.1.2 电磁辐射 ·· 028
    2.1.3 光污染 ·· 032
    2.1.4 温度 ·· 034
    2.1.5 湿度 ·· 036
    2.1.6 气压 ·· 037
2.2 化学因素与人体健康 ······································ 038
    2.2.1 元素与疾病 ·· 038
    2.2.2 化学污染物与健康 ···································· 043
2.3 生物因素与人体健康 ······································ 049
    2.3.1 细菌 ·· 049
    2.3.2 真菌 ·· 050
    2.3.3 病毒 ·· 050
    2.3.4 寄生虫 ·· 051
    2.3.5 其他生物因素 ·· 052

【阅读材料】

社会因素与人体健康 ·· 052
家电辐射排行榜 ·· 053
手机与辐射 ·· 054

3 大气环境与健康

【案例导入】

美国多诺拉烟雾 ·· 058

雅典"紧急状态事件" ······ 058

【讨论】
  3.1　大气组成及垂直结构 ······ 059
    3.1.1　大气组成 ······ 059
    3.1.2　大气垂直结构 ······ 060
    3.1.3　大气层作用 ······ 061
  3.2　大气污染物 ······ 061
    3.2.1　大气污染物来源 ······ 062
    3.2.2　大气污染物种类 ······ 063
  3.3　大气污染与人体健康 ······ 066
    3.3.1　光化学烟雾 ······ 066
    3.3.2　酸雨 ······ 067
    3.3.3　温室效应 ······ 069
    3.3.4　臭氧洞 ······ 071
    3.3.5　沙尘暴 ······ 073
    3.3.6　灰霾 ······ 075
    3.3.7　汽车尾气 ······ 077
  3.4　大气环境治理 ······ 078
    3.4.1　大气环境标准 ······ 078
    3.4.2　综合防治大气污染 ······ 083

【阅读材料】
  硫酸型烟雾 ······ 084
  热岛效应 ······ 084

4 水体环境与健康

【案例导入】
  饮水机内的"健康杀手" ······ 088
  吉林石化公司水污染事件 ······ 088
  美国饮用水中铅中毒 ······ 088

【讨论】

4.1 水组成与水质指标 …………………………………… 089
    4.1.1 水组成与水资源 ………………………………… 089
    4.1.2 水质与水质指标 ………………………………… 089
    4.1.3 人体内水的功能 ………………………………… 090

4.2 水体污染物 …………………………………………… 091
    4.2.1 水体污染源 ……………………………………… 091
    4.2.2 水体污染物种类 ………………………………… 092
    4.2.3 水体优先控制污染物 …………………………… 093

4.3 水体污染与人体健康 ………………………………… 095
    4.3.1 饮用水标准 ……………………………………… 095
    4.3.2 水体污染影响身体健康 ………………………… 096
    4.3.3 科学饮水 ………………………………………… 097

4.4 治理水污染 …………………………………………… 100
    4.4.1 污水排放标准 …………………………………… 100
    4.4.2 预防与治理水污染 ……………………………… 101

【阅读材料】

赤潮 ………………………………………………………… 102
游泳池水与人体健康 ……………………………………… 103

土壤环境与健康

【案例导入】

黑龙江省鸡西市梨树区有毒化工废渣污染事件 ……… 106
广东IT行业重金属污染土壤 …………………………… 106

【讨论】

5.1 土壤组成和性质 ……………………………………… 107
    5.1.1 土壤组成 ………………………………………… 107
    5.1.2 土壤性质 ………………………………………… 107
    5.1.3 土壤功能 ………………………………………… 110

- 5.2 土壤污染物 ·················· 110
  - 5.2.1 土壤污染源 ············ 111
  - 5.2.2 土壤污染物种类 ········ 112
- 5.3 土壤污染与人体健康 ·········· 113
  - 5.3.1 土壤污染特点 ·········· 113
  - 5.3.2 土壤污染危害人体健康 ··· 113
- 5.4 治理土壤污染 ················ 115
  - 5.4.1 土壤污染现状 ·········· 115
  - 5.4.2 土壤污染治理方法 ······ 117

【阅读材料】

电子垃圾 ························ 118
农村生活垃圾 ···················· 119
治理垃圾污染 ···················· 120
治理白色污染 ···················· 121

6 居室环境与健康

【案例导入】

陈先生起诉装修公司案件 ·········· 124
某小区癌症元凶调查 ·············· 124

【讨论】

- 6.1 居室环境污染概述 ············ 124
  - 6.1.1 居室污染源 ············ 125
  - 6.1.2 居室污染特点 ·········· 126
- 6.2 居室化学性污染 ·············· 127
  - 6.2.1 有机污染物与人体健康 ··· 127
  - 6.2.2 无机污染物与人体健康 ··· 129
  - 6.2.3 吸烟与人体健康 ········ 130
  - 6.2.4 厨房油烟与人体健康 ···· 132
- 6.3 居室物理性污染 ·············· 134

  6.3.1 居室放射性污染与人体健康 …………………… 134
  6.3.2 居室电磁辐射污染与人体健康 …………………… 135
  6.3.3 居室噪声污染与人体健康 ………………………… 136
  6.3.4 居室光污染与人体健康 …………………………… 137
 6.4 居室生物性污染 ……………………………………………… 138
  6.4.1 居室生物性污染危害 ……………………………… 138
  6.4.2 典型居室生物性污染 ……………………………… 139
  6.4.3 预防居室生物性污染方法 ………………………… 141
 6.5 室内空气监测与净化 ………………………………………… 141
  6.5.1 监测目的与内容 …………………………………… 141
  6.5.2 监测要求与时间 …………………………………… 142
  6.5.3 室内环境检测标准 ………………………………… 142
  6.5.4 室内空气污染的自我识别 ………………………… 143
  6.5.5 预防与减少室内空气污染 ………………………… 143

【阅读材料】

电脑与人体健康 ……………………………………………………… 144
复印机与人体健康 …………………………………………………… 146
开放式办公与健康 …………………………………………………… 146
现代住宅的五条卫生标准 …………………………………………… 147
汽车内污染物与人体健康 …………………………………………… 148
健身房内污染物与人体健康 ………………………………………… 149
歌舞厅内污染物与人体健康 ………………………………………… 150

7 食品安全与健康

【案例导入】

2007年"枞阳饭店"亚硝酸盐中毒事件 …………………………… 154
2011年"地沟油"事件 ……………………………………………… 154
2011年某品牌"瘦肉精"事件 ……………………………………… 154

【讨论】

 7.1 食品质量安全概述 …………………………………………… 155

7.1.1　食品安全内容 …………………………………… 155
　　　7.1.2　食品安全问题 …………………………………… 155
　7.2　食品污染与健康 ………………………………………… 156
　　　7.2.1　食品污染分类 …………………………………… 156
　　　7.2.2　食品污染原因 …………………………………… 157
　　　7.2.3　食品污染影响人体健康 ………………………… 159
　7.3　食品添加剂与健康 ……………………………………… 161
　　　7.3.1　食品添加剂分类与功能 ………………………… 161
　　　7.3.2　食品添加剂存在隐患 …………………………… 162
　　　7.3.3　食品添加剂使用原则 …………………………… 163
　7.4　饮料与健康 ……………………………………………… 164
　　　7.4.1　饮料种类 ………………………………………… 164
　　　7.4.2　碳酸饮料与人体健康 …………………………… 164
　　　7.4.3　功能饮料与人体健康 …………………………… 165
　　　7.4.4　茶饮料与人体健康 ……………………………… 167
　　　7.4.5　乳饮料与人体健康 ……………………………… 168
　　　7.4.6　酒精饮料与人体健康 …………………………… 169
　7.5　食品安全管理 …………………………………………… 170
　　　7.5.1　食品安全管理内容 ……………………………… 170
　　　7.5.2　预防食品污染措施 ……………………………… 170
　　　7.5.3　绿色食品和有机食品 …………………………… 171

【阅读材料】

转基因食品 ……………………………………………………… 173
油炸食品、烧烤食品及膨化食品 ……………………………… 174
葡萄酒和啤酒 …………………………………………………… 175
儿童喝饮料注意事项 …………………………………………… 176

8

生活用品与健康

【案例导入】

1989年株洲美容霜事件 ………………………………………… 180
2004年武汉染发猝死事件 ……………………………………… 180

【讨论】

- 8.1 生活用品与健康概述 ·················· 180
  - 8.1.1 生活用品种类 ·················· 180
  - 8.1.2 生活用品存在的健康问题 ·················· 181
- 8.2 化妆品与人体健康 ·················· 181
  - 8.2.1 化妆品中有害物质 ·················· 182
  - 8.2.2 化妆品中有害物质危害人体健康 ·················· 183
  - 8.2.3 正确使用化妆品 ·················· 184
- 8.3 洗涤剂与人体健康 ·················· 185
  - 8.3.1 洗涤剂中有害物质 ·················· 185
  - 8.3.2 洗涤剂中有害物质危害人体健康 ·················· 186
  - 8.3.3 正确使用洗涤剂 ·················· 187
- 8.4 杀虫剂与人体健康 ·················· 188
  - 8.4.1 杀虫剂种类 ·················· 188
  - 8.4.2 杀虫剂影响人体健康 ·················· 189
  - 8.4.3 正确使用杀虫剂 ·················· 189
- 8.5 塑料制品与人体健康 ·················· 190
  - 8.5.1 塑料组成与性能 ·················· 190
  - 8.5.2 塑料制品中有害物质危害人体健康 ·················· 192
  - 8.5.3 正确使用塑料制品 ·················· 194
- 8.6 服装与人体健康 ·················· 194
  - 8.6.1 服装中的污染物 ·················· 195
  - 8.6.2 服装中的污染物危害人体健康 ·················· 196
  - 8.6.3 预防与减少服装中的污染 ·················· 197
- 8.7 饰品与人体健康 ·················· 198
  - 8.7.1 饰品中的化学物质 ·················· 198
  - 8.7.2 饰品与人体健康 ·················· 199
  - 8.7.3 正确使用饰品 ·················· 200

【阅读材料】

- 口红与健康 ·················· 201
- 指甲油与健康 ·················· 201
- 染发剂与健康 ·················· 202
- 塑料制品中的数字标识 ·················· 203

9 绿色化学与低碳生活

【案例导入】
　　绿色化学挑战奖 ·· 206
　　"世界无车日" ·· 206

【讨论】
　　9.1　绿色化学 ·· 207
　　　　9.1.1　化学工业带来环境污染 ································ 207
　　　　9.1.2　绿色化学的产生 ······································ 209
　　　　9.1.3　绿色化学的核心与原则 ································ 209
　　　　9.1.4　绿色化学的任务与技术 ································ 210
　　9.2　低碳经济 ·· 213
　　　　9.2.1　低碳经济的提出 ······································ 213
　　　　9.2.2　低碳经济的特点 ······································ 213
　　　　9.2.3　低碳经济与绿色化学 ·································· 214
　　9.3　低碳生活 ·· 215
　　　　9.3.1　低碳生活的提出 ······································ 215
　　　　9.3.2　低碳生活从身边事做起 ································ 215

【阅读材料】
　　环境教育 ·· 216
　　环境保护的先行者——大学生 ···································· 218

附录

参考文献

环境与环境污染

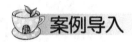 案例导入

环境与宜居

《素问·五常政大论》云："一州之气,生化寿夭不同,其故何也?岐伯曰:高下之理,地势使然也。崇高则阴气治之,污下则阳气治之。阳胜则先天,阴胜则后天,此地理之常,生化之道也……高者其气寿,下者其气夭,地之小大也,小者小异,大者大异。"

唐代医家孙思邈在《千金翼方》中提到:"山林深远,固是佳景……背山临水,气候高爽,土地良沃,泉水清美……若得左右映带岗阜形胜最为上地,地势好,亦居者安。"

环境污染影响寿命

美国杨伯翰大学和哈佛大学公共卫生学院的科研人员在出版的《新英格兰医学杂志》上刊文指出,1978年至2001年美国人平均寿命从先前的74岁延长至77岁。这3年中有4.8个月要归功于空气质量的提高。研究人员通过观察这20多年里美国51座城市的空气悬浮粒子污染程度的变化与人口平均寿命的关系,并排除吸烟习惯、收入、受教育程度和移居等一些有可能影响人均寿命的因素,最后得出结论表明,降低空气污染程度有助延长人的寿命。

 讨论

1. 什么样的环境有利于人们居住和健康长寿?
2. 日常生活中人们会遇到哪些环境污染问题?

1.1 环境

环境通常是指人类和生物赖以生存的空间及外部条件,而环境科学所研究的环境,是以人类为主体的外部世界,即人类生存、繁衍所必需的、相适应的环境或物质条件的综合体,它的中心事物是人类。《中华人民共和国环境保护法》中的环境是指影响人类生存和发展的各种天然的和经过人工改造的自然因素的总体，包括大气、水、海洋、土地、矿藏、森林、草原、野生生物、自然遗迹、人文遗迹、风景名胜区、自然保护区、城市和乡村等。在世界卫生组织公共卫生专家委员会看来，环境是指在特定时刻由物理、化学、生物及社会的各种因素构成的整体状态，这些因素可能对生命机体或人类活动直接或间接地产生近期或远期的作用。本书中环境是侧重于物理、化学、生物等因素构成的整体状态可能对生命机体或人类活动直接或间接地产生近期或远期的作用和影响。

1.1.1 环境组成

环境习惯上分自然环境和社会环境。自然环境是人类赖以生存和发展的物质基础，通常根据构成自然环境的因素划分为大气圈、水圈、生物圈、土圈和岩石圈等五部分。社会环境是指人类在自然环境的基础上，为不断提高物质和精神生活水平，通过长期有计划、有目的的发展，逐步创造和建立起来的人工环境，如城市、农村、工矿区等。社会环境的发展和演替受自然规律、经济规律以及社会规律的支配和制约。为了研究方便，环境按人类生存空间分为聚落环境、地理环境、地质环境和星际环境等层次，每一层次也包括相对应的自然环境和社会环境。

（1）聚落环境

聚落环境是人类有目的、有计划地利用和改造自然环境而创造出来的生存环境，是与人类的生产和生活关系最密切、最直接的工作和生活环境。人类的聚落环境已从最初自然界中的穴居和散居，发展到现在的乡村和城市。与此同时，在人类的发展过程中，由于人口的过度集中、人类缺乏节制的频繁活动，以及对自然界的资源和能源超负荷索取，聚落环境已经造成局部甚至全球性的环境污染。

（2）地理环境

地理环境位于地球表层，厚约10～20公里，它下起岩石圈的表层，上至大气圈下部的对流层顶，包括了全部土壤圈。地理环境与人类的生存和发展密切相关，它直接影响到人类的衣、食、住、行等各个方面。地理环境是具有一定结构的多级自然系统，水、土、气、生物圈等都是它的子系统。每个子系统在整个系统中又有着各自特定的地位和作用，比如非生物环境都是生物（植物、动物和微生物）赖以生存的主要环境要素，它们与生物种群共同组成生物的生存环境。

（3）地质环境

地质环境主要指地表以下的坚硬地壳层，也就是岩石圈部分，平均厚度30公里左右。它由岩石及其风化产物（浮土）两部分组成。岩石是地球表面的固体部分，浮土是包括土壤和岩石碎屑组成的松散覆盖层，厚度范围一般为几十米至几公里。地质环境为人类提供了大量的生产资料，特别是丰富的矿产资源。它对人类社会发展的影响将与日俱增。

（4）宇宙环境

宇宙环境是指地球大气圈以外的宇宙空间，它由广漠的空间、各种天体、弥漫物质以及各类飞行器所组成。它是人类活动进入地球邻近的天体和大气层以外的空间的过程中提出的概念，也是人类生存环境的最外层部分。随着科学技术的发展，人类活动越来越多地延伸到大气层以外的空间，比如发射的人造卫星、运载火箭、空间探测工具等飞行器。由于飞行器本身的失效和可能遗弃的废物等问题，也会给宇宙环境及相邻的地球环境带来新的环境问题。

1.1.2 环境因素

环境体系中的大气、水体、土壤、岩石和生物体等环境介质以一定物质形态存在于环境中，而通过环境介质载运的能量、物质以及介质中的各种无机物和有机物等成分被称为环境因素。实际上，人们生活的环境就是由各种环境介质和环境因素组成的综合体。环境因素分自然环境因素和社会环境因素两种，自然环境因素主要包括物理因素、化学因素和生物因素三种，而社会环境因素包括教育、社会、经济、文化等诸多社会与心理因素。在人类活动中，各种环境因素相互作用，互相影响。一旦环境因素发生变化，人类生存的环境也会发生相应变化。当人类能够适应环境变化时，人体可以保持稳定状态；而如果人的身体不能适应环境变化时，人体健康就会受到影响，甚至发生疾病。

（1）物理因素

环境中的物理因素主要包括温度、湿度、气压、振动、噪声、热辐射、电离辐射和非电离辐射等。有些物理因素在正常情况下是人体生理活动和从事生产劳动所必需的，表现为在某一强度范围内对人体健康无害，如温度、气压、热辐射等。但是物理因素高于或低于某一强度范围时会对人体健康产生不良影响。例如高温可引起中暑，低温可引起冻伤和冻僵；高气压可引起减压病，低气压可引起高山病，等等。可见，在许多情况下物理因素对人体的损害效应与物理参数之间不呈线性关系。

（2）化学因素

环境中的化学因素主要包括元素单质、无机化合物和有机化合物等化学物质。这些化学物质中有些是人类生存和健康所必需的，如蛋白质、脂肪、糖类等；有些则是人类生产过程中所排放的化学污染物，如煤、石油等能源在燃烧过程中产生的硫氧化合物、氮氧化合物、碳氧化合物、碳氢化合物、有机溶剂等，或是在生产生活过程中的原料中间体或废弃物（废水、废气、废渣）等。化学物质在创造人类高度文明的同时，也给人类健康带来了不可低估的损害。有些化学物质在正常接触和使用情况下对人体无害，但是一旦使用过量或低剂量长时期接触时也会对人体健康产生危害作用。

（3）生物因素

环境中的生物因素主要包括人类生活环境中存在的各种生物，如细菌、真菌、病毒、寄生虫等。从生态系统的观点来看，人类不可能脱离其他生物而独立存在，地球生态系统中的多数生物也有益于人类健康，它们或者是人类的优质食物来源，或者在人体内帮助实施新陈代谢过程，或者可能抑制致病微生物的生长和繁殖。当然，也有许多生物可能导致人类疾病，如微生物侵入人体后在人体内繁殖，破坏机体的正常结构和功能而引起感染性疾病等。

（4）社会因素

环境中的社会因素主要包括社会制度、文化教育、人口及家庭等方面，它们主要通过对人的心理、生理以及社会适应能力等方面的作用，直接或间接地影响人类健康。比如社会经济水平影响人们的收入和开支、营养状况、居住条件、接受科学知识和受教育的机会等。社会因素还包括人们的年龄、性别、风俗、习惯、宗教、信仰、职业和婚姻等。心理因素是指在特定的社会环境条件下，导致人们在社会行为方面乃至身体、器官功能状态产生变化的因素。心理因素着重于个体和内在情绪（兴奋、抑制、焦虑、忧郁、恐惧、愤怒、悲伤等心理紧张）及对周围环境和事物的态度和观念。社会环境的变化也会影响个体的心理和躯体的健康，因此心理因素又常与社会环境密切相关。心理紧张本是人适应环境的一种正常反应，但如果强度过大、时间过久都会使人的心理活动失去平衡,继而导致神经活动的功能失调,甚至导致情感性疾病和心身疾病的发生,严重者还可能造成各种精神性疾病。因此,应该着重强调个体心理状态须尽快地去适应社会环境的改变,使个体和不断变动着的社会环境调整为一个协调统一的整体,使社会环境的任何变动都不致使人长时间地停留在心理失衡和(或)神经活动功能失调,以预防躯体疾病的发生。

1.1.3 生态系统与生态平衡

生态系统是生物群落与周围环境之间构成相互作用的功能系统,是在一定时间和空间内,生物与生物之间、生物与非生物之间,通过不断的物质循环、能量交换和信息传递而相互作用、相互依存的统一体。即生态系统就是在一定地区内,生物和它们的非生物环境(物理环境)之间进行着连续的能量和物质交换所形成的一个生态学功能单位。生态系统具有能量流动、物质循环和信息传递三大功能。生态系统是一个开放系统,依赖外界环境提供输入太阳辐射能与营养物质和接受输出热、排泄物等,其行为受到外部环境的影响。但是,生态系统并不是完全被动地接受环境的影响,在正常情况下,其本身也具有一定的反馈机能,使它能够自动调节,逐渐修复与调整因外界干扰而受到的损伤,维持正常的结构与功能,保持其相对平衡稳定的状态。所以,它又是一个反馈系统。最大的生态系统是生物圈。

(1)生态系统组成

生态系统是一个多成分的极其复杂的大系统,一般由非生物成分、生产者、消费者和分解者四类成分构成。

① 非生物成分 非生物成分包括太阳辐射能、H_2O、CO_2、O_2、N_2、矿物盐类以及其他元素和化合物,是生物赖以生存的物质和能量的源泉;同时,它们共同组成大气、水和土壤环境,成为生物活动的场所。

② 生产者 生产者通过叶绿素吸收太阳光能进行光合作用,把从环境中摄取的无机物质合成为有机物质,并将太阳光能转化为化学能贮存在有机物质中,为地球上其他一切生物提供得以生存的食物。生产者是有机物质的最初制造者。

③ 消费者 消费者不能自己生产食物,只能直接或间接利用植物所制造的有机物,取得营养物质和能量,维持其生存。根据其食性不同又分为植食动物(直接采食植物以获得能量的动物,如牛、马、羊、象、食草昆虫和啮

齿类等）和肉食动物（以捕捉动物为主要食物的动物叫做肉食动物）。

④ 分解者 分解者依靠分解动植物的排泄物和死亡的有机残体取得能量和营养物质，同时把复杂的有机物降解为简单的无机化合物或元素，又归还到环境中，被生产者有机体再次利用。分解者主要指细菌、真菌和一些原生动物，它们广泛分布于生态系统中，时刻不停地促使自然界的物质发生循环。

从理论上讲，任何一个自我维持的生态系统，只要有非生物物质、吸收外界能量的自养生产者和能使自养生物死亡之后进行腐烂的分解者等基本成分就够了，消费者有机体并不是必要成分。

（2）食物链、食物网与营养级

① 食物链 植物所固定的能量是通过一系列的取食和被取食关系在生态系统中传递的，人们把生物之间存在的这种单方向营养和能量传递关系称为食物链。食物链是生态系统营养结构的具体表现形式之一，分为牧食食物链和腐食食物链两种。牧食食物链包括各种消费者动物，它是通过活的有机体以捕食与被捕食的关系建立的，能量沿着生产者到各级消费者的途径流动。一般说来，生态系统中能量在沿着牧食食物链传递时，从一个环节到另一个环节，能量大约要损失90%。腐食食物链是动植物死亡后被细菌和真菌所分解，能量直接自生产者或死亡的动物残体流向分解者。

② 食物网 在生态系统的生物之间存在着一种远比食物链更错综复杂的普遍联系，像一个无形的网络把所有生物都包括在内，使它们有着直接或间接的联系，这就是食物网。

③ 营养级 营养级指处于食物链某一环节上的全部生物种的总和，因此营养级之间的关系是指一类生物和处于不同营养层次上另一类生物之间的关系。绿色植物首先固定了太阳能和制造有机物质，供本身和其他消费者有机体利用，它们属第一营养级。第一性消费者植食动物是第二营养级，比如蚱蜢和牛都是植食动物，处于同一营养级。螳螂吃蚱蜢，猫头鹰吃田鼠，这两种捕食者动物都是第二性消费者，占据第三营养级。吃螳螂的鸟和吃猫头鹰的貂是第三性消费者，占第四营养级。还可以有第四性消费者和第五营养级。不同的生态系统往往具有不同数目的营养级，一般为3~5个营养级。在一个生态系统中，不同营养级的组合就是营养结构。一般来说，生物种类越丰富，食物网和营养结构越复杂，生态系统越稳定。

（3）生态平衡

生态平衡是指在一定时间内生态系统中的生物和环境之间、生物各个种群之间，通过能量流动、物质循环和信息传递，使它们相互之间达到高度适应、协调和统一的状态。即当生态系统处于平衡状态时，系统内各组成成分之间保持一定的比例关系，能量、物质的输入与输出在较长时间内趋于相等，结构和功能处于相对稳定状态，在受到外来干扰时，能通过自我调节恢复到初始的稳定状态。实际上，生态系统常常靠自我调节过程来实现一种平衡状态。对人类来讲，生态平衡是生物维持正常生长发育、生殖繁衍的根本条件，也是人类生存的基本条件。但是，生态系统的这种自我调节能力常常也是有限度的。当外界压力很大，使系统的变化超过了自我调节能力的限度时，它的自我调节能力随之下降，生态平衡开始失调。如果其中某一成分过于剧烈地发生改变，都可能出现一系列的连锁反应，使生态平衡遭到破坏。如目前进行的过度放牧、围海造田、"三废"排放等已经导致了水土流失、物种绝迹等现象。如果某种化学物质或某种化学元素过多地超过了自然状态下的正常含量，也会影响生态平衡。如农业大量施肥和滥用农药等。在人类的发展过程中，人们必须遵循自然发展规律，保护和维持自然界的生态平衡。

1.1.4 环境问题

人类出现以来，生产力不断向前发展，向大自然索取的资源也日益增加。但人类进步的历程也伴随着生态环境的破坏。例如：对长江、黄河流域的过度开发，致使两河流域水土流失严重、土壤肥力下降；林业上的乱砍滥伐，造成严重的"森林赤字"；在山区林地的超载养殖，造成大面积草原沙化；工业生产的各种排污，造成水域、土地、天空的污染等等。据统计，全球陆地的1/4正面临着土壤退化。全球荒漠化土地已经达到4560万平方公里，而且还以每年5万到7万平方公里的速度扩大。全球工业"三废"（废气、废水、废渣）的排放日益严重，世界范围内的酸雨、温室效应和臭氧层的破坏也逐渐加重。这些危害已超出国界，在更大范围内影响生态经济，开始显现各种环境问题。

环境问题是指由于人类活动作用于周围环境所引起的环境质量变化，以及这种变化对人类的生产、生活和健康造成的影响。环境问题主要有两类：一类是自然演变和自然灾害引起的原生环境问题，也叫第一环境问题，如地震、洪涝、干旱、台风、崩塌、滑坡、泥石流等。一类是人类活动引起的次生环境问题，也叫第二环境问题。次生环境问题一般分为环境污染和环境破坏两类。环境污染指人类直接或间接地向环境排放超过其自净能力的物质或能量，从而使环境的质量降低，对人类的生存与发展、生态系统和财产造成不利影响的现象。环境污染包括水体污染、大气污染、噪声污染、放射性污染等。环境污染不仅给生态系统造成直接的破坏和影响，如沙漠化、森林破坏等；而且也给生态系统和人类社会造成间接的危害。例如，温室效应、酸雨和臭氧层破坏就是由大气污染衍生出的环境效应，它们往往在污染发生的时候不易被察觉或预料到，然而一旦发生就表示环境污染已经发展到相当严重的地步。环境污染在影响社会经济发展的同时，也影响到人民群众的健康。例如，城市的空气污染造成空气污浊，人们的发病率上升；水污染使饮用水源的质量恶化，威胁人的身体健康，引起胎儿早产或畸形，等等。环境破坏包括乱砍滥伐引起的森林植被的破坏、过度放牧引起的草原退化、大面积开垦草原引起的沙漠化和土地沙化、工业生产造成大气、水环境恶化等。

1.2 环境污染

1.2.1 环境污染物

（1）环境污染物来源与分类

环境污染物是指进入环境后使环境的正常组成和性质发生改变，直接或间接有害于人类与生物的物质。环境污染物主要来源于人类生产和生活活动中产生的各种物质和自然界释放的物质（如火山爆发喷射出的气体、尘埃等）。环境污染物按环境要素分为大气污染物、水体污染物、土壤污染物等；按形态分为气体污染物、液体污染物和固体污染物；按性质分为化学污染物、物理污染物和生物污染物。环境污染物还可以按其在环境中的物理和化学变化分为一次污染物和二次污染物。一次污染物是指直接从污染源排放的污染物质，如二氧化硫、一氧化氮、一氧化碳、颗粒物等。二次污染物是由一次污染物在受到自然界中物理、化学和生物因子的影响下其性质和状态发生变化而形成的新的污染物。二次污染物对环境和人体的危害通常比一次污染物严重，例如甲基汞比汞及其无机化合物对人体健康的危害更大。

（2）环境污染物迁移与转化

环境污染物进入环境后不是静止不变的，而是随着生态系统的物质循环，在复杂的生态系统中不断迁移、转化。

① 环境污染物迁移　环境污染物迁移是指污染物在环境中发生的空间位置的相对移动过程，迁移结果导致局部环境中污染物的种类、数量和综合毒

性强度发生变化。环境污染物迁移主要包括机械性迁移、物理化学性迁移和生物性迁移三种。

机械性迁移可通过大气、水体和重力作用等方式迁移。通过大气的迁移指污染物在大气中的自由扩散作用和被气流搬运的作用，其影响因素有气象条件、地形地貌、排放浓度、排放高度等。污染物在大气中的排放量正比于平均风速，与垂直混合高度成反比。通过水体的迁移指污染物在水中的自由扩散作用和被水流的搬运作用。污染物在水体中的浓度与污染源的排放量成正比，与平均流速和距污染源的距离成反比。通过重力作用的迁移主要指悬浮污染物的沉降作用以及人为的搬运作用等迁移方式。

物理化学性迁移是指环境污染物以简单离子或可溶性分子的形式发生溶解-沉淀、吸附-解吸附、氧化-还原等作用。比如，环境中的水在重力作用下通过水解作用使岩石、矿物中的化学元素溶入水中产生游离态的元素离子。吸附是发生在固体或液体表面对其他物质的一种吸着作用，其中重金属和有机污染物常吸附于胶体或颗粒物上而随之迁移。氧化-还原作用是指发生氧化还原反应，比如有机污染物在游离氧占优势时会逐步被氧化分解为二氧化碳和水，在厌氧条件下则形成一系列还原产物如硫化氢、甲烷和氢气等。同样，一些元素如铬、钒、硫、硒等在氧化条件下形成易溶性化合物铬酸盐、钒酸盐、硫酸盐、硒酸盐等，具有较强迁移能力；在还原环境中，这些元素变成难溶的化合物而不能迁移。

生物性迁移指污染物通过生物体的吸附、吸收、代谢、死亡等过程而发生迁移，包括生物浓缩、生物累积、生物放大等情况。生物浓缩指生物体从环境中蓄积某种污染物，出现生物体中浓度超过环境中浓度的现象，又称生物富集。生物累积指生物个体随其生长发育的不同阶段从环境中蓄积某种污染物，从而浓缩系数不断增大的现象。生物累积某种污染物浓度水平取决于该生物摄取和消除该污染物的速率之比，摄取大于消除，则发生生物积累。生物放大指生态系统的同一食物链上，某种污染物在生物体内的浓度随着营养级的提高而逐步增大的现象。

② 环境污染物转化　环境污染物转化是指污染物在环境中通过物理作用、化学作用或生物作用等形式改变其形态或者转变成另一物质的过程，根据其转化形式分为物理转化、化学转化和生物转化。物理转化指环境污染物通过蒸发、渗透、凝聚、吸附以及放射性元素的蜕变等一种或几种过程实现的转化。化学转化指污染物通过各种化学反应过程发生变化，如氧化还原反应、水解反应、络合反应、光化学反应等。比如，大气中污染物的化学转化以光化学氧化和催化反应为主。水体中污染物的化学转化主要是氧化还原反

应和络合水解反应。在土壤中农药的水解由于土壤颗粒的吸附催化作用而加强，甚至有时比在水中还快；金属离子在土壤中也经常在其价态上发生一系列的改变。生物转化指污染物通过相应酶系统的催化作用所发生的变化过程。污染物生物转化的结果一方面可使大部分有机污染物毒性降低，或形成更易降解的分子结构；另一方面，可使一部分有机污染物毒性增强，或形成更难降解的分子结构。

污染物进入环境后也是一个积累和富集的过程。生物在代谢过程中，通过吸附、吸收等各种过程，从生存环境中积累某些化学元素或化合物，并随着生物的生长发育，生物体内污染物的浓度不断加大。污染物在生态系统中还可以通过食物链的放大作用富集。如农药滴滴涕（DDT），性质稳定，脂溶性很强，被摄入动物体内后即溶于脂肪，很难分解排泄。随着摄入量的增加，在动物体内的浓度会不断增加。即使环境中的毒物很少，但由于生物积累、放大作用也会使生物受到毒害，甚至威胁人类健康。在生态系统中，污染物会沿食物链流动过程中随营养级的升高而增加，其富集系数在各营养级中均可达到极其惊人的含量。"水俣病"就是人们食用富集了大量有机汞的鱼所引起的。所以，通过污染物在生态系统中的迁移转化与积累富集的研究，可以认识污染物在生态系统中的转化规律以及危害程度。

（3）环境污染物进入人体途径

环境污染物一般通过空气、水、土壤、食物及昆虫等媒介，经过人体呼吸、皮肤接触、消化道吸收等途径进入人体，进而影响人体健康。

① 呼吸道　呼吸道是污染物进入人体的主要途径。呼吸道黏膜具有很强的吸收能力，多数污染物主要在细支气管，尤其在肺泡内被吸收。进入肺泡的污染物直径一般不超过3微米，而直径大于10微米的颗粒物质，大部分被黏附在呼吸道、气管和支气管黏膜上。水溶性较大的气态物质，如氯气、二氧化硫等，往往被上呼吸道黏膜溶解而刺激上呼吸道，极少进入肺泡；而水溶性较小的二氧化氮等气态毒物，大部分能到达肺泡。肺泡富有毛细血管，进入肺泡的毒物可以迅速被吸收，且不经过肝脏的解毒作用，直接进入血液循环而分布到全身。

② 皮肤　有些污染物通过皮肤，经过毛孔到达皮脂腺体细胞而被吸收，一小部分则通过汗腺而进入人体。例如，脂溶性的污染物（如苯等有机化合物）、汞、砷等都可与皮脂腺的根部结合，而被皮肤直接吸收。

③ 消化道　污染物通过水、食物进入胃肠道后，在胃中吸收很少（但毒物浓度大者除外），主要由小肠吸收。

污染物进入人体后，由血液输送到人体各组织。不同的有毒物质在人体各组织的分布状况不同。一般来说，重金属分布在人体的骨骼内，有机农药类分布在脂肪组织内。毒物长期隐藏在组织内，并在组织内富集，造成机体的潜在危险。除很少一部分水溶性强、相对分子质量极小的污染物可以排出体外，绝大部分都要经过某些酶的代谢或转化，从而改变其毒性。人体的肝、肾、胃肠等器官对污染物都有一定的生物转化作用，其中以肝脏最为重要。

（4）环境污染物在人体内转化

环境污染物进入机体内经各种方式进行代谢转化形成不同的代谢产物，有的形成稳定代谢产物排出体外，有的形成活性代谢产物后经解毒排出体外。

① 环境污染物的分布　环境污染物通过吸收进入血液和体液后，随血流和淋巴液分散到全身各组织的过程称为分布。环境污染物在体内组织的分布与该组织的血流量、亲和力以及其他一些因素有关。环境污染物分布的开始阶段主要取决于机体不同部位的血流量。血液供应愈丰富的器官，环境污染物的分布愈多。但随着时间的延长，环境污染物在器官和组织中的分布，愈来愈受到与器官亲和力的影响而形成再分布过程。例如，铅中毒2小时后，约有50%的铅分布到肝脏，1个月后体内剩余的铅，90%与骨中晶格结合在一起。形成环境毒物在体内分布不均匀的另一因素是机体的特定部位，对外源性化学物具有明显的屏障作用。

② 环境污染物的贮存　进入血液中的化学物大部分与血浆蛋白或体内各组织结合，在特定的部位累积而浓度较高。但化学物对这些部位所产生的作用并不相同。有的部位化学物含量较高，且可直接发挥其毒性作用，如甲基汞积聚于脑，百草枯积聚于肺，均可引起这些组织的病变。有的部位化学物含量虽高，但未显示明显的毒作用，称为贮存库。有毒物质在体内的贮存一方面对急性中毒具有保护作用，因为它减少了到达毒作用部位的毒物量；另一方面可能成为一种在体内提供毒物的来源，具有潜在危害。如铅的毒作用在软组织，故贮存于骨内具有保护作用，但在缺钙或甲状旁腺激素的溶骨作用等条件下，可导致骨内铅重新释放至血液而引起中毒。

③ 毒物的生物转化　毒物在体内组织中，经酶催化或非酶作用转化成一些代谢产物的过程称为生物转化。肝、肾、胃、肠、肺、皮肤和胎盘等组织都具有代谢转化的功能，其中以肝脏代谢最为活跃。多数毒物经代谢转化后，变成低毒或无毒的产物。体内一些原来无毒或低毒的物质经代谢转化

后，变成有毒或毒性更大的产物。毒物的生物转化是体内酶及各种物理、化学、生化、生理作用综合而得的过程。外来化学物在体内的生物转化作用可分两类：一类为降解反应，包括氧化、还原、水解等反应，这类反应直接改变物质的基团，使之分解；另一类为结合反应，即毒物本身或它的代谢产物与某种内源性化学物或基团的生物合成反应。大多数化学物先经降解反应，增强水溶性并为结合反应形成适当的底物，再经结合反应，即与某些极性强的物质（如葡萄糖、硫酸、氨基酸等）结合，进一步增加其水溶性，以利于排出；少数化学物可直接进入结合反应。实际上生物转化的类型很多，且转化过程受到许多因素的影响，如动物种属、个体差异、化学物的特性等。污染物进入机体后，有的不经任何转化直接排出体外，有的通过氧化、还原、水解后排出，有的需要进一步结合或直接经结合后排出，说明化学物在体内的生物转化是一个十分复杂的过程。

（5）环境污染物特点

① 污染物种类繁多、机制复杂　环境污染物来源广泛、种类繁多、成分复杂，同时它们对人体的影响可以单独作用，也可多种物质共同作用。

② 污染物浓度稀薄、时间持久　环境污染物含量一般很少，如化学污染物质含量一般约在$10^{-6} \sim 10^{-10}$的水平。环境污染物浓度稀薄导致污染物的有害作用在较短时间内常常被人们所忽视。实际上，人们在污染环境中的生活和工作时间是很长的。微量污染物经过长年累月的积累，人体内浓度也会不断增大，它的毒害作用时间也会逐渐持久下去，甚至逐步显著，带来严重后果。

③ 污染物影响广泛、治理困难　环境污染物对人体健康的影响不分年龄、男女、老幼，影响人群范围非常广泛。由于环境污染物种类繁多、含量少、浓度低，具有潜在性不易发现的特点，而且相互作用机制复杂。所以环境污染在治理方面具有一定困难。

1.2.2　环境污染物影响健康因素

（1）健康

在世界卫生组织章程序言中，健康是指体格上、精神上、社会上的完全安逸状态，而不只是没有疾病、身体不适或不衰弱。所以健康不仅指一个人没有疾病或虚弱现象，而是指一个人生理上、心理上和社会上的完好状态，即包括生理、心理和社会适应性三个方面。社会适应性取决于生理和心理的素质状况。身体健康是心理健康的物质基础,心理健康则是身体健康的精神支柱,良好的情绪状态可以使生理功能处于最佳状态,反之则会降低或破坏某种功能而引起疾病。身体状况的改变可能带来相应的心理问题,生理上的缺陷、疾病,特别是痼疾,往往会使人产生烦恼、焦躁、忧虑、抑郁等不良情绪,导致各种不正常的心理状态。作为身心统一体的人,身体和心理是紧密依存的两个方面。

(2)影响人体健康的因素

人体健康不仅表现在人种、基因和遗传的先天性问题,而且也受生活习惯、生活环境、卫生条件、地域特点、营养饮食、食品安全和心理素质等后天潜在因素的影响。概括起来影响人体健康的主要因素有生物学因素、环境因素、生活方式和医疗服务等。生物学因素是指遗传和心理(对健康和寿命的影响约占15%)。人是由分子、细胞、组织、器官和系统构成的超高度复杂的人体,人体自身完成一系列生命现象(如新陈代谢、生长发育、防御侵袭、免疫反应、修复愈合、再生代偿等),都是按照亲体的遗传模式进行世代繁殖的。遗传不是可改的因素,但心理因素可以修改,保持一个积极心理状态是保持和增进健康的必要条件。影响健康的生物因素包括由病原微生物引起的传染病和感染性疾病;某些遗传或非遗传的内在缺陷、变异、老化而导致人体发育畸形、代谢障碍、内分泌失调和免疫功能异常等。在社区人群中,特定的人群特征如年龄、民族、婚姻、对某些疾病的易感性、遗传危险性等,是影响该社区健康水平的生物学因素。环境因素(对健康和寿命的影响约占17%)包括自然环境与社会环境两个方面。污染、人口和贫困是当今世界面临的严重威胁人类健康的三大社会问题。社区的地理位置、生态环境、住房条件、基础卫生设施、就业、邻居的和睦程度等都不同程度地影响着社区的健康。社会环境涉及到政治制度、经济水平、文化教育、人口状况、科技发展等诸多因素。良好的社会环境是人民健康的根本保证。生活方式因素(对健康和寿命的影响占60%)指人们受文化、民族、经济、社会、风俗、家庭和同辈影响的生活习惯和行为,包括危害健康行为与不良生活方式。生活方式是指在一定环境条件下所形成的生活意识和生活行为习惯的统称。不良的生活方式和有害健康的行为已成为当今危害人们健康,导致疾病及死亡的主要因素。其中排在我国前三位的恶性肿瘤、脑血管和心脏病就多由生活习惯和不良卫生行为所引起。医疗服务因素(对健康和寿命的影响占8%)是指医疗服务的范围、内容与质量,这些都直接关系到人的生、老、病、死及由此产生的一系列健康问题。

（3）环境污染物影响健康因素

环境因素是影响人体健康的一个重要因素，环境污染物又是环境因素中一个最重要内容。环境污染物对人体健康危害程度主要取决于污染物的理化特性、接触剂量或强度、作用时间、个体感受性差异以及环境污染物的共同作用等。

① 污染物的理化特性　环境污染物的理化性质决定着污染物的毒性强弱，即环境污染物虽然浓度很低或污染量很小，但如果污染物的毒性较大时，仍可造成对人体健康的危害。例如，氰化物的毒性很大，表现为中毒剂量很低，一旦氰化物污染了水源，即使其含量很低，也会产生明显的危害作用。还有一些毒物如汞、砷、铅、铬、有机氯等污染水体后，虽然其浓度并不很高，但这些物质在水生生物中可通过食物链逐级浓集。比如，汞的各级生物浓集，可使在大鱼体内的含汞量较海水中汞的浓度高出数千倍甚至数万倍，人食用后可对人体发生较大的作用。

② 剂量与效应（反应）关系　剂量与效应关系是指一种外来化合物剂量与个体或群体呈现某种效应的定量强度，或平均定量强度之间的关系。该关系表明随暴露剂量增加引起机体效应严重程度不同的规律，暴露剂量不同，导致机体效应的严重程度也可能不同。例如，一氧化碳可引起机体缺氧，随着一氧化碳浓度的增加，可引起呼吸困难、昏迷、甚至死亡。有的效应只在易感人群中才表现出来；有的效应则超过医学检查的正常值，但机体具有代偿能力；严重的效应可引起病理变化。凡超过正常生理范围的效应，均对机体显示出损害作用。而有的效应只能用发生或不发生来表示，如死亡和肿瘤的发生或不发生。剂量与反应关系是指人群中某种健康效应的发生率随暴露因素的剂量增加而呈规律的变化。例如，人群受砷污染可引起慢性砷中毒。随着砷浓度的增加，慢性砷中毒患病率也相应增加。剂量与反应关系可以用曲线表示，常见的剂量与反应（效应）曲线有直线、抛物线、S形曲线等形式。大多数的剂量与反应关系曲线呈S形，即剂量开始增加时，反应变化不明显，但随着剂量的继续增加，反应趋于明显，到一定程度后，反应变化又不明显。

③ 污染物作用时间　作用时间也是污染物影响人体健康的一个重要因素，特别是很多具有蓄积性的环境污染物。有些环境污染物质对机体的危害并不是立即就显露出来，而是往往需要几年甚至更长时间。如大气中SO_2污染对人群健康的关系，随着SO_2暴露时间延长，对人群健康机能性损伤逐渐加重。由于许多污染物具有蓄积性，只有在体内蓄积达到中毒阈值时才会产

生危害。因此，蓄积性毒物对机体作用的时间越长，则其在体内的蓄积量越增加。

④ 个体感受性差异 环境是人类生存发展的物质基础，尽管各种环境因素作用于人群，但人群中对环境因素作用的反应程度是不一样的，呈现金字塔形分布规律（金字塔形分布规律是指大多数人对污染物人体负荷的增加，不会引起生理变化，处于金字塔底部；有些人稍有生理变化，但基本上属正常调节范围，处于金字塔底部稍上层；有些人处于生理代偿状态，此时如果停止接触有害因素，机体就向着健康方向恢复，代偿失调而患病的人在总人群中只是少数，而死亡的人数比患病人数更少，处于金字塔顶部）。金字塔形分布规律表明：在同一环境因素变化条件下，由于年龄、性别、健康状况、遗传因素等个人原因，有的人反应强烈，出现患病甚至死亡；有的人则反应不敏感，不会出现异常现象。在同一污染环境中，高危人群比正常人出现健康危害早而且程度也严重。所有的健康人在其一生的不同年龄段，不同环境条件下，都有在某一时间处于高危险状态的可能。所以，在人体健康的环境影响评价中，要及时发现个体的临床变化阶段对于预防疾病的发生具有重要意义。

⑤ 污染物共同作用 环境污染物污染环境，往往不是单一的，而是几种污染物共同作用或与其他物理、化学因素同时作用于人体的结果。因此，环境污染物作用人体必需考虑这些因素的联合作用和综合影响。污染物的共同作用可以增强毒害效果，也可能起抑制作用，概括起来主要包括相加作用、独立作用、协同作用和拮抗作用等。

a.相加作用：指混合化学物质产生联合作用时的毒性为各单项化学物质毒性的总和。能够产生相加作用的化学物质，其理化性质往往比较相似或属同系化合物，同时它们在体内作用受体、作用时间以及吸收排除时间基本一致。因此它们的联合作用特征就表现为相加作用。如一氧化碳和氟利昂都能导致人体内缺氧等。

b.独立作用：由于不同的作用方式或途径，每个同时存在的有害因素各自产生不同的影响。独立作用主要由于两种毒物的作用部位和机理不同所致，动物由于某单一毒物的作用引起中毒（或死亡），而不是由于两种毒物累加的影响，但是混合物的毒性仍比单种毒物的毒性大，因为一种毒物常可降低机体对另一毒物的抵抗力。

c.协同作用：当两种化学物同时进入机体产生联合作用时，其中某一化学物质可使另一化学物质的毒性增强，且其毒性作用超过两者之和。产生协同作用的机理一般认为是一个化合物对另一个化合物的解毒酶产生了抑制所致，如有机磷化合物通过对胆碱酯酶的抑制而增加了另外毒物的毒性，氨类化合物通过对联氨氧化酶的抑制而产生增毒作用。同样，烃类化合物都是由于对微粒体酶的抑制而发生增毒作用。

d.拮抗作用：一种化学物能使另一种化学物的毒性作用减弱，即混合物的毒性作用低于两种化学物的任何一种分别单独毒性作用。拮抗作用的机制被认为是在体内对共同受体产生竞争作用所致。

环境污染对人体健康的影响是多方面的，也是错综复杂的。通过长期观察和积累资料，有利于制订环境中污染物最高浓度的标准，并为防治环境污染对人体的健康危害提出科学的对策和措施。

1.2.3 环境污染危害人体健康

环境污染是指人类直接或间接地向环境排放超过其自净能力的物质或能量，从而使环境的质量降低，对人类的生存与发展、生态系统和财产造成不利影响的现象。环境的自净能力是指由于大气、水、土壤等的扩散、稀释、氧化还原、生物降解等作用，污染物的浓度和毒性自然降低的现象。环境污染最直接、最容易被人所感受的后果是使人类环境的质量下降，影响人类的生活质量、身体健康和生产活动。目前，全球范围内的环境污染对人体健康的危害已受到人们越来越多的关注。世界卫生组织专家会议指出，当前威胁人类健康的四大因素之一就是环境（其他为城市、老龄化和生活习惯）。环境污染和城市化是诱发人体各种慢性疾病的重要原因，也是致癌的重要因素。中国科学院提交的环境与健康报告显示，在痤疮、心脑血管疾病、糖尿病等高危病种的发病因素中，因环境而患病的约占75%。可见环境污染是人类健康的大敌。环境污染对人体健康的危害主要体现在急性危害、慢性危害、远期危害和间接危害等方面。

（1）急性危害

急性危害是在短时间内大量污染物进入人体所引起的快速、剧烈、呈明显的中毒症状。比如，1952年12月5日至8日英国伦敦发生的煤烟雾事件死亡4000人。当时伦敦无风有雾，工厂烟囱和居民取暖排出的废气烟尘弥漫在伦敦市区经久不散，烟尘最高浓度达4.46毫克/米^3，二氧化硫日平均浓度达3.83毫升/米^3。二氧化硫经过某种化学反应，生成硫酸液沫附着在烟尘上或凝聚在雾滴上，随呼吸进入器官，使人发病或加速慢性病患者的死亡。洛杉矶光化学烟雾也是一种急性危害。它主要是刺激呼吸道黏膜和眼结膜，而引起眼结膜炎、流泪、眼睛疼、嗓子疼、胸疼，严重时会造成操场上运动着的学生突然晕倒，出现意识障碍。环境污染对人体造成的急性危害，在我国也有发生。在1971年7月13日17时许，某市冶炼厂镍冶炼车间，由于输送氯气的胶皮管破裂，造成氯气污染大气的急性中毒事件，使工厂周围284名居民受害；同时也使附近工厂受到影响，不能正常生产。

（2）慢性危害

低浓度的环境污染物长期少量作用于人体所造成的损害，包括慢性中毒和慢性非特异性危害。这些危害主要通过毒物本身在体内的蓄积或毒物对机体微小损害的逐渐积累所致。环境污染引起的慢性中毒的潜伏期长，可以是几个月，几年甚至是几十年，病情进展不明显，容易被人忽视。环境污染慢性危害所致的机体不良反应和损害后果，大多数不具有特异性损害性特征。发生在日本的"水俣病"、"痛痛病"是慢性中毒的经典例证。"水俣病"于1956年发生在日本熊本县水俣湾地区。经日本熊本大学医学院等有关单位研究证明，这种病是建立在水俣湾地区的水俣工厂排出的污染物造成的。工厂在生产乙醛时，用硫酸汞作催化剂（每生产一吨乙醛，需用一公斤硫酸汞），在硫酸汞催化乙炔的反应过程中，副产品甲基汞随废水排入水俣湾海域。同时也有无机汞排出，无机汞在水体中经微生物作用也可甲基化。甲基汞在水中被鱼类吸入体内，使鱼体含汞量达到20～30毫克/千克（1959年），甚至更高。大量吃这种含有甲基汞的鱼的居民即可患此病。病情的轻重取决于摄入的甲基汞剂量，短期内进入体内的甲基汞量大，发病就急。重症临床表现为：口唇周围和肢端呈现出神经麻木（感觉消失）、中心性视野狭窄、听觉和语言受障碍、运动失调。但慢性潜在性患者并不完全具备上述症状。据日本环境厅资料，水俣湾地区截至1979年1月被确认受害人数为1004人，死亡人数206人。此后，在新潟县阿贺野川下游和鹿儿岛等地区也发现此病。总之，吃含甲基汞的鱼的人，都遭到程度不同的危害。此外，环境污染引起的慢性危害，还有镉中毒、砷中毒等。

环境污染对人体的急性和慢性危害的划分，只是相对的，不是绝对的。急性和慢性危害的划分主要取决于剂量–反应关系。如水俣病，在短期内吃入大量甲基汞，也会引起急性危害。

（3）远期危害

环境污染物对人体健康的远期危害影响主要包括致癌作用、致畸作用和致突变作用等。

① 致癌作用　近几十年来，癌症的发病率和死亡率都在不断上升。据

资料推测，人类癌症由病毒等生物因素引起的不超过5%，由放射线等物理因素引起的也在5%以下，由化学物质引起的约占90%。国际癌症研究中心（IARC）对癌症文献进行了系统的审查和评价，证明由流行病学调查确定对人致癌的化学物质有26种，经实验室研究确定致癌的化学物质有221种。在26种对人致癌的化学物质中，有8种是药物[氯霉素、己烯雌酚、环磷酰胺、4-双氯乙胺-L-苯丙胺酸、睾丸甾酮、非那西丁、苯妥英和N, N-双（2-氯乙基）-2-苯胺]。有些是由于经常的职业接触致癌的，如联苯胺、苯、双氯甲醚、异丙油、芥子气、镍、氯乙烯、铬（铬酸盐工业）、氧化镉等。随着工业污染物进入居住环境的致癌物有石棉、砷化合物、煤烟等。此外，在环境中还能经常接触一些促致癌物，如SO_2、三氧化二铁等，它们能与致癌物同时作用于机体，增强致癌作用。

② 致畸作用　致畸因素有物理、化学和生物学等因素。物理因素如放射性物质，可引起白内障、小头症等畸形。生物学因素对母体怀孕早期感染的风疹等病毒，能引起胎儿畸形等。化学因素是近年来研究比较多的。有些污染物对人有致畸作用，如甲基汞能引起胎儿性"水俣病"，多氯联苯（PCB）能引起皮肤色素沉着的"油症儿"等。此外，农药由于种类多，使用量大，在使用过程中对环境的污染和食物上的残留问题都较大，且多具有胚胎毒性。所以农药对人体也有致畸作用。

③ 致突变作用　致突变作用是指环境污染物能引起生物体细胞的遗传信息和遗传物质发生突然改变的一种作用。这种作用引起变化的遗传信息或遗传物质在细胞分裂繁殖过程中，能够传递给子细胞，使其具有新的遗传特性。具有致突变作用的物质称为致突变物。突变本是生物界的一种自然现象，是生物进化的基础。然而对大多数生物个体来说，则往往是有害的。如果哺乳动物的生殖细胞发生突变，可能影响妊娠过程，导致不孕或胚胎早死等；如果体细胞发生突变，则可能是形成肿瘤的基础；如果环境污染物中的致突变物通过母体的胎盘作用于胚胎，会引起胎儿畸形或行为异常。由此可见，环境污染物中的致突变物，作用于机体时，即认为是一种毒性的表现。

（4）间接效应

温室效应、酸雨和臭氧层破坏都是大气污染衍生出的环境效应，具有明显的滞后性，往往在污染发生时不易被察觉或预料到，然而一旦发生就表示环境污染已经发展到相当严重的地步。比如，臭氧层破坏将增加人类皮肤癌和白内障的发病率，使人类的免疫系统受到损害；在温室效应下会引起冰川融化，带来频繁的暴风雨，而且会导致生物物种的减少，有时越冬细菌会更加活跃，进而影响人类健康等。环境污染的间接效应是无法预测的，也是很难治理的。

 阅读材料

世界环境问题

目前威胁人类生存的世界性环境问题主要有全球变暖、臭氧层破坏、生物多样性减少、酸雨蔓延、森林锐减、土地荒漠化、资源短缺、水环境污染严重、大气污染、固体废物成灾等。

全球变暖：在人类使用化石燃料的过程中，在工业生产过程中，在有机废物的发酵过程中，都会不断地释放出二氧化碳、甲烷、氮氧化物等气体。这些气体具有阻止地球表面热量散发的作用，它们的存在就好像在地球表面形成了一个庞大的温室。这种现象会导致全球变暖，该现象也称为温室效应。全球变暖的危害是不可忽视的，它不仅会引起冰川融化，带来频繁的暴风雨，而且会导致生物物种的减少，使海平面上升，使沿海地区受淹。当今地球上的一半人口正居住在沿海50公里范围内，可想而知，沿海地区受淹的严重性。

臭氧层破坏：臭氧层位于距离地面20～50公里范围的大气平流层内，臭氧层能吸收太阳的大部分紫外线，阻挡紫外线辐射到地面，因此对地球上的生物有保护作用。但20世纪中叶以来，人们发现北极圈的臭氧浓度明显降低，南极圈的臭氧层还出现了空洞。臭氧层破坏将增加人类皮肤癌和白内障的发病率，使人类的免疫系统受到损害。它还会严重地破坏海洋和陆地的生态系统，阻碍植物的正常生长。引起臭氧层破坏的原因主要来源于人类广泛使用的氟氯烃类等化学物质进入大气并扩散入臭氧层后，与臭氧反应，使臭氧分解为氧。

生物多样性减少：随着科学技术的进步和工业化进程的加快，人类对动植物的破坏也与日俱增。据不完全统计，每年要有4000～6000种生物从地球上消失。1996年世界动植物保护协会的报告指出："地球上四分之一的哺乳类动物正处于濒临灭绝的危险，每年还有1000万公顷的热带森林被毁坏"。全球正面临着生物多样性减少的局面。

酸雨蔓延：人类的生活和生产活动排放出大量二氧化硫和氮氧化物，降雨时溶解在水中，即形成酸雨。酸雨具有腐蚀性，降落地面会损害农作物的生长，导致林木枯萎，湖泊酸化，鱼类死亡，建筑物及名胜古迹遭受破坏。全世界有三大著名的酸雨区：北美（五大湖地区）、北欧和中国。目前我国

的酸雨区面积已接近国土面积的三分之一,其控制已被列入国家绿色工程计划。

森林锐减:由于人类的过渡采伐和不恰当的开垦以及森林火灾等原因,世界森林面积不断减少。据统计,近半个世纪以来,森林面积已减少了30%。森林锐减导致了水土流失、洪灾频繁、物种减少、气候变化等多种严重恶果。

土地荒漠化:过度的放牧及重用轻养等不科学方法使草地逐渐退化,开荒、采矿、修路等建设活动对土地的破坏作用也在加大,水土流失的不断侵蚀,世界上每天都有大片土地沦为荒漠。土地荒漠化的直接后果将导致农民的贫困化。

资源短缺:近几十年来,自然资源的消耗量与日俱增,很多资源显现出短缺的现象。最重要的资源有水资源、耕地资源和矿产资源。目前全球有约1/3的人口已受到缺水的威胁,2000年缺水人口增加到二分之一以上。我国人均水资源占有量仅为世界人均占有量的四分之一,加上水资源在时间和空间上分布的不均匀性,水资源短缺的矛盾十分突出。由于人口总量的增加,为供应粮食所需的耕地日渐紧张,而工业城市建设工程却在不断地占用大量耕地,化肥农药的使用还在使耕地的质量不断降低,这一切使人类正面临耕地不足的困境。矿产资源的消耗速度正随着工业建设的速度急剧增加,很多矿产的储量在近数十年内迅速减少。专家预计,再有50~60年即可耗去石油储量的80%,某些贵金属资源则已近消耗殆尽。如再不认真对待资源短缺的严重问题,人类总有一天会面临无米可炊的绝境。

水环境污染:人口膨胀和工业发展所制造出来的越来越多的污水废水终于超过了天然水体的承受极限,于是本来清澈的水体变黑发臭,细菌滋生,鱼类死亡,藻类疯长,甚至含有有毒物质的水会使人染病,甚至死亡。另外工农业生产当然也因为水质的恶化而受到极大损害。水环境的污染使原来就短缺的水资源更为紧张。

大气污染:大气污染不仅包括粉尘污染,而且现代都市还存在光化学烟雾现象。这是由于工业废气和汽车尾气中夹带大量化学物质,如碳氢化合物、氮氧化物、一氧化碳等,它们与太阳光作用,会形成一种刺激性的烟雾,能引起眼病、头痛、呼吸困难等。

固体废物成灾:固体废物是随着人口的增长和工业的发展而日益增加的,至今已成为地球,特别是城市的一大灾害。固体废物包括城市垃圾和工业固体废物。垃圾中含有各种有害物质,任意堆放不仅占用土地,还会污染周围空气、水体,甚至地下水。有的工业废弃物中含有易燃、易爆、致毒、致病、放射性等有毒有害物质，其危害程度更为严重。

世界卫生组织健康标准

世界卫生组织提出身心健康的八大标准，具体如下所述。

① 食得快　进食时有很好的胃口，能快速吃完一餐饭而不挑剔食物，这证明内脏功能正常。

② 便得快　一旦有便意时，能很快排泄大小便，且感觉轻松自如，在精神上有一种良好的感觉，说明胃肠功能良好。

③ 睡得快　上床能很快熟睡，且睡得深，醒后精神饱满，头脑清醒。

④ 说得快　语言表达正确，说话流利。表示头脑清楚，思维敏捷，中气充足，心、肺功能正常。

⑤ 走得快　行动自如、转变敏捷。证明精力充沛旺盛。

⑥ 良好的个性　性格温和，意志坚强，感情丰富，具有坦荡胸怀与达观心境。

⑦ 良好的处世能力　看问题客观现实，具有自我控制能力，适应复杂的社会环境，对事物的变迁能始终保持良好的情绪，能保持对社会外环境与机体内环境的平衡。

⑧ 良好的人际关系　待人接物能大度和善，不过分计较，能助人为乐，与人为善。

思考题

1. 什么是环境？什么是环境问题？人们现在面临哪些环境问题？
2. 什么是环境污染物？环境污染物是怎样进入人体的？环境污染有什么特点？
3. 简述环境污染对人体健康的影响。

环境因素与健康

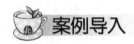

硒元素与寿命

1984年中国农科院兽医研究所测定了我国26个省、市、自治区生猪体内11种元素含量，比较了不同地区猪肝中微量元素含量与当地百岁人占人口的比例。研究发现，猪肝中硒元素含量与当地长寿水平成正比。百岁人较多的广西、广东、云南等5个省、自治区，猪肝含硒量明显高于全国平均水平，而长寿水平较低的青海、河南、四川省的猪肝含硒量，则低于全国平均水平。

切尔诺贝利核电站大爆炸

1986年4月26日凌晨，位于苏联乌克兰加盟共和国首府基辅以北130公里处的切尔诺贝利核电站发生猛烈爆炸，反应堆机房的建筑遭到毁坏，同时发生了火灾，反应堆内的放射性物质大量外泄，周围环境受到严重污染，造成了核电史上最严重的事故之一。核电站发生事故后，大量放射尘埃污染到北欧、东西欧部分国家，瑞典、丹麦、芬兰以及欧洲共同体于1986年4月29日向苏联提出强烈抗议。据苏联官方当时公布，这起事故造成的直接经济损失达20亿卢布（约合29亿美元），如果把苏联在旅游、外贸和农业方面的损失合在一起，可能达到数千亿美元。同时，在核事故的危害下有33人死亡，300多人因受到严重辐射先后被送入医院抢救，有更多的人受到不同程度的辐射污染。为了防止进一步的辐射，苏联将28万多人疏散到了辐射区以外。

2009年陕西凤翔铅超标事件

2009年陕西省凤翔县长青镇孙家南头村、马道口村部分村民发现儿童血铅超标。当年8月13日得出的权威检测结果，两村731名受检儿童中615人血铅超标，其中163人中度铅中毒、3人重度铅中毒，需要住院接受排铅治疗。经确认，儿童血铅超标的主要原因是由该镇的东岭冶炼公司进行的铅锌冶炼造成的污染引起的。

> 1. 人体中的微量元素有哪些?它们有何作用?人体如果缺少微量元素会出现哪些症状?
> 2. 放射性辐射具有很大的污染,那么在日常生活中会遇到哪些电磁辐射?
> 3. 哪些元素对人体有害?你还知道哪些元素污染事件?

2.1 物理因素与人体健康

在自然状态下,环境因素中的物理因素对人体的健康是没有影响的,只有超过一定的强度或时间时,这些物理因素才对人体健康产生一定的影响。下面简要介绍在日常生活、工作和学习环境中常遇到的噪声、电磁辐射、光、温度、湿度以及气压等几种物理因素对人体健康的影响。

2.1.1 噪声

从物理学角度看,噪声是发声体做无规则振动时发出的声音。从环境保护法角度看,噪声是指影响人们正常学习、工作和休息的声音,如机器的轰鸣声,各种交通工具的马达声、鸣笛声,人的嘈杂声以及各种突发的声响等。《中华人民共和国环境噪声污染防治法》中把超过国家规定的环境噪声排放标准,并干扰他人正常生活、工作和学习的现象称为环境噪声污染。

(1)噪声源

声音是由物体的振动产生的,声源即指能够发声的物体或机械设备。根据声音的来源,噪声污染主要来源于交通运输、工业生产、建筑施工以及社会生活等方面。

交通运输噪声是由交通运输工具在交通干线上运行时所产生的噪声,如运行中的各种汽车、摩托车、拖拉机、火车、飞机、轮船等。城市环境噪声有70%来自交通噪声。目前,我国城市中道路边的噪声白天大致在70～80分贝(分贝,声压级单位,表示声音的大小)。交通运输噪声中最严重的是鸣喇叭，电喇叭大约有90～95分贝，汽喇叭大约有105～110分贝。

工业生产噪声是机器设备运转或工艺操作过程所产生的噪声，如通风机、鼓风机、内燃机、空气压缩机、汽轮机、织布机、电锯、电机、风铲、风铆、球磨机、振捣台、冲床、锻锤等。一般情况下，电子工业和轻工业的噪声级在90分贝以下；纺织厂在90～110分贝之间；机械工业在80～120分贝之间；凿岩机、大型球磨机达120分贝，而风铲、风铆、大型风机在130分贝以上。

建筑施工噪声主要指运转中的打桩机、混凝土搅拌机、压路机、铺路机、空气压缩机、凿岩机等。虽然建筑施工是暂时性的，但它是露天作业，一般施工周期比较长，有的紧邻居民区，有的昼夜施工，特别容易引起人们的烦躁。随着市政建设的迅速发展，建筑工地越来越多，对城市环境的安静造成了很大的威胁。

社会生活噪声主要是由商业、娱乐、体育、游行、庆祝、宣传活动、人声喧闹、家用电器（电视机、收音机、收录机、洗衣机、空调机）以及在住宅区制作家具和燃放鞭炮等所产生的噪声。随着人口密度增大，社会生活噪声将越来越严重。

（2）噪声污染危害人体健康

随着现代工业、交通运输业的迅速发展，越来越多的噪声污染严重干扰人们的正常生活，危害人体的身心健康。《中华人民共和国城市区域噪声标准》中明确规定了城市五类区域的环境噪声最高限值：疗养区、高级别墅区、高级宾馆区，昼间50分贝、夜间40分贝；以居住、文教机关为主的区域，昼间55分贝、夜间45分贝；居住、商业、工业混杂区，昼间60分贝、夜间50分贝；工业区，昼间65分贝、夜间55分贝；城市中的道路交通干线道路、内河航道、铁路主、次干线两侧区域，昼间70分贝、夜间55分贝。现在，噪声已经成为影响范围很广的一种职业性有害因素。长期接触一定强度的噪声，可以对人体产生不良影响。

① 干扰休息与工作　休息和睡眠是人们消除疲劳、恢复体力和维持健康的必要条件，但噪声使人不得安宁，难以休息和入睡，从而影响工作（或学习）效率。经常在噪声环境下，人们就会得神经衰弱症，表现为失眠、耳鸣、疲劳等现象。研究发现，噪声超过85分贝，会使人感到心烦意乱，无法专心休息或工作，结果导致工作效率降低。

② 损伤听觉与视觉　第一，强噪声可以引起耳部不适，如耳鸣、耳痛、听力损伤，超过115分贝的噪声会造成耳聋。其中噪声对儿童身心健康危害

更大，因为儿童发育尚未成熟，各组织器官十分娇嫩和脆弱，不论是体内的胎儿还是刚出生的婴儿，噪声均可损伤听觉器官，使听力减退或丧失。研究证明，家庭室内噪声是造成儿童聋哑的主要原因，若在85分贝以上噪声中生活，耳聋者可达5%。第二，当噪声强度达到90分贝时，人的视觉细胞敏感性下降，识别弱光反应时间延长；噪声达到95分贝时，有40%的人瞳孔放大，视觉模糊；而噪声达到115分贝时，多数人的眼球对光亮度的适应性都有不同程度的减弱。所以长时间处于噪声环境中的人很容易发生眼疲劳、眼痛、眼花和视物流泪等眼损伤现象。同时，噪声还会使色觉、视野发生异常。调查发现噪声对红、蓝、白三色视野缩小80%。

③ 影响生理系统　第一，噪声作用于人的中枢神经系统，可使大脑皮层的兴奋和抑制失调，条件反射异常，出现头晕、头痛、耳鸣、多梦、失眠、心慌、记忆力减退、注意力不集中等症状，严重者可产生精神错乱。第二，噪声可引起植物神经系统功能紊乱，表现在血压升高或降低，心率改变，心脏病加剧。噪声是心血管疾病的危险因子，会加速心脏衰老，增加心肌梗死发病率。医学专家经人体和动物实验证明，长期接触噪声可使体内肾上腺分泌增加，从而使血压上升，在平均70分贝的噪声中长期生活的人，可使其心肌梗死发病率增加30%左右，特别是夜间噪声会使发病率更高。调查发现，生活在高速公路旁的居民，患心肌梗死概率增加了30%左右。第三，噪声对消化系统影响。噪声造成人唾液、胃液分泌减少，消化不良，胃蠕动减弱，食欲不振，从而引起胃病及胃溃疡的发病率提高。第四，噪声对人的内分泌机能产生影响。噪声导致女性性机能紊乱，月经失调，流产率增加等。

④ 影响智力发展　噪声对儿童的智力发育不利。据调查，3岁前儿童生活在75分贝的噪声环境里，心脑功能发育都会受到不同程度的损害，在噪声环境下生活的儿童，智力发育水平要比安静条件下的儿童低20%左右。

（3）预防与减少噪声污染

噪声已经与水污染、大气污染一起被视为当今世界三大公害，所以预防与减少噪声污染就是保障人们的身体健康。预防与减少噪声污染不仅需要采取技术手段，而且还需要政府采取法制手段。

① 减少噪声来源　噪声是客观存在的，但大多数噪声又是人为产生的，所以噪声源在某种程度上说是可以控制和减少的。譬如：禁止汽车在主要街道或整个城市鸣喇叭；将城市一些噪声扰民企业搬迁到郊外；在居民区夜间禁止使用噪声大的施工机械设备等等。

② 减轻噪声强度　不能减少的噪声源，可以采取技术手段或方法减轻噪

声强度。减轻噪声强度包括吸声、消声和隔声等措施或方法。第一，吸声。当声波入射到物体表面时，部分入射声能被物体表面吸收而转化为其他能量。物体的吸声作用是普遍存在的，吸声效果不仅与吸声材料有关，还与所选吸声结构有关。用多孔材料装饰在室内墙壁上或悬挂在空间内，可以有效地吸收声能。在噪声强的厂房墙壁、顶棚，采用吸声材料，如玻璃棉、矿渣棉、泡沫塑料、毛毡、吸声砖、木丝板、甘蔗板等，一般可降低噪声5～10分贝。第二，消声。如把消声器安装在空气动力设备的气流通道上，可以降低这种设备的噪声。消声只要设计得当，同时又与隔声、隔振相结合，消声效果会更好。比如，在鼓风机上安装消声器，噪声可由127分贝降到72分贝。第三，隔声。用一定的材料、结构和装置将声源封闭，以达到控制噪声的目的。典型的隔声措施是严密无空隙隔声罩、隔声间、隔声屏等。一些因工作性质决定，不能离开噪声源的人可以采取一些防护措施，以减少噪声的接收量。如耳塞对高频隔声量可达30～48分贝；防声棉可隔声20分贝左右；耳罩对高频隔声量可达15～30分贝；帽盔的隔声效果更好一些。在居民区，可以开展绿化，在交通干线两侧种植树木，建防护墙等消除噪声的影响。

③ 加强噪声管理 《中华人民共和国环境噪声污染防治法》已经对交通噪声、工业噪声、建筑噪声、生活噪声等实施了法制化管理。为了防治噪声污染，我国还制定了城市区域环境噪声标准和工业噪声控制标准等一系列控制噪声的标准。同时，各级环境保护部门应加强对噪声的监测，监督有关部门实施。对于违反噪声管理规定的单位和个人要坚决给予处理。

2.1.2 电磁辐射

随着经济发展和社会进步，电子技术在日常生活和工作领域中广泛应用。然而，这些电子设备所产生的电磁波也会存在人们身边。实际上，自然界中的一切物体，只要温度在绝对温度零度以上，都可以电磁波的形式时刻不停地向外传送能量。电磁辐射就是指以电磁波的形式向空中发射或泄漏的现象。电磁辐射从放射性辐射、可见光、红外线到射频辐射（高频辐射和微波），范围比较广泛。电磁辐射按辐射效应分电离辐射与非电离辐射两类。电离辐射是使物质产生电离作用的电磁辐射（如X射线、γ射线）和粒子辐射（如α、β、高速电子、高速质子及其他粒子）。非电离辐射是指波长大于100纳米的电磁波，由于其能量低，不能引起水和机体组织电离，如光和超声波等。没有特别说明，本书所指的电磁辐射专指高频辐射和微波。

（1）辐射源

电磁辐射源分自然电磁辐射源和人为电磁辐射源两种。雷电、太阳黑子活动、宇宙射线等属于自然电磁辐射源；而日常生活中常见的电话机、对讲机、广播电台和电视广播发射机、微波和卫星通信装置、雷达、无线电遥控器等各类无线电设备以及微波炉、高频护眼灯、医疗磁共振设备、氩弧焊机、射频电热器、高频热合机、交流高电压输电线、转换开关、电动机、发电机、电视机、计算机等属于人为电磁辐射源。表2-1列出了生活中常见的电磁辐射源。

表2-1 生活中常见的电磁辐射源

类 别	设 备
家用电器	电视、电冰箱、空调、微波炉、吸尘器
办公设备	手机、电脑、复印机、电子仪器、医疗设备
家庭装饰	大理石、复合地板、墙壁纸、涂料
周边环境	高压线、变电站、电视（广播）信号发射塔

（2）电磁辐射影响人体健康

电磁辐射对人体的影响主要体现在电击和灼伤、热效应、非热效应等三个方面。

① 电磁辐射通过电击和灼伤影响人体健康　电击和灼伤指由于电磁场形成流经导体的电流而产生的一种间接危害。电击和灼伤会使受害严重者失去知觉，甚至丧失生命。

② 电磁辐射通过热效应影响人体健康　电磁辐射源向有机体的分子辐射时，因改变分子旋转或振动的能量分布使人体组织发热而导致热效应。辐射产生的热量取决于人体组织吸收的电磁能量和电磁能量转换成热量的效率，而人体组织吸收的能量又取决于辐射源的功率和该能量耦合到人体组织的效率。辐射感应产生的热量能对生物组织造成致命的损害程度取决于生物组织达到的温度和受辐射的时间。由于热量的影响，使得人体一些器官的功能受到不同程度的伤害。其次，由于频率不同，伤害的程度也有所不同。高强度电磁辐射可以使人眼晶状体蛋白质凝固，严重者可形成白内障，还能伤害角膜、虹膜和前房，导致视力减退，以至完全丧失视力。在一定程度的中、短波电磁场辐射下，人体所受伤害主要是中枢神经系统功能失调。其表现为神经衰弱症，如头晕、头痛、乏力、记忆力减退、睡眠不好等症状；还表现为植物神经功能失调，如多汗、食欲不振、心悸等症状。此外有的人还有脱

发、伸直手臂时手指轻微颤抖、皮肤划痕异常、视力减退等症状。在超短波和微波电磁场辐射下，除神经衰弱症加重外，植物神经功能将严重失调。其主要表现为心血管系统症状比较明显，如心动过缓或过速、血压降低或升高、心悸、心区有压迫感和疼痛等。在330千伏以上超高压高强度工频电磁场，有损人体健康，会产生疲倦、乏力、头痛、睡眠不好、心肌疼痛等症状。

③ 非热效应方面　非热效应方面包括物理电效应和化学效应。研究表明，在频率低于3兆赫兹时，电磁辐射对神经和细胞的刺激已经大大超过热效应的影响，这种刺激效应完全取决于电流密度流过人体单位面积的电流。有时电磁场对人体组织产生的化学效应远远大于热效应。

（3）预防与减少电磁辐射

生活和工作在高压线、变电站、电台、电视台、雷达站、电磁波发射塔附近的人员面临的电磁辐射污染比较高。而经常使用电子仪器、医疗设备、办公自动化设备的人员，生活在现代电气自动化环境中的工作人员，佩戴心脏起搏器的患者也会不同程度面对电磁辐射污染。尤其生活在以上环境里的孕妇、儿童、老人及病患者等受电磁辐射污染的影响更大。面对电磁辐射污染，必须采取相应的措施。

① 加强管理，控制电磁辐射　我国与发达国家相比，目前还存在一定差距。还要健全各种管理机构，培训相关管理人员，加强电磁辐射环境管理法规与相关标准建设。各级环保部门要充分认识辐射安全管理工作的重要性，高度重视电磁辐射环境安全管理工作，切实把好审批关。凡未达到有关要求的，应责令限期整改。

② 精心防护，减少电磁辐射

第一，广播、电视发射台的电磁辐射防护。广播、电视发射台的电磁辐射防护首先应该在项目建设前，以《电磁辐射防护规定》（GB 8702—88）为标准，进行电磁辐射环境影响评价，实行预防性卫生监督，提出预防性防护措施，包括防护带要求等。对已建成的发射台对周围区域造成的较强场强，一般可考虑以下防护措施：在条件许可的情况下，改变发射天线的结构和方向角，以减少对人群密集居住方位的辐射强度；在中波发射天线周围设置一片绿化带；通过用房调整，将在中波发射天线周围场强大约为10伏/米，短波场源周围场强为4伏/米的范围内的住房，改作非生活用房；利用对电磁辐射的吸收或反射特性，在辐射频率较高的波段，使用不同的建筑材料，包括钢筋混凝土，甚至金属材料覆盖建筑物，以衰减室内场强。

第二，高频设备的电磁辐射防护。

屏蔽技术：电磁屏蔽分为主动场屏蔽和被动场屏蔽两类。主动场屏蔽是将电磁场作用限定在某个范围以内，使其不对这一范围以外的物体产生影响。该类屏蔽的特点为：场源与屏蔽体间距小，所要屏蔽的电磁辐射强度大，屏蔽体结构设计要严谨，屏蔽体要妥善地进行接地处理。被动场屏蔽是对某一指定的空间进行屏蔽，使得在这一空间以外的电磁场源对这一空间范围内的物体不产生电磁干扰和污染。该类屏蔽的特点为：屏蔽体与场源间距大，屏蔽体可以不采用接地处理。高频设备电磁辐射的屏蔽须采用合适的屏蔽材料，一般认为，铜、铝等金属材料宜用作屏蔽体以隔离磁场和屏蔽电场。

接地技术：高频防护接地作用就是将在屏蔽体（或屏蔽部件）内由于感应生成的射频电流迅速导入大地，使屏蔽体（或屏蔽部件）本身不致再成为射频的二次辐射源，从而保证屏蔽作用的高效率。射频接地的技术要求有：射频接地电阻要最小；接地极一般埋设在接地井内；接地线与接地极以用铜材为好；接地极的环境条件要适当。

滤波：线路滤波的作用就是保证有用信号通过，并阻截无用信号通过。电源网络的所有引入线，在其进入屏蔽室之外必须装设滤波器。若导线分别引入屏蔽室，则要求对每根导线都必须进行单独滤波。

距离防护：适当加大辐射源与被照体之间的距离可较大幅度地衰减电磁辐射强度。

个体防护：个体防护是对被高频电磁辐射人员，如在高频辐射环境内的作业人员进行防护，以保护作业人员的身体健康。常用的防护用品有防护眼镜、防护服和防护头盔等。

第三，微波设备的电磁辐射防护。

减少辐射源辐射或泄漏：实际应用中，可利用等效天线或大功率吸收负载的方法来减少从微波天线泄漏的直接辐射。利用功率吸收器（等效天线）可将电磁能转化为热能散掉。

实行屏蔽技术：为防止微波在工作地点的辐射，可采用反射型和吸收型两种屏蔽方法。

第四，日常生活中电磁辐射的防护。

随着家用电器和移动通信工具等的日益普及，日常生活的电磁辐射防护措施也日益得到重视。比如，在安放微波炉时，位子应放低些，以避免脑、眼受损。电热毯变热后应切断电源入睡，青少年与老人最好不用电热毯。观看电视的距离最好保持在4～5米，并注意开窗通风。观看电视或使用电脑时，屏幕上最好安置一个防护屏，以减少电磁辐射的影响。家庭生活中，家用电器不宜集中摆置，应分散放置等。

③ 提高认识，增强环保意识

在辐射环境下，工作人员一定要穿戴防辐射服装、戴防护面具等将电磁辐射最大限度地阻挡在身体之外。另一方面在饮食上要加强食疗抗辐射。多吃一些富含维生素A、维生素C和蛋白质的食物，特别要多吃海带，有效加强抵抗电磁辐射的能力。电脑操作者应多吃些胡萝卜、白菜、豆芽、豆腐、红枣、橘子以及牛奶、鸡蛋、动物肝脏、瘦肉等食物，以补充人体内维生素A和蛋白质；还可多饮茶水，茶叶中的茶多酚等活性物质有利于吸收与抵抗放射性物质。

2.1.3 光污染

近年来，城市建筑与装饰不断丰富，城市照明与亮化也不断更新。它们在给城市带来美丽的同时，也产生了日益严重的光污染问题。光污染问题最早是20世纪30年代由国际天文界提出的，后来英美等国称之为"干扰光"，日本称之为"光害"。现在光污染泛指影响自然环境，对人类正常生活、工作、休息和娱乐带来的不利影响，损害人们观察物体的能力，引起人体不舒适感和损害人体健康的各种光。简言之，光污染是指当环境中光照射（辐射）过强，对人类或其他生物的正常生存和发展产生不利影响的现象。

（1）光污染分类

光污染是继废气、废水、废渣和噪声等污染之后的一种新的环境污染，主要包括白亮污染、人工白昼和彩光污染等。除此之外还有一些光污染现象，比如夜晚道路上的汽车灯光、燃熔、冶炼的强光灯等。

① 白亮污染　白亮污染是指阳光照射强烈时，城市里建筑物的玻璃幕墙、釉面砖墙、磨光大理石和各种涂料等装饰反射光线，明晃白亮、炫眼夺目。在城市繁华的街道上，不少商店用大块镜面或铝合金装饰门面，有的甚至从楼顶到底层全部用镜面装潢，人们几乎置身于一个镜子的世界，而分辨不出方向。在日照光线强烈的季节里，建筑物的钢化玻璃、釉面砖墙、铝合金板、磨光花岗岩、大理石和高级涂料等装饰，明晃晃，白花花，炫眼逼人。据测定，白色的粉刷面反射系数为69%～80%，而镜面玻璃的反射系数高达82%～90%，比绿色草地、森林、深色或毛面砖石装修的建筑物的反射系数大10倍左右，大大超过了人体所能承受的范围，从而成为现代城市

中新污染源之一。

② 人工白昼　夜幕降临后，商场、酒店上的广告灯、霓虹灯闪烁夺目，令人眼花缭乱。有些强光束直冲云霄，使得夜晚如同白天一样，即所谓的人工白昼。强光可破坏夜间活动昆虫鸟类的正常繁殖过程；同时，昆虫和鸟类还可能被强光周围的高温烧死。

③ 彩光污染　舞厅、夜总会安装的黑光灯、旋转灯、荧光灯以及闪烁的彩色光源构成了彩光污染。

（2）光污染影响人体健康

在身边的环境中到处是玻璃幕墙、建筑物的釉面砖、霓虹灯、广告灯以及彩色光源等。各种夜景灯把夜景装扮的十分美丽的同时，也给都市生活带来了不利影响，有可能成为21世纪直接影响人类身体健康的环境杀手。

① 光污染影响人们睡眠　人类适宜日出而作，日落而息。天黑时，"生物钟"开始调节神经，使人渐入睡眠状态。如果夜如白昼，"生物钟"就会被错误信号所引导，让人难以安眠，打乱了正常的生物节律，导致精神不振，使人产生各种不适的感觉和症状，导致白天疲倦无力，工作效率低下。据国外的一项调查显示，有三分之二的人认为人工白昼影响健康，84%的人认为影响夜间睡眠。

② 光污染导致孩子早熟　儿童性早熟的发病率逐年升高，除了疾病等因素外，光污染也是一个间接致病因素。大脑松果体囊肿、肥大或松果体瘤会导致儿童性早熟。松果体对光很敏感。如果孩子睡觉时长期处于光亮环境中，就会影响松果体甚至致其病变，从而导致性早熟现象的发生。

③ 光污染导致眼睛危害　眼睛长期暴露于光污染环境中，视网膜和虹膜都会受到损害，导致视力下降和白内障等发病率增高。对孩子来讲，光污染还会影响孩子的视力发育，使患近视的风险成倍增加。我国高中生近视率达60%以上的主要原因是受到视觉环境污染引起的。红外线除损伤人的皮肤外，还会对视网膜、角膜、虹膜造成伤害。紫外线对眼角膜和皮肤造成伤害。激光一旦进入人眼，眼底细胞就会灼伤。

④ 光污染影响疾病发生　人们长时间生活或工作在不协调或过量的光照射下，可能出现头晕、失眠、情绪低落等神经衰弱症状，甚至出现血压升高、心急发热等不良现象。人们长期处在彩光灯的照射下，其心理累积效应会引发各种疾病，如导致头晕、疲倦无力、性欲减退、阳痿、月经不调、神经衰弱等。国际癌症研究机构研究显示，通宵上夜班的女性和男性，乳腺癌和前列腺癌的发病率高于日间上班人群。因为夜间的灯光抑制了褪黑激素的

分泌，而褪黑激素又能抑制肿瘤的产生。

（3）预防与减少光污染

光污染问题已经引起了科学家的重视，人们在生活工作中应该防止光污染对人体健康危害；同时各级部门也应该加强管理，做到预防与治理相结合。

第一，加强城市管理，合理布置光源。比如加强对广告灯和霓虹灯的管理，禁止使用大功率强光源，控制使用大功率民用激光装置，限制使用反射系数较大的材料等措施。

第二，制定技术规范，推广节能光源。在城市夜晚景观建设中，应尽快制定景观照明的技术标准，加强夜晚景观设计、施工的规范化管理。目前国内多数夜景照明节能标准与国际标准还有一定差距。所以要提倡科学技术进步，推广节能光源。

第三，提高保护意识，营造绿色环境。人们一方面切勿在光污染地带长时间滞留，若房间光线太强，可安装百叶窗或双层窗帘；另一方面应该在建筑群周围栽树种花，广植草皮，以改善和调节居住或工作环境的采光环境等。

2.1.4 温度

环境温度与人体生理活动密切相关。人体最舒适的环境温度在20～28℃之间，其中在15～20℃的环境中人的记忆力最强、工作效率最高。如果在4～10℃的环境中，发病率通常较高；而在4℃以下时，皮肤易生冻疮，其他发病率也会升高。当环境温度高于28℃时，人们就会有不舒适感。当温度再高就易导致烦躁、中暑、精神紊乱。比如在30℃时，身体汗腺会全部投入工作；气温高于34℃，并伴有频繁的热浪冲击，还可引发一系列疾病，特别是心脏、脑血管和呼吸系统疾病的发病率上升，死亡率明显增加。若人体温度达到40℃以上，生命就会直接受到威胁。

（1）高温与人体健康

高温天气分为高温炎热天气和高温闷热天气两种。当日最高气温大于或等于35℃，相对湿度在60%以下称为高温炎热天气；当日最高气温大于或等于32℃达不到35℃，相对湿度在60%以上时称为高温闷热天气。在这样的天气情况下，人体的汗水来不及从皮肤中排泄出去，热量难以发散，感觉非常难受。这是自然界升温对人体造成的直接影响。自然界升温对人体健康也有间接影响。一是自然界的升温为蚊子、苍蝇提供了更好的孳生条件,为病原体提供了更佳的传播环境,有利于传染病的流行。二是高温加快了光化学反应速率,从而提高了大气层有害气体的浓度,进一步伤害了人体健康。城市的"热岛效应"还会使城市每个地方的温度并不一样,而是呈现出一个闭合的高温中心。在这些高温区内,空气密度小,气压低,容易产生气旋式上升气流,使得周围各种废气和化学有害气体不断对高温区进行补充。在这些有害气体作用下,高温区的居民极易患上消化系统或神经系统疾病。此外,支气管炎、肺气肿、哮喘、鼻窦炎、咽炎等呼吸道疾病人数也有所增多。

在高温环境下工作,人体中最重要的生命物质——蛋白质异常甚至失去活性。第一,高温环境的热作用可降低人们中枢神经系统的兴奋性,使机体体温调节功能减弱,热平衡易遭受破坏,而促发中暑,加速毒物的吸收。第二,高温刺激和作业所致的疲劳均可使大脑皮层机能降低和适应能力减退。随着高温作业进行,作业人员体温逐渐升高。第三,高温作业可使运动神经兴奋性明显降低,中枢神经系统抑制占优势。此时,作业人员出现注意力不集中,动作准确性与协调性差,反应迟钝,作业能力明显下降,即而引发生产事故。第四,在高温环境中,作业人员识别、判断和分析的脑力劳动的作业能力或效率下降尤为明显,而且识别、分析、判断指标的改变发生在各项生理指标(如体温、心率等)改变之前。第五,人体受热时,首先会感到不舒适,其后才会发生体温逐渐升高,并产生困倦感、厌烦情绪、不想动、无力与嗜睡等症状,进而使作业能力下降、错误率增加。当体温升至38℃以上时,对神经心理活动的影响更加明显。第六,在遭受急性热作用的人群中,会出现突然的、引人注目的情绪失控,如自我无法控制的哭泣或无缘无故地突然大怒等。第七,长期在高温环境作业,会造成不育症,影响人的社会问题和心理问题。

(2) 低温与人体健康

低温环境能减慢人体的基础代谢率,呼吸、脉搏、血压等生命机能的运作相对和缓,由此消耗的"生命能"也随之减少。低温环境是减缓"生命能"消耗速度的有效方法之一。低温生活让男人更健康,低温下精子就会免去被高温蒸死的危险。低温作业是指职工在寒冷季节从事室外劳动,或者在没有取暖设备的室内工作,有的则在有冷源设备的低温条件下工作。寒冷可使人皮肤温度降低,末梢血管收缩、寒战,并影响劳动能力和工作效率,严重时可造成冷冻损伤或者诱发加重某些病症如哮喘、缺血性心脏病等。

（3）预防高温中暑和防寒保暖

中暑是在高温影响下，体温调节功能紊乱，汗腺功能衰竭和水、电解质过度丧失所致的疾病。中暑后，病人早期有头痛、头晕、恶心、口渴、胸闷、脸色苍白、出冷汗、继而出现高烧而无汗，体温可高达41℃以上，皮肤干燥、潮红，伴呕吐，脉搏快，血压低，晕厥，烦躁，手足抽搐，昏迷，出现循环衰竭。对中暑者进行急救的办法有以下几种：第一，立即将患者转移到阴凉通风的地方，松解衣扣，加快散热。第二，没有风时，先用温水毛巾擦身，同时可用扇子扇，然后改用凉水毛巾擦身。第三，中暑较重者，可冷敷额部、胸部或用酒精擦身。将病人置于室温25℃左右、通风良好的床上，在头部，腋下和腹股沟部放置冰袋，为防止局部皮肤冻伤，最好在冰与皮肤之间垫一层布，同时用冷水或酒精周身擦浴，用电风扇吹，以促进散热（目前认为在25℃水温中浸泡或冲洗较冰水降温更佳）。使体温降至38℃以下为止。第四，患者如果能饮水，应该让他饮用适量的含盐开水，也可以吃仁丹、十滴水或中药藿香正气丸。第五，严重的中暑应该送医院抢救治疗。青少年在炎热的夏天，要避免长时间在太阳下暴晒。在户外要戴草帽，穿宽敞衣服，多喝水等。

同样，寒冷可致人体冻伤。冻伤常因衣着不够，饥饿，寒冷季节长时间在室外而发生。初时只感全身发冷，头昏眼花，全身乏力，体温下降，渐渐神志恍惚，行动缓慢，进而昏睡、昏迷、呼吸心跳减慢、脉细弱、肌肉僵硬、体温异常等。在寒冷的冬天，在手脚和耳朵等部位，容易出现红肿，又痒又疼，有的还起水泡，甚至溃烂。这是一种轻度的冻伤。冻疮是由于寒冷作用而引起的组织损伤，通常在零度下或低温下发生。寒冷、穿着太少、衣服过紧和潮湿，是发生冻疮的外部原因；体质和抗寒能力减弱是内在原因。防冻疮首先应该坚持体育锻炼，经常用冷水洗手、洗脸，增强体质和抗寒能力。此外要使鞋、袜和手套保持干燥。在室外活动时，要注意身体暴露部分的保暖，可以涂些油脂。长期站在户外，应当多运动，促进血液循环。容易冻伤的部位可以用辣椒秆、茄子秆煮水洗。用生姜涂擦局部皮肤，也可以预防冻疮。

2.1.5 湿度

湿度是表示大气干燥程度的物理量。空气湿度过大或过小，都对人体健康不利。湿度过大时，人体中一种叫松果腺体分泌出的松果激素量也较大，使得体内甲状腺素及肾上腺素的浓度相对降低,细胞就会"偷懒",人就会感到无精打采,萎靡不振。长时间在湿度较大的地方工作、生活,还容易患风湿性、类风湿性关节炎等湿痹症。湿度过小时,蒸发加快,干燥的空气易夺走人体的水分,使人皮肤干裂,口腔、鼻腔黏膜受到刺激,出现口渴、干咳、声哑、喉痛等症状,所以在秋冬季干冷空气侵入时,极易诱发咽炎、气管炎、肺炎等病症。现代医学证实,空气过于干燥或潮湿,都有利于一些细菌和病菌的繁殖和传播。科学家测定,当空气湿度高于65%或低于38%时,病菌繁殖滋生最快;当相对湿度在45%～55%时,病菌的死亡率较高。

空气湿度影响着人体健康,所以人们在日常生活中,不仅要关注温度和晴雨,也要关注身边无时不在的空气湿度及其变化。一般来说,夜间和早晚,空气湿度较大,下午湿度较小;下雨(雪)时和下雨(雪)前后,空气湿度较高;而久晴不雨的时候,空气湿度相对较小。通过蒸发量来估计空气湿度大小,当蒸发很大时(如湿衣服很快在阴凉处晾干),空气湿度较小;反之,湿度则较大。当得知空气湿度低于50%时,就必须采取一些有效的措施,增加空气中的水分含量。我国属季风气候区,夏季空气湿度普遍偏高,所以夏季调节湿度主要是考虑降低室内空气湿度,最有效的方法是用空调降温或抽湿。当然,晴热多风之时,适当地开窗通风,也不失一种简便而环保的降湿方法。

2.1.6 气压

气压对人体健康的影响包括生理和心理两个方面。在生理方面,气压影响人体内氧气的供应。人每天需要大约750毫克氧气,其中20%为大脑耗用。当自然界气压下降时,大气中氧分压、肺泡的氧分压和动脉血氧饱和度都随之下降,导致人体发生一系列生理反应。以从低地到高山为例,因为气压下降,机体为补偿缺氧就加快呼吸及血液循环,出现呼吸急促,心率加快现象。由于人体(脑)缺氧,还出现头晕、头痛、恶心、呕吐和无力等症状,甚至会发生肺水肿和昏迷(高山反应)。在心理方面,气压主要使人情绪压抑。例如,低气压下的阴雨和下雪天气、夏季雷雨前的高温湿闷天气,常使人抑郁不适。当人感到压抑时,自律神经(植物神经)趋向紧张,释放肾上腺素,引起血压上升、心跳加快、呼吸急促等。同时,皮质醇被分解出来,引起胃酸分泌增多、血管易发生梗塞、血糖值急升等。所以,人们要学会结合气压变化来调整自己心态和加强身体锻炼。

2.2 化学因素与人体健康

在生产生活环境中的各种化学物质如元素、无机化合物、有机化合物等都与人类健康具有密切关系。比如人体维持正常的健康不能缺少必需的生物元素，缺少这些生物元素，人体可能会带来各种疾病。一般情况下，正常接触化学物质不会对人体产生危害，但在化学物质过量或低剂量长期接触时也可能对机体产生不良影响。据初步估计，进入环境体系的人类合成物质已经有10多万种，其中很多化学物质对人类和生物都具有毒害作用，如具有"三致"作用的多环芳烃、具有内分泌干扰作用的有机氯农药和多氯联苯以及危害动物中枢神经系统的重金属元素等。目前，有毒的化学物质已经蔓延到水体、大气、土壤中，存在于各种食品中，这些有毒有害的化学物质对生态环境和人体健康都构成了潜在的威胁。

2.2.1 元素与疾病

(1) 生物元素种类与功能

① 生物元素种类　生物体内的元素可分为必需元素、有益元素、污染元素和有害元素。必需元素是指在有机体中维持正常的生物功能所不可缺少的元素，主要包括氢(H)、硼(B)、碳(C)、氮(N)、氧(O)、氟(F)、钠(Na)、镁(Mg)、硅(Si)、磷(P)、硫(S)、氯(Cl)、钾(K)、钙(Ca)、钒(V)、铬(Cr)、锰(Mn)、铁(Fe)、钴(Co)、镍(Ni)、铜(Cu)、锌(Zn)、砷(Sb)、硒(Se)、溴(Br)、钼(Mo)、锡(Sn)和碘(I)等28种。它们按照含量不同，分为常量元素和微量元素，其中C, H, O, N, S, P, Cl, Ca, Mg, Na, K等11种为常量元素，约占99.95%；其余为微量元素或超微量元素，约占0.05%。有益元素是指没有这些元素生命尚可维持，但不能认为是健康的。人体组织中的有些元素可能来自于外部环境的沾污，它们的浓度是不断变化的，这些元素被称为沾污元素。当它们的浓度达到了可以产生能觉察到生理或形态症状时，就可以将沾污元素称为污染元素。如血液中非常低浓度的铅、镉或汞等。人体内类似铅、镉等对人体有危害的元素称为有害元素。元素的划分标准仅是相对的，随着人类对元素认识的提高和不断深入，元素的划分还会有所变化。

② 生物元素功能　生物元素在维持人体健康方面具有五个方面的功能。第一，结构功能。一些生物元素是构成人体组织细胞的主要材料。比如Ca,

P元素构成硬组织，C，H，O，N，S等元素是有机大分子的重要组分。第二，运载功能。人对某些元素和物质的吸收、输送以及它们在体内的传递等过程往往不是简单的扩散或渗透，而是需要载体的。金属离子或它们所形成的一些配合物在这个过程中担负着重要的运载功能，如含有Fe^{2+}的血红蛋白对O_2和CO_2的运载作用等。第三，催化功能。人体内约有四分之一酶的活性与金属离子有关，这些酶必需在金属离子存在时才能被激活以发挥它的催化功能。例如，只有Fe^{2+}与原卟啉IX和具有特定结构的蛋白链结合成血红蛋白后才能氧合。第四，调节功能。体液主要是由水和溶解于其中的电解质所组成的。生物体的大部分生命活动是在体液中进行的。为保证体内正常的生理、生化活动和功能，需要维持体液中水、电解质平衡和酸碱平衡等。存在于体液中的Na^+，K^+，Cl^-等发挥了重要作用。第五，信使功能。生物体需要不断地协调机体内各种生物过程，这就要求有各种传递信息的系统。细胞间的沟通即信号的传递需要有接收器。化学信号的接收器是蛋白质。Ca^{2+}作为细胞中功能最多的信使，它的主要受体是一种由很多氨基酸组成的单肽链蛋白质，称"钙媒介蛋白质"。氨基酸中的羧基可与Ca^{2+}结合。钙媒介蛋白质与Ca^{2+}结合而被激活，活化后的媒介蛋白质可调节多种酶的活力。因此Ca^{2+}起到传递某种生命信息的作用。

（2）常量元素与疾病

H，C，N，O，P，S六种元素是一切生物体的基本构筑材料。人体中的蛋白质、核酸、糖类、脂类、激素等生物分子都主要由这六种元素组成。下面简要介绍常量元素中与疾病有关的钙、磷、钾、钠等元素。

① 钙　钙在人体中具有重要作用，比如支持和保护作用、参与生化活动与酶的调节作用、维持细胞膜的完整性和通透性作用、参与神经肌肉的应激过程作用、参与血液的凝固作用和维持体内酸碱平衡作用等。所以，一旦人体内钙含量不足，人体健康就会受到影响。人类135种基础疾病中有106种与缺钙有关，比如常见的骨质疏松与骨质增生、高血压、动脉硬化和心脏血管病、老年痴呆症、糖尿病、各种结石病、各种过敏性疾病、肝脏疾病、肾病综合征、性功能障碍、经前综合征以及癌症等。其中股骨头坏死就是一种严重的致残性骨科疾病。同时，人体内缺钙也是生命个体衰老的一个重要因素。

② 磷　磷是生命物质核酸、蛋白质的主控因子，磷控制着核糖、核酸以及氨基酸、蛋白质的化学规律，从而控制着生命的化学进化。例如，磷蛋白是构成细胞核的主要成分，磷酸盐在维持机体酸碱平衡上有缓冲作用。所

以，当人体中缺磷时，就会影响人体对钙的吸收，就会患软骨病和佝偻症等。

③ 钾　钾在维持细胞内的渗透压和体液的酸碱性平衡，维持机体神经组织、肌肉组织的正常生理功能以及在细胞内糖和蛋白质代谢等方面具有重要的意义。在通常情况下，K^+在血浆中的浓度基本保持不变，只有在肾脏发生障碍时排泄平衡被破坏，平衡偏高时造成高K^+血症。另外长期食用低K^+食物或使用利尿剂，也会造成低K^+血症。高K^+血症抑制心脏跳动，引起心脏收缩能力低下，引起房室电导被阻滞等。低K^+血症对肌肉和神经的抑制会引起心电图的特殊变化。一般情况下，由于胰岛素使糖进入细胞内，使糖代谢变高，并向细胞内诱入K^+从而使之发生低K^+血症，遗传性四肢麻痹的患者易发生周期性低K^+血症，并损害四肢运动功能。慢性肾功能不全患者特别容易变成高K^+血症，所以对食物中K^+的摄取是十分重要的问题。

④ 钠　钠存在于细胞外液（血浆、淋巴、消化液）中，是人体内维持渗透压的主要阳离子，能够维持肌肉和神经的功能，维持肌肉的正常兴奋和细胞的通透性。如果体内缺少钠，人体会感到疲乏、晕眩，出现食欲不振、心率加速、脉搏细弱、肌肉痉挛、头痛等症状。但摄入过多钠会引起高血压和心脏病等。因此，饮食不宜太咸。在卢森堡召开的世界卫生组织会议上，该组织建议，健康成年人每人每日食盐摄入量的上限由原来的6克降为5克。

（3）微量元素与疾病

微量元素或超微量元素与人体健康的关系是复杂的，其浓度、价态、摄入机体的途径等都对人体健康有一定影响，有些疾病的发生就与微量元素的平衡失调关系极为密切。

① 锌　人体中含锌酶和被锌激活的酶达70多种。锌参与核酸蛋白质的代谢过程，能促进皮肤、骨骼和性器官的正常发育，维持消化和代谢活动，所以锌被称为"生命的元素"。如促进儿童智力发育，加速青少年生长发育，维持和促进视力发育，影响味觉及食欲等。当锌不足时，脑垂体受到影响，促性腺激素分泌减少，可使性腺发育不良或使性腺的内分泌功能发生障碍。缺锌会改变味觉，损害皮肤，抑制免疫功能，引起糖尿病和高血压等。当然，过量的锌也会使人产生恶心、昏迷和致癌等症状。

② 铁　人体中的铁有72%以血红蛋白的形式存在，担负运送氧气、二氧化碳的功能和维持血液酸碱平衡的作用。铁还参与血红蛋白、肌红蛋白、细胞色素、细胞色素氧化酶及触酶的合成并激活琥珀脱氢酶、黄嘌呤氧化酶等活性。铁不仅参与能量代谢与造血功能，而且还与免疫有联系。实验表

明，缺铁时中性白细胞的杀菌能力降低，淋巴细胞功能受损，在补充铁后免疫功能可能得到改善。铁缺失引起各种疾病。如体内铁丢失总是超过铁摄入，会引起体内铁贮存明显降低，可利用的铁不够正常合成血红蛋白，使血液中血红蛋白量减少，因此全身组织器官缺氧引起贫血。另外铁缺失还引起脑神经系统变化（对外刺激应答减弱，易疲倦，工作耐力、学习能力、注意力、记忆力降低）、机体防御、抗感染能力降低（如老年人会出现头晕、眼花、耳鸣、耳聋、乏力、心慌、气急等症状）、含铁酶功能下降、体重增长迟缓、骨骼异常等。铁的过度积累会产生血色素沉着（HC）。色素沉着有原发性和继发性两种。原发性色素沉着为基因缺欠（第六染色体），导致调节铁摄入的机制不能正常运转。继发性色素沉着主要由某些贫血（溶血性贫血、造血能力下降引起的贫血等）、肝硬化等肝病、饮食习惯异常（如食物中含铁量过高、嗜酒等）等引起。

③ 铜　铜在人体中造血、新陈代谢、生长繁殖、维持生产性能、增强机体抵抗力方面具有不可替代的作用。第一，参与机体代谢。铜是细胞色素氧化酶、尿酸氧化酶、氨基酸氧化酶、酪氨酸酶、铜蓝蛋白酶等的重要组成成分之一，直接参与机体代谢。铜是酪氨酸酶辅基，缺铜酪氨酸酶活力下，使酪氨酸转化为黑色素的过程受阻，造成皮肤和毛色减退，毛质下降，ATP生成减少进而影响磷脂和髓磷脂合成，造成神经系统脱髓鞘、脑细胞代谢障碍，表现为运动失调等神经症状。第二，维持铁的正常代谢。铜非常有利于血红蛋白的合成和红细胞的成熟；同时铜也是铜蓝蛋白的辅基，血浆铜蓝蛋白与组织转化铁蛋白有关，缺铜使红细胞脆性增强，存活时间变短而形成贫血。第三，参与骨骼的合成。铜是胺氧化酶和赖氨酸氧化酶的辅基，缺铜时此酶活性下降，骨胶原溶解度增加肽键间的交叉连接受损，破坏骨胶原的稳定性，降低骨骼强度。

④ 镁　镁能激活体内多种酶，抑制神经异常兴奋性，维持核酸结构的稳定性，参与体内蛋白质的合成、肌肉收缩及体温调节的作用。镁还能影响钾、钠、钙离子细胞内外移动的"通道"，并有维持生物膜电位的作用。另外，镁对心血管系统亦有很好的保护作用，它可减少血液中胆固醇的含量，防止动脉硬化，同时还能扩张冠状动脉，增加心肌供血量，进而有利于预防高血压及心肌梗死。镁也可以防止药物或环境有害物对心血管系统的损伤，提高心血管系统的抗毒作用。镁元素缺少可导致脑血管病。血中钙离子过多会引起血管钙化，镁离子可抑制血管钙化，所以镁被称为天然钙拮抗剂。镁元素缺少还可导致高血压病和糖尿病。在研究高血压病因时发现：给患者服用胆碱（B族维生素中的一种）一段时间后，患者的高血压病症，像头痛、

头晕、耳鸣、心悸都消失了。根据生物化学的理论,胆碱可在体内合成,而实际合成中,维生素B_6必须在镁的帮助下才能形成B_6PO_4活动形态。因此,在高血压患者中往往存在严重的缺镁情况。糖尿病是由于吃过多的动物性蛋白质及高热量所致。当人体吸收维生素B_6过少时,人体所吸收的色氨酸就不能被身体利用,它转化为一种有毒的黄尿酸,当黄尿酸在血中过多时,在48小时就会使胰脏受损,不能分泌胰岛素而发生糖尿病,同时血糖增高,不断由尿中排出。只要维生素B_6供应足够,黄尿酸就减少,镁可减少身体对维生素B_6的需要量,同时减少黄尿酸产生。凡患糖尿病的人,血中的含镁量特别低,因此,糖尿病是维生素B_6和镁缺乏而引起的。除上述几种常见病外,缺镁还会引起蛋白质合成系统的停滞,荷尔蒙分泌的减退,消化器官的机能异常,脑神经系统的障碍等。

⑤ 硒 硒是谷胱甘肽过氧化物酶的一个不可缺少的组成部分。谷胱甘肽过氧化物酶参与人体的氧化过程,可阻止不饱和酸氧化,防止因氧化而引起的老化、组织硬化。避免产生有毒代谢物,从而大大减少癌症的诱发物质,维持正常的代谢。科学家发现,东方民族的癌症发病率明显低于欧美,其中一个重要原因就是东方人硒的摄入量较多。比如含硒元素较多的大蒜有预防癌症作用。此外,硒对导致心脏病的镉、砷、汞等有毒物质也有抵抗作用,是有效的解毒剂。如果人体缺硒,就容易患大骨节病、克山病、胃癌等。硒还具有减弱黄曲霉素引发肝癌的作用,抑制乳腺癌的发生等功能。但摄入硒的数量如超过人体需要,可能引起肺炎,肝、肾功能退化等病症;摄入大量的硒,人可能因慢性中毒而死。

⑥ 锰 锰是人体内多种酶的成分,被称为"益寿元素"。人类缺乏锰元素,可危害身体健康,但无典型而独立的症状,表现出以下几种临床病症。骨质疏松症的发生与血液内缺锰有关。骨骼畸形和软骨受损。加速衰老。严重缺锰可导致不孕症,甚至出现死胎、畸胎和孕妇死亡。缺锰可使男性雄性激素分泌减少、性功能低下、睾丸萎缩、精子减少等。

⑦ 氟 氟是人体中的一种必需微量元素,人体中氟的主要来源是饮水。饮水中含氟量一般为1.0~1.5毫克/升较为适宜,最高不得超过2.0毫克/升。当人体缺氟元素时,人会患龋齿。具有防龋作用的牙膏主要含有氟化钠、氟化锶等。相反,当人体氟多的时候,人会患斑釉齿;如果再多,人会患氟骨症等系列病症。氟对人体的安全范围比其他微量元素窄得多,所以要注意自然界、饮水及食物中氟含量对人体健康的影响。

⑧ 碘 碘是甲状腺激素的重要组成成分。人体内的碘以化合物的形式存在,其主要生理作用通过形成甲状腺激素而发生。人体一般每日摄入

0.1～0.2毫克就可满足需要。正常情况下，通过食物、饮水及呼吸空气即可摄入所需的微量碘。但一些地区，由于水质、地质中缺碘或食物含碘少等原因，造成人体摄碘量不足。人体缺乏碘元素可导致一系列生化紊乱及生理功能异常，典型的症状有，引起地方性甲状腺肿，导致婴、幼儿生长发育停滞、智力低下等。但是，碘摄入量过多也会对健康产生副作用，甚至引起碘甲亢以及其他甲状腺疾病。所以是否需要"补碘"要经过正规体检，听取医生的建议，切不可盲目"补碘"。

2.2.2 化学污染物与健康

化学污染物对人体健康有重要影响。这些常见的化学污染物主要包括重金属和类金属元素污染物（铅、镉、汞、砷等）、无机污染物（一氧化碳、二氧化硫、二氧化氮、亚硝酸盐等）、有机污染物（甲醛、脂肪烃、二噁英、邻苯二甲酸酯、有机氯农药等）以及有机金属化合物（甲基汞等）等。化学污染物对人体健康的影响主要包括急性中毒、慢性危害、远期危害和免疫损伤等。急性中毒影响有直接作用和间接作用，如某些毒物的急性中毒属于直接作用，而间接作用可以促进呼吸系统或心脏等疾病的恶化，进而加速病人死亡。慢性危害包括慢性中毒（如水俣病、痛痛病）和非特异性慢性损害（如严重大气污染引起的居民慢性阻塞性肺部疾病患病率增加等）。远期危害主要包括致畸作用、致癌作用和致突变作用。目前已知的化学诱变源在2000种以上，常见的有亚硝胺类、苯并[a]芘、甲醛、砷、铅、烷基汞化合物等。免疫损伤包括致敏作用、免疫抑制作用等。下面分别介绍元素污染物、无机污染物、有机污染物对人体健康的影响。

（1）元素污染物

元素污染物主要是重金属污染物和类金属污染物。重金属污染是指有重金属或其化合物所造成的环境污染，主要来源于采矿、废气排放、污水灌溉和重金属的使用等过程。污染程度取决于环境食品和生物体内存在的浓度和形态。一般来讲，重金属随废水排出时，即使浓度很低，也能在藻类和水体底质中蓄积，并经食物链逐级浓缩积累而造成危害。类金属容易与有机物结合而生成金属有机化合物，与生物体内如巯基等活性基团作用而引起毒害。

① 镉　镉广泛应用于电镀、化工、电子和核工业等领域，污染源主要是铅锌矿、有色金属冶炼、电镀和用镉化合物作原料或催化剂的工厂。其中大气中的镉主要来自工业生产。进入大气的镉的化学形态有硫酸镉、硫化镉和

氧化镉等,主要存在于固体颗粒物中,也有少量的氯化镉能以细微的气溶胶状态在大气中长期悬浮。水体中镉的污染主要来自地表径流和工业废水。工业废水的排放使近海海水和浮游生物体内的镉含量高于远海,工业区地表水的镉含量高于非工业区。炼铝厂附近及其下风向地区土壤中含镉浓度很高,造成土地荒废。含镉废渣堆积,使镉的化合物进入土壤和水体。硫铁矿石制取硫酸和由磷矿石制取磷肥时排出的废水中含镉较高,每升废水含镉可达数十至数百微克。同样,大气中的铅锌矿以及有色金属冶炼、燃烧、塑料制品的焚烧形成的镉颗粒都可能进入水中;用镉作原料的催化剂、颜料、塑料稳定剂、合成橡胶硫化剂、杀菌剂等排放的镉也会对水体造成污染,在城市用水过程中,往往由于容器和管道的污染也可使饮用水中镉含量增加。从长远来看,土壤、作物和食品中来自磷肥和某些农药的镉可能会超过来自其他污染源的镉。

环境中的镉及其化合物可经呼吸而由肺,经溶解而由皮肤,经饮食而由消化道等途径进入人体。镉进入人体后与蛋白质分子中的巯基相结合,镉对磷有很强的亲和力,进入人体的镉能将骨质磷酸钙中的钙置换出来而引起骨质疏松、软化、发生变形和骨折。在一定条件下,镉可以取代锌,从而干扰某些含锌酶的功能,使多种酶受到抑制,破坏正常生化反应,干扰人体正常的代谢功能,使人体体重减少。同时进入人体中的镉,可与金属硫蛋白结合,再经血液输送到肾脏,当它在肾中积累时,会损坏肾小管,使肾功能出现障碍,从而影响维生素D的活性,导致骨骼生长代谢受阻,使骨骼软化、骨骼畸形、骨折等引发骨骼的各种病变。"痛痛病"就是由镉引起的。进入人体内的镉少量被吸收(如经食物摄入的镉约6%被吸收),其余部分随粪便排出。部分被吸收于血液中的镉与血浆蛋白结合,随血液循环选择性地储存于肾脏和肝脏,其次为脾、胰腺、甲状腺、肾上腺和睾丸等。吸收后的部分镉主要经肾由尿液排出,少量随唾液、乳汁排出。钙可以拮抗镉,高钙食物会抑制消化道对镉的吸收,维生素D也会影响镉的吸收。

② 铅 铅是最为常见的重金属污染物之一,人体含铅77克左右。联合国粮农组织和世界卫生组织提出每人每日允许摄入量约为420微克。环境中的铅主要来源于铅矿冶炼、汽车尾气、颜料、涂料、染料和化妆品和食品等。其中大气中含铅的80%来源于汽车尾气。

铅主要经消化道、呼吸道吸收后转入血液,与红细胞结合后再传输到全身和被分配到体内各组织器官。人体内约90%的铅以不溶性磷酸铅形态蓄积在骨骼之中,其他则存留于肝、肾、肌肉等部位。有机铅化合物(如四乙基铅)则趋于脑组织中富集。铅元素具有很大的污染性,表现以下几个方面:

第一，铅污染影响智商。例如，对学龄儿童的尿铅与学习成绩和在校行为的调查表明，较高尿铅组的儿童学习成绩和在校行为的得分明显低于低尿铅组。第二，铅污染影响听觉。研究发现儿童的听域与血铅存在正相关关系，血铅每升高100微克/升，右耳听域升高1.463～6.027分贝，左耳听域升高1.481～8.120分贝。铅对儿童低频和高频听域影响较大。第三，铅污染影响生长发育。4～5岁的铅中毒儿童的平均体重和身高低于未受铅污染的儿童，说明铅对儿童的生长发育起到阻碍和延缓作用。对铅污染区与非铅污染区的儿童血液中20种氨基酸的测定和分析表明：铅污染区除谷氨酸、异亮氨酸、苯丙氨酸显著高于非污染区外，亮氨酸、酪氨酸含量也呈高于非污染区的趋势；而丙氨酸、胱氨酸、缬氨酸、赖氨酸、组氨酸、精氨酸、羟脯氨酸、脯氨酸、牛磺氨酸九种氨基酸，在污染区显著降低且差异有显著性。这些变化会影响生长发育，影响脑的发育和成熟，并对儿童的神经反应也有不良影响。第四，铅污染影响免疫力。调查表明，铅能削弱机体对病原的抵抗力，使易感性增高。长期低铅暴露可以造成T细胞亚群分布异常，破坏机体T细胞亚群的平衡，使T细胞识别抗原及细胞激活的信号传递过程受到影响，对儿童尚未发育完善的免疫系统潜在着极大的威胁。

③ 汞 汞是最有害的重金属元素之一，环境中的汞主要来源食品、药品和化妆品等。例如，被污染水体中的汞，有可能通过以下的水生食物链进入人体：水中溶解态或颗粒态汞通过细菌、浮游生物，被小鱼、大鱼所食，最后人吃鱼。朱砂（HgS）、轻粉（Hg_2Cl_2）、升汞（HgO）、白降丹（$HgCl_2+Hg_2Cl_2$）等可能在用药时经口摄入。所以对于以上含汞药物都应慎用或不用。自然界中因环境污染而产生的有机汞以甲基汞为多，甲基汞能使脑蛋白质合成活性减低，并沉积于脑组织中，从而导致神经系统中毒。

经呼吸道吸入人体的汞蒸气或经消化道摄入的汞盐都可首先进入血液，且与血红蛋白结合。人体内的无机汞多蓄积在肾、肝、骨髓、脾等器官，而烷基汞多存在于肾、肝、肌肉中，同时也容易通过血脑屏障，在脑内蓄积。元素汞还可迅速在血液中被氧化为离子态。汞的毒性因化学形态不同而有差别。经口摄入人体内的元素汞基本上无毒，但通过呼吸道摄入的蒸气态汞是高毒的。单价汞的盐类溶解度很小，基本上也是无毒的，但人体组织和血红细胞能将单价汞氧化为具有高度毒性的二价汞。有机汞化合物中苯汞、甲氧基-乙基汞的毒性较轻，而烷基汞等是剧毒的，其中甲基汞的毒性大，危害最普遍。因为甲基汞与红细胞中血红素分子的巯基结合，生成稳定的巯基汞、烷基汞，它们蓄积在细胞内和脑室中，滞留时间长，导致中枢神经和全身性中毒。

④ 砷　砷是重要的类金属元素之一，体内的砷主要贮存在骨骼和肌肉内。正常人体中血液、头发和尿的含砷量分别约为0.036毫克/千克、0.460毫克/千克和小于0.5毫克/立方分米。含蛋白量多的组织较容易富集砷，而酸溶性的类脂质中含砷量较少。研究认为，适量的砷元素对人体有益。砷一般从消化道和呼吸道进入人体，被胃肠道和肺脏吸收，并散布在身体内的组织和体液中。同时皮肤也可以吸收砷。砷进入人体内，蓄积在甲状腺、肾、肝、肺、骨骼、皮肤、指甲以及头发等处，体内砷主要经过肾脏和肠道排出。人体正常含砷量约为98毫克，每人每天允许最高摄入量是3毫克（FAO/WHO标准）。所以当过量的砷进入人体时，会产生一系列不良的生物化学反应。

机体内的砷可干扰磷元素参与的反应。当人体内蓄积过量的砷时，三价砷阻滞三磷酸腺苷的合成作用，从而引起人体乏力、疲惫，三价砷对酶系统正常作用的干扰，使细胞氧化功能受阻，呼吸障碍，代谢失调。当作用神经细胞时，可导致神经系统功能紊乱，运动失调损害。过量砷也可能引发循环系统障碍，表现为血管损害，心脏功能受损。过量砷还能使染色体变异，可致畸、致突变。如三价砷可与机体内酶蛋白的巯基反应，形成稳定的整合物，使酶失去活性。常见的三价砷有砒霜、三氯化砷、亚砷酸等。例如三氧化二砷（砒霜）中毒量为10～50毫克，致死量60～200毫克。在致死剂量下，重症者1小时内死亡，平均致死时间12～24小时。五价化合物比三价的三氧化二砷毒性低得多。人们喜食的水生、甲壳类食物（小虾、对虾）都含有较高浓度的五价砷化合物，只要不食之过量，对人体全然无害。但如在食后服用多量具有还原性的维生素C，则在其作用下，进入人体内的五价砷化物会转为低价砷化物而危害健康。砷化氢的毒性表现与其他砷化物不同，其经呼吸被机体吸收后，可与血红蛋白结合成氧化砷，由此发生溶血作用，会引起结核膜出血、溶血性贫血等病情，急性死亡率甚高。

⑤ 铬　金属铬中六价铬毒性较大，它的急性中毒可引起皮肤铬溃疡、鼻中隔穿孔、过敏性接触皮肤炎、胃肠出血性胃肠炎、急性肾衰竭等现象。长期暴露接触六价铬会慢性中毒引发癌症，特别是肺癌。我国环境标准规定生活饮用水中六价铬的浓度应低于50毫克/米^3；地表水中铬的最高容许浓度为500毫克/米^3（三价铬）和50毫克/米^3（六价铬）；工业废水中六价铬及其化合物最高容许排放标准为500毫克/米^3（按六价铬计）；渔业用水中铬最高容许浓度为500毫克/米^3（三价铬）和50毫克/米^3（六价铬）。居住区大气中六价铬的最高容许浓度为0.0015毫克/米^3（一次测定值）；车间空气中三氧化二铬、铬酸盐、重铬酸盐的最高容许浓度为0.1毫克/米^3（换算成

三氧化二铬）。

⑥ 其他元素

铍：铍主要从呼吸道侵入机体。体内的铍大部分与蛋白质结合，并贮存于肝和骨骼中。积蓄于细胞核中的铍，能阻止胸腺嘧啶脱氧核苷进入DNA，干扰DNA合成，这是铍致癌的原因之一，所以铍属于强烈的致癌元素。另一方面，铍离子有拮抗镁离子的作用，因为Be^{2+}可以置换激活酶中的Mg^{2+}，从而影响激活酶的功能。

铋：铋及其化合物均有毒性，但一般人体很难吸收。由于铋在自然界中较为稀散，食物中含量极低。只在治疗梅毒、口腔炎等过程中使用的过铋制剂中有过中毒报告，主要表现为肝、肾损伤，严重时可发生急性肝功能和肾功能衰竭等。

锑：锑化合物对人体有毒。锑及其化合物以蒸气形式或粉末状态经呼吸道吸入，也可由消化道吸收，药用锑剂可由静脉注射而进入体内。体内的锑分布于各组织器官中，以肝脏和甲状腺为多。比如，三价锑进入血液后，可存在于红细胞中，并分布于肝脏、甲状腺、骨骼、胰腺、肌肉、心脏及毛发中。五价锑主要存在于血浆中，少量贮存在肝脏。锑对人体的损害表现在呼吸道、心脏、肝脏和血液上，其中对呼吸道损害尤甚。锑对人体的毒性作用是通过锑与巯基结合，抑制某些巯基酶（如琥珀酸氧化酶）与血清中硫氢基相结合，进而干扰体内蛋白质及糖的代谢，损害肝脏、心脏及神经系统。慢性锑中毒症状主要表现为乏力、头晕、失眠、食欲减退、恶心、腹痛、胃肠功能紊乱、胸闷、虚弱等一般症状、引起慢性结膜炎、慢性咽炎，慢性副鼻窦炎等黏膜刺激症状。

铝：1989年世界卫生组织正式将铝确定为食品污染物而加以控制。研究发现，老年性痴呆症与铝有密切关系；同时还发现，铝对人体的脑、心、肝、肾的功能和免疫功能都有损害。成年人每天允许铝摄入量为60毫克。目前，如果不加以注意，铝的摄入量会超过这个指标。每人每天要从食物中摄入8～12毫克的铝。由于使用铝制的炊具、餐具，使铝溶在食物中而被摄入约4毫克。大量的铝还来自含铝的食品添加剂。含铝的食品添加剂经常用于油条、油饼等油炸食品。有关部门抽查结果表明，每千克油饼中含铝量超过1000毫克。如果吃50克这样的油饼，就超过了每人每天允许的铝摄入量。含铝的食品添加剂的发酵粉还常用于蒸馒头、花卷、糕点等。因此，要尽量少吃油炸食品和含铝的膨松剂，尽量避免使用铝制的炊具及餐具。

铊：铊是用途广泛的工业原料，含铊合金多具有特殊性质，是生产耐蚀容器、低温温度计、超导材料的原料，一些铊化合物也是光电子工业的重要原料。铊化合物还可用来制备杀虫剂、脱发剂（醋酸铊）等。铊化合物可以经由皮肤吸收，或通过遍布体表的毛囊、呼吸道黏膜等部位吸收。有病例显示，暴露于含铊粉尘中2小时，便可能导致急性铊中毒。此外，由于矿山开采等原因造成的土壤和饮用水污染，也有可能导致居民通过饮食摄入含铊化合物，产生急性或慢性铊中毒。大多数铊盐无色无味，溶解性良好，因此误食以及投毒也是铊中毒患者接触铊化合物的途径之一。铊对哺乳动物的毒性高于铅、汞等金属元素，与砷相当，其对成人的最小致死剂量为12毫克/千克，对儿童为8.8～15毫克/千克。铊中毒的典型症状包括毛发脱落、胃肠道反应、神经系统损伤等。

（2）无机污染物

无机污染物主要包括氧化物、硫化物、卤化物、酸、碱、盐等。譬如，无色有刺激性的二氧化硫气体易溶于水，对呼吸器官和眼睛黏膜有刺激作用，吸入高浓度二氧化硫可引起喉头水肿和支气管炎。长期接触低浓度二氧化硫，不仅增加呼吸道疾病，而且损害肝、肾和心脏。各种酸、碱、盐类的排放，往往会引起水质变化，进而影响人体健康。

（3）有机污染物

有机污染物主要包括工业化学品、抗生素、表面活性剂、药品、农药和环境激素等。其中，环境激素是一类外源性化合物，它干扰生物为保持体内平衡和调节发育过程的正常激素的产生、释放、转移、代谢、结合、反应和消除，或在未受损伤的生物或其后代中起不良的健康影响和内分泌功能的改变。环境激素对人体的主要伤害是造成人体性激素分泌量减少和活性下降，精子数量减少，生殖器官异常和癌症发病率增加的重要原因。使用环境激素的后果是健康状况慢性恶化，生殖力降低，新生儿成活率下降和后代发育不良等。

持久性有机污染物（POPs）是有机污染物中最主要的一种，由于其理化性质稳定，在自然环境中难于降解和转化，所以能在环境中长时间存在并对生态环境造成不利影响。持久性有机污染物具有高毒性、持久性、积聚性和流动性等特点。持久性有机污染物主要包括杀虫剂、工业化学品（包括多氯联苯和六氯苯等）和生产中的副产品（如二噁英和呋喃等）三类。持久性有机污染物中二噁英的毒性相当于氰化钾的1000倍以上，号称世界上最毒的化合物之一，每人每日能容忍的二噁英摄入量为每公斤体重1皮克。它还具有生物放大效应，可以通过生物链逐渐积聚成高浓度，从而造成更大的危害。持久性有机污染物具有抗光解性、化学分解和生物降解性。例如，二噁英系列物质其在气相中的半衰期为8～400天，在土壤和沉积物中约17年到273年。持久性有机污染物具有高亲油性和高憎水性，其能在活的生物体的脂肪组织中进行生物积累，可通过食物链危害人类健康。持久性有机污染物可以通过风和水流传播到很远的距离。它们能从水体或土壤中以蒸气形式进入大气环境或者附在大气中的颗粒物上，由于其具有持久性，所以能在大气环境中远距离迁移而不会全部被降解，但半挥发性又使得它们不会永久停留在大气层中，它们会在一定条件下又沉降下来，然后又在某些条件下挥发。这样的挥发和沉降重复多次就可以分散到地球上各个地方。持久性有机污染物之所以成为当前全球环境保护的热点，正是由于其能够对野生动物和人体健康造成不可逆转的严重危害，危害免疫系统、内分泌系统、生殖和发育、致癌和其他毒性等。

2.3 生物因素与人体健康

人们生活的环境中存在150多万种动物、40多万种植物和数十万种微生物，它们大部分服务于人类生活。然而，也有一些生物会通过各种途径直接或间接作用于人体而影响人体健康。比如，病毒导致感冒，细菌引起疾病等。这些病毒细菌是人类很多疾病的元凶，甚至置人于死地，如鼠疫、非典型肺炎、禽流感、口蹄疫、疯牛病、结核病、血吸虫病、艾滋病等。

2.3.1 细菌

细菌是一类具有细胞壁的单细胞微生物，主要由细胞膜、细胞质、核质体等部分构成，有的细菌还有荚膜、鞭毛、菌毛等特殊结构。细菌的个体非常小，绝大多数细菌的直径在0.5～5微米之间。细菌根据形状分为球菌、杆菌和螺形菌三类。细菌是所有生物中数量最多的一类，广泛分布于土壤和水中，或者与其他生物共生。人体上也有相当多的细菌。譬如，胃中有链球菌、乳酸杆菌；肠道里有类杆菌、大肠杆菌、葡萄球菌；口腔里有乳杆菌、葡萄球菌、肺炎链菌等。此外，也有部分细菌种类分布在极端的环境中，甚至是放射性废弃物中。细菌对人类既有益处又有危害。一方面，细菌是许多疾病的病原体，如肺结核、淋病、炭疽病、梅毒、鼠疫、沙眼等疾病。然而，人类时常也利用细菌。例如，奶酪的制作、部分抗生素的制造、废水的处理等都需要细菌。

尽管细菌在一定程度上为人类做出了贡献，但是人们仍然不能忽视细菌对人体健康的危害。第一，注意饮食卫生。比如婴儿用的奶瓶以及其他饮食用具最好在用完以后立即清洗，并进行消毒工作。第二，注意个人卫生。比如工作后或接触一些物品后要及时清洗双手。第三，居室要每天开窗通风、经常擦家具和地板，避免细菌传入疾病。第四，远离患有传染病的人群。

2.3.2 真菌

真菌是生物界中很大的一个类群，通常分为酵母菌、霉菌和蕈菌（大型真菌）三类。真菌将生物分解为各类无机物，使土地肥力增强。还有些真菌已成为重要的食物来源，如可食用的蕈菌有200多种，包括冬菇、草菇、木耳、云耳等。还有的真菌用于食物加工，例如，酵母菌用于面包等加工，酿酒也需要真菌。真菌也有有害的一面，比如真菌能引起植物多种病害，从而造成巨大的经济损失。真菌还可引起动物、植物和人类的多种疾病，如真菌感染、变态反应性疾病和中毒性疾病等，其中癣就是由真菌所引起的。

2.3.3 病毒

病毒是比细菌还小、没有细胞结构、只能在细胞中增殖的一种微生物。病毒主要特点是：形体极其微小，必须在电子显微镜下才能观察；没有细胞构造，其主要成分仅为核酸和蛋白质两种；每一种病毒只含一种核酸，不是DNA就是RNA；既无产能酶系，也无蛋白质和核酸合成酶系，只能利用宿主活细胞内现成代谢系统合成自身的核酸和蛋白质成分；以核酸和蛋白质等"元件"的装配实现其大量繁殖；在离体条件下，能以无生命的生物大分子状态存在，并长期保持其侵染活力；对一般抗生素不敏感，但对干扰素敏感；有些病毒的核酸还能整合到宿主的基因组中，并诱发潜伏性感染。病毒在自然界分布广泛，可感染细菌、真菌、植物、动物和人，常引起宿主发病。其实，病毒也并非一无是处，它在人类生存和进化的过程当中，扮演了不同寻常的角色，人和脊椎动物直接从病毒那里获得了100多种基因，而且人类自生复制DNA的酶系统，也可能来自于病毒。

预防病毒对人体健康的危害，应从两个方面入手：一是加强免疫工作，二是注意环境卫生和个人卫生。免疫包括人工自动免疫和人工被动免疫。人工自动免疫主要包括减毒活疫苗、灭活疫苗、亚单位疫苗、多肽疫苗、基因工程疫苗等。人工被动免疫主要包括高效价免疫血清、病人恢复期血清、胎盘球蛋白、丙种球蛋白及细胞免疫有关的转移因子等。

2.3.4 寄生虫

寄生虫是寄生在宿主或寄主体内或附着于体外以获取维持其生存、发育或者繁殖所需的营养或者庇护的一切生物。寄生虫以生物分类分为原生生物（常见的有疟原虫、蓝氏贾第鞭毛虫）、无脊椎动物（如营内寄生的扁形动物猪肉绦虫，中华肝吸虫和营外寄生节肢动物的阴虱、头虱、库蚊）和脊椎动物。寄生虫以寄生环境分消化道内寄生虫（如蛔虫、钩虫、绦虫）、腔道内寄生虫（阴道毛滴虫）、肝内寄生虫（如肝吸虫、棘球蚴）、肺内寄生虫（如卫斯特曼并殖吸虫）、脑组织寄生虫、血管内寄生虫（如血吸虫）、淋巴管内寄生虫、肌肉组织寄生虫、细胞内寄生虫、骨组织寄生虫、皮肤寄生虫和眼内寄生虫等。

寄生虫在宿主的细胞、组织或腔道内寄生，引起一系列的损伤，它们对宿主的作用是多方面的。第一，夺取营养。寄生虫在宿主体内生长、发育和繁殖所需的物质主要来源于宿主，寄生的虫数愈多，被夺取的营养也就愈多。如蛔虫和绦虫在肠道内寄生，夺取大量的养料，并影响肠道吸收功能，引起宿主营养不良；又如钩虫附于肠壁上吸取大量血液，可引起宿主贫血。第二，机械性损伤。寄生虫对所寄生的部位及其附近组织和器官可产生损害或压迫作用。比如有些个体较大、数量较多的寄生虫（蛔虫）多时可扭曲成团引起肠梗阻。第三，毒性和抗原物质的作用。寄生虫的分泌物、排泄物和死亡虫体的分解物对宿主均有毒性作用。例如，阔节裂头绦虫的分泌排泄物可能影响宿主的造血功能而引起贫血。另外，寄生虫的代谢产物和死亡虫体的分解物又都具有抗原性，可使宿主致敏，引起局部或全身变态反应。如疟原虫的抗原物质与相应抗体形成免疫复合物，沉积于肾小球毛细血管基底膜，在补体参与下，引起肾小球肾炎，以及棘球蚴囊壁破裂，囊液进入腹腔，可以引起宿主发生过敏性休克，甚至死亡。第四，超敏反应。寄生虫在宿主体内往往会诱导宿主产生超敏反应，造成组织的损伤。总之，寄生虫对人体的危害，主要包括其作为病原引起寄生虫病及作为疾病的传播媒介两方面。

目前，在广大发展中国家，寄生虫病依然广泛流行、威胁着儿童和成人的健康甚至生命。在经济发达国家，寄生虫病也是公共卫生的重要问题。如阴道毛滴虫的感染人数估计美国有250万、英国100万。我国广大农村，寄生虫病一直是危害人民健康的主要疾病。在预防寄生虫对人体健康的危害上，要努力做到：饭前便后要洗手；注意个人卫生，勤洗澡；彻底煮熟肉类和海产食物；饮用水要烧开；消灭蚊子等传播疾病的昆虫；感染寄生虫后，及时就医。

2.3.5 其他生物因素

除了影响人体健康的细菌、真菌、病毒、寄生虫外，一些天然的动植物也可能对人体健康带来影响。比如，一些动植物中的天然有毒物质，因贮存方法不当，在一定条件下会产生某种有毒成分。在植物性有毒成分中，目前已发现的植物毒素约有1000余种。但是它们大部分都属于植物次生性代谢物，主要的种类有氰苷、皂苷、茄碱、棉子酚、毒菌的有毒成分以及植物凝集素等。动物性的有毒成分，大多为鱼类和贝类毒性物质。这些水产物的毒素，有些是其本身应该具有的，有些则是机体死亡发生变化而产生的，还有一些则是食物链效应产生的。除很特殊的动物毒素外（如蛇毒），大多数动物毒性物质还有待进一步研究。

 阅读材料

社会因素与人体健康

（1）社会心理因素

社会心理因素是指在特定的社会环境中，导致人们在行为乃至身体器官功能状态方面产生变化的因素。人的心理现象较为复杂，既包括认识、情感和意志等共性的特征，也包括能力、气质、性格及兴趣爱好等个性特征，这些特征都可能成为影响人们健康的因素。

社会心理因素对机体健康造成的影响：通过生理变化的各环节发生作用。当人们遭遇到某些紧张的社会事件时，心理上就会出现不安和紧张的情绪；当紧张事件消除后，紧张的情绪状态也会消失。如紧张事件继续，这种紧张情绪就会持久存在。当紧张情绪持久存在引起一系列生理变化超过了人类自我调节功能时，就会对人体健康发生不良影响。

（2）社会经济因素

经济是满足社会人群基本需要的物质基础，社会经济的发展推动了卫生工作；卫生工作也同样推动着社会经济的发展，两者具有双向互动作

用。第一，社会经济的发展是人群健康水平提高的根本保证，社会经济的发展促进人群健康水平的提高。第二，社会经济的发展也必须以人群健康为条件，人群健康水平的提高对推动社会经济的发展起着至关重要的作用。

（3）社会文化因素

文化因素包括教育、科学、艺术、道德、信仰、法律、风俗习惯等。

思想意识对健康的影响：思想意识的核心内容是世界观，其确定人们的其他观念。人的观念的形成，一方面来源于个人的生活经历和实践，另一方面来源于社会观念的影响，从而使思想观念具有个别性和社会普遍性。因此，由某种观念带来的健康问题也表现出个别性和社会倾向性。不良的社会道德和观念可带来社会病态现象和健康问题——社会病。

风俗习惯对健康的影响：风俗习惯是历代相沿的规范文化，是一种无形的力量，约束着人们的行为，从而对健康发生着重要的影响。不良的风俗习惯可导致不良的行为，将直接危及和影响人群健康。

科学技术对健康的影响：科学技术的发展，改善了人们的工作环境和生活环境，改变了人们的生活方式，从而对个体和群体的心身健康发生着重大的影响。

（4）社会其他方面

人口与健康：人口的增长应与社会经济增长相协调。人口增长过快，生产积累减少，生活水平下降，健康水平降低。还会造成自然环境的破坏，加重环境污染，对健康造成威胁。

卫生保健服务与健康：卫生保健服务是指卫生部门向社区居民提供适宜的医疗、预防、康复和健康促进等服务。在卫生保健服务中医疗质量、服务态度、医德和医疗作风等，对人群健康可产生重要影响。

家庭因素与健康：家庭是社会的细胞，是维护健康的基本单位。通过优生、优育和计划生育可使人口数量得以控制，且保证人口质量，降低人群发病率。家庭成员和睦相处，有助于保持良好的生理和心理状态。良好的家庭生活习惯、卫生习惯可保证生活质量，增强体质，减少疾病。

家电辐射排行榜

现代家庭生活逐渐电器化，但家电辐射对人体健康的影响是不能忽视的。表2-2列举了常见的家电辐射星级（五星，属严重超标，要引起重视；三星以上，属于超标范围，也要引起注意；一星，安全，可放心使用）。

表2-2　常见的家电辐射等级

星级	家用电器名称
五星	微波炉、电热毯、加湿器、吸尘器、脂肪运动机
四星	电吹风、普通电视、家庭影院、低音炮音箱、红外管电暖气、电扇、电磁炉、电熨斗
三星	等离子电视、台式电脑主机、无线鼠标和键盘、电热足盆、空气净化器
二星	抽油烟机、电饼铛、跑步机
一星	液晶电视、显示器、笔记本电脑、空调、电冰箱、臭氧消毒柜、电饭煲

在使用三星以上家用电器过程中必须要十分谨慎。比如在使用微波炉时，门缝处辐射最大，启动时辐射最大，烹饪时不要过于靠近；孕妇如果使用电热毯，长时间处于这些电磁辐射当中，最易使胎儿的大脑、神经、骨骼和心脏等重要器官组织受到不良的影响。

手机与辐射

随着手机的普及，手机对健康的影响也越来越引起人们的关注。

第一，对神经系统的影响。手机可发出400～1000兆赫高频率的电磁波，这些电磁波可对人体形成较直接的辐射。由于打电话时头部离话机最近，因而手机对头部的影响自然也最为严重。长时间使用手机可能导致一系列中枢神经系统疾患，使记忆力减退，也会影响到植物神经系统，表现为很多心血管系统疾病。

第二，对行为的影响。人们在利用手机收发短信、上网时会长时间专注于手机屏幕，频繁地按键输入，收发信息，可能会感到手臂麻木、僵硬，甚至酸痛，长时间持续发短信还可能会引发手臂疾病。

第三，对视力的影响。人们在频繁收发短信或者利用手机上网会紧盯着屏幕，对视力的伤害不亚于长时间在光线不好的地方看书。

减少手机辐射的方法如下所述。

第一，选用辐射小的手机。建议选用有进网许可证的手机，并配有合格手机电磁波防护套，进行非闭合屏蔽。用耳机虽不能直接"消灭"辐射，但能将人体和辐射源隔离开。手机距离头部越远，大脑受到的辐射影响就越小。距离手机天线越远，身体接受的辐射量就越低。智能手机内置无线装置，其产生的辐射比手机更强，因为这些设备主要靠电池驱动才可接收电子邮件、上网等。因此，尽量少用手机上网。

第二，减少电话通话时间。短信交流可大大减少头部和身体所接触的手机辐射。长时间通话，最好使用固定电话。研究发现，使用手机通话2分钟后，脑电波受到的影响至少会持续1个小时。

第三，别在信号弱时打手机。当信号弱的时候，如高速行驶的交通工具上的时候，或在电梯、火车、地铁等相对封闭空间打手机时，此时手机不断尝试连接中断的信号，会使辐射增加到最大值。

第四，打电话注意技巧。手机接通的一刹那产生的辐射最强，因此接听或者拨打手机之后，最好伸展手臂，让手机远离身体，稍等片刻再通话。长时间打手机时，最好左右手经常交替。

第五，合理放置手机。研究发现，经常将手机放在裤兜的男性，其精子数比正常男性少25%。手机辐射对身体各部位的影响不同，男性睾丸最容易受手机辐射伤害。睡觉时，别将手机放在枕边。辐射会降低褪黑激素分泌量，既影响睡眠质量，又会加速人体自由基的破坏作用，最终导致癌症等疾病发生。

思考题

1. 日常生活中有哪些噪声污染？噪声污染给人们带来哪些影响？怎样避免噪声污染？
2. 日常生活中有哪些电磁辐射？它们有哪些危害？
3. 举例说明光污染的类型与危害。
4. 微量元素与健康有什么关系？
5. 结合以下案例，分析元素对人体健康产生的影响。

（1）来自美国北达科他州的健康专家通过对209名12～13岁的儿童进行调查，发现每周五天摄入含有10～20微克锌元素。通过10～12周后发现，这些接受实验的儿童学习领悟能力、注意力、记忆力、解决问题的能力，协调能力都比其他儿童要高。

（2）2012年1月15日起，广西龙江河宜州拉浪段发现重金属镉超标。截至1月21日18时，污染事件已造成大约28.1万尾鱼死亡，宜州市怀远镇附近群众生活用水直接受到影响。

大气环境与健康

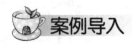

美国多诺拉烟雾

多诺拉是美国宾夕法尼亚州的一个小镇,坐落在一个马蹄形河湾内侧,两边高约120米的山丘把小镇夹在山谷中,位于匹兹堡市南边30公里处,有居民1.4万多人。多诺拉镇是硫酸厂、钢铁厂、炼锌厂的集中地,多年来,这些工厂的烟囱不断地向空中喷烟吐雾,以致多诺拉镇的居民们对空气中的怪味都习以为常了。1948年10月26～31日,持续的雾天使多诺拉镇看上去格外昏暗。当时气候潮湿寒冷,天空阴云密布,一丝风都没有,空气失去了上下的垂直移动,出现逆温现象。在这种死风状态下,工厂的烟囱却没有停止排放,就像要冲破凝住了的大气层一样,不停地喷吐着烟雾。两天过去了,天气没有变化,只是大气中的烟雾越来越厚重,工厂排出的大量烟雾被封闭在山谷中。空气中散发着刺鼻的二氧化硫气味,令人作呕。空气能见度极低,除了烟囱之外,工厂都消失在烟雾中。随之而来的是小镇中6000人突然发病,症状为眼病、咽喉痛、流鼻涕、咳嗽、头痛、四肢乏倦、胸闷、呕吐、腹泻等,其中有20人很快死亡。这就是历史上的多诺拉烟雾事件。

雅典"紧急状态事件"

1989年11月2日上午9时,希腊首都雅典市中心大气质量监测站显示,空气中二氧化碳浓度318毫克/米^3,超过国家标准(200毫克/米^3)59%,发出了红色危险信号。11时浓度升至604毫克/米^3,超过500毫克/米^{3}紧急危险线。中央政府当即宣布雅典进入"紧急状态",禁止所有私人汽车在市中心行驶,限制出租汽车和摩托车行驶,并令熄灭所有燃料锅炉,主要工厂削减燃料消耗量50%,学校一律停课。中午,二氧化碳浓度增至631毫克/米^3,超过历史最高记录。一氧化碳浓度也突破危险线。许多市民出现头疼、乏力、呕吐、呼吸困难等中毒症状。市区到处响起救护车的呼啸声。下午16时30分,戴着防毒面具的自行车队在大街上示威游行,高喊"要污染,还是要我们!""请为排气管安上过滤嘴!"。

讨论

1. 多诺拉烟雾是一种大气污染现象，给人们健康带来哪些影响？你还知道哪些大气污染？

2. 从大气环境污染角度来剖析雅典"紧急状态事件"产生的原因。

3.1 大气组成及垂直结构

3.1.1 大气组成

大气是由多种气体、水分及杂质共同组成的。大气中除去水汽和各种杂质的混合气体称为干洁空气。干洁空气的主要成分是氮、氧、氩和二氧化碳，这四种气体占空气总容积的99.98%，而氖、氦、氪、氙、氡、臭氧等稀有气体的总含量不足0.02%。干洁空气各成分间的百分比数从地面直到85公里高度间，基本上稳定不变。85公里以上的高层大气中，由于对流、湍流运动受到抑制，分子的扩散作用超过湍流扩散作用，大气的组分受地球重力的分离作用，氢、氦等较轻成分的百分比数相对增多，气体间的混合比趋于不稳定。水汽是低层大气中的重要成分，含量不多，只占大气总容积的0~4%，是大气中含量变化最大的气体。大气中水汽主要来自地表海洋和江河湖等水体表面蒸发和植物体的蒸腾，并通过大气垂直运动输送到大气高层。杂质是悬浮在大气中的固态、液态的微粒，主要来源于有机物燃烧的烟粒、风吹扬起的尘土、火山灰尘、宇宙尘埃、海水浪花飞溅起的盐粒、植物花粉、细菌微生物以及工业排放物等。杂质大多集中在大气底层，其中大的颗粒很快降回地表或被降水冲掉，小的微粒通过大气垂直运动可扩散到对流层高层，甚至平流层中，能在大气中悬浮1~3年，甚至更长时间。大气杂质对太阳辐射和地面辐射具有一定吸收和散射作用，影响着大气温度变化。杂质大部分是吸湿性的，往往成为水汽凝结核心。近百年来，由于工业迅猛发展，大量化石燃料的燃烧，使大气中二氧化碳的容量有所增大。随着能源需用量的增多，进而可能影响到自然界二氧化碳循环过程的平衡以及大气中温度的变化。

3.1.2　大气垂直结构

大气层位于地球的最外层，介于地表和外层空间之间，它受宇宙因素作用和地表过程影响，形成了特有的垂直结构。根据大气层垂直方向上温度和垂直运动的特征，一般把大气层划分为对流层、平流层、中间层、热层和散逸层五个层次。

（1）对流层

对流层是大气的最低层，厚度只有十几千米，是各层中最薄的一层。它集中了大气质量的3/4和几乎整个大气中的水汽和杂质。同时，对流层受地表种种过程影响，其物理特性和水平结构的变化都比其他层次复杂。对流层中云、雨、雷、电等天气现象非常活跃。这一方面是由于空气的对流运动把地表的水汽、杂质能经常向高空输送，另一方面是高空的低温利于水汽的凝结和云滴成长为雨滴。对流层也是污染最为严重的大气层。

（2）平流层

平流层是自对流层顶到55公里高度间的气层。平流层大气由于温度垂直分布是递增的，不利于气流的对流运动发展，因而气流运动以平流为主。平流层中水汽、杂质极少，几乎不出现云、雨现象。有时在中、高纬度晨昏时的高空（22～27公里）能见到绚丽多彩的珠母云（由细小冰晶组成）。平流层没有强烈对流运动，气流平稳、能见度好，是良好的飞行层次。

（3）中间层

自平流层顶到85公里间气层称中间层。这一层已经没有臭氧，而且紫外辐射中小于0.175微米的波段由于上层吸收已大为减弱，以致吸收的辐射能明显减小，并随高度递减，因而这层的气温随高度升高迅速下降，到顶部降到–83℃以下，几乎成为整个大气层中的最低温。这种温度垂直分布有利于垂直运动发展。在中间层顶附近（80～85公里）的高纬地区黄昏时，有时观察到夜光云，其状如卷云、银白色、微发青，十分明亮，可能是水汽凝结物。

（4）热层

中间层顶到800公里高度间气层称为热层。热层气温随高度迅速升高。据测定，在300公里高度气温已达1000℃以上。该层中的氮（N_2）、氧（O_2）和氧原子（O）气体成分，在强烈的太阳紫外线和宇宙射线作用下，已处于高度电离状态，所以也把热层称作"电离层"。

（5）散逸层

散逸层是指800公里高度以上的大气层，也称为大气层向星际空间的过渡层。这层空气在太阳紫外线和宇宙射线的作用下，大部分分子发生电离；使质子的含量大大超过中性氢原子的含量。该层空气极为稀薄，其密度几乎与太空密度相同，故又常称为外大气层。

3.1.3 大气层作用

（1）大气层促进生物生长

大气层为地球上的生物提供了生长所必需的空气。大气层中氧气含量过少生命将窒息；过多氧化作用增强，地面将变成火海。为了氧气含量适度，大气层还"配备"了78%的氮气来调节氧气的比例，并转化为多种化合物成为植物的营养。再如二氧化碳也保持最适合的浓度，太少植物不能进行光合作用，动物因此没有碳水化合物而不能生存，太多将使动物不能呼吸，地表温度会通过温室效应而变化。同时，外层空间的陨石等落到地球之前，大部分已经焚化消失。由此产生的细微粉尘，既可以作为空气中水分的凝聚粒形成降雨，又可以使阳光形成散射，对人类的视觉及动植物的生长起到良好作用。

（2）大气层使地球温度稳定

昼夜、年季之间变化都在可适当的范围内；大气层厚度可保持地表温度的相对稳定。一定强度的大气压是使地表水在常温下保持液态的必要条件，大气层过厚或过薄都将引起地球表面生态失衡。

（3）大气层的保护与屏蔽作用

大气层能把太阳射线的强烈照射大部分吸收掉，免于地球上生物遭受到强烈的辐射。同时，大气层中的电离层和臭氧层，能很好地屏蔽太空袭来的电磁波，从而保护地球生命的健康。

3.2 大气污染物

大气污染通常指由于人类活动或自然过程引起某些物质进入大气中，呈现出足够的浓度，达到足够的时间，并因此危害人体的舒适、健康和福利或环境的现象。大气污染根据污染的影响范围分为局部地区污染、地区污染、广域污染和全球性污染四种情况。如在居民区中的个别工厂或浴室的烟囱浓烟滚滚，附近群众深受其害，这就是一种典型的局部性地区污染。在一些中小城市的工厂集中地带，工业排放的"三废"污染都汇集在一个地区，致使该地区的居民全部受害，即构成地区性污染。现代化工业城市出现的空气污染，有时可超过行政区域，构成广域污染。当今世界还可发现存在于两国或多国之间的污染问题。例如英国、德国、法国、捷克等国家工业污染引起的酸雨危及欧洲地区的很多国家，已经成为全球性污染。

3.2.1 大气污染物来源

大气污染物多为化学物质，有自然因素（如森林火灾、火山爆发等）和人为因素（如工业废气、生活燃煤、汽车尾气、核爆炸等）两种来源。大气污染的人为因素来源有三个方面：一是为了获得能量而进行的大量燃烧活动，如煤、石油、天然气、木柴等燃烧过程中将大量污染物质释放进入大气；二是工农业的固体废物，城市生活垃圾在焚毁处理时的污染物质排入；三是各种工业生产过程中排放的有害有毒气体。有时便于研究方便，也把大气污染源分为固定源和流动源两种。

（1）固定源

大气污染固定源是指大气污染物质来自某些固定单位或地点。例如，火力发电厂以煤、石油或天然气作燃料，燃烧过程将大量粉尘和二氧化硫等气体排入大气。目前，火电厂已是大气污染的最大固定污染源。据估计，全世界每年从火电厂排入大气的废气多达数千万吨，约为燃料质量的 $0.05\% \sim 1.5\%$，其中 SO_2 约58%，粉尘约17%，氧化氮（NO_x）约15%，一氧化碳约5%，碳氢化合物约5%。在炼钢焦化车间里，常常是浓烟滚滚。在这些烟尘中包含有大量的粉尘和多种有毒气体物质。此外，还有许多如建筑材料、化学、食品等工业部门，也是大气污染的固定源。

（2）流动源

大气污染流动源是指交通运输工具，诸如汽车、火车、飞机、轮船等。它们与工厂相比，虽然规模小又分散，但数量庞大，来往频繁。由于城市人口密集，交通运输量加大，机动车排气污染在城市大气污染中所占比例也不断上升。全国汽车保有量年增长率保持在13%，特别是一些大型和特大型城市，如北京、广州、成都、上海等地方机动车数量增长速率远远高于全国平均水平。随着小汽车走入中国百姓家庭，城市交通污染将进一步加剧。

3.2.2 大气污染物种类

大气污染物目前约有100多种，按其存在状态可分为气溶胶状态污染物和气体状态污染物。气溶胶状态污染物主要有粉尘、雾、降尘、飘尘、悬浮物等。气体状态污染物主要有以二氧化氮为主的氮氧化合物，以二氧化硫为主的硫氧化合物，以一氧化碳为主的碳氧化合物以及碳、氢结合的碳氢化合物等。同时，大气中还含有一些其他污染物。随着人类不断开发新的物质，大气污染物的种类和数量也将不断变化。

（1）氮氧化物

氮氧化物是氮的氧化物的总称，包括氧化亚氮、一氧化氮、二氧化氮、三氧化二氮等。氮氧化物中二氧化氮毒性最大，它比一氧化氮毒性高4～5倍。大气中氮氧化物主要来自汽车废气以及煤和石油燃烧的废气。氮氧化物主要是对呼吸器官有刺激作用。由于氮氧化物较难溶于水，因而能侵入呼吸道深部细支气管及肺泡，并缓慢地溶于肺泡表面的水分中，形成亚硝酸、硝酸，对肺组织产生强烈的刺激及腐蚀作用，引起肺水肿。在一般情况，当污染物以二氧化氮为主时，对肺的损害比较明显，二氧化氮与支气管哮喘的发病也有一定的关系；当污染物以一氧化氮为主时，高铁血红蛋白症和中枢神经系统损害比较明显。汽车排出的氮氧化物有95%以上是一氧化氮，一氧化氮进入大气后逐渐氧化成二氧化氮。当二氧化氮的量达到一定程度时，在遇上静风、逆温和强烈阳光等条件，便参与光化学烟雾的形成。空气中二氧化氮浓度与人体健康密切相关，曾发生过因短时期暴露在高浓度二氧化氮中引起疾病和死亡的情况。如1929年5月15日，在克里夫兰的克里尔医院发生的一次火灾中，有124人死亡，死亡的直接原因就是由于含有硝化纤维的感光胶片着火而产生大量的二氧化氮所致。

（2）硫氧化物

硫氧化物是硫的氧化物的总称，包括二氧化硫、三氧化硫、三氧化二硫、一氧化硫等。二氧化硫是一种无色有刺激性的气体，属于一种常见的重要大气污染物。二氧化硫主要来源于含硫燃料（如煤和石油）的燃烧、含硫矿石的冶炼以及化工、炼油和硫酸厂等的生产过程。二氧化硫对人体的危害主要体现在以下几个方面：第一，刺激呼吸道。二氧化硫易溶于水，当其通过鼻腔、气管、支气管时，多被管腔内膜水分吸收阻留，变成亚硫酸、硫酸和硫酸盐，使刺激作用增强。第二，二氧化硫和悬浮颗粒物的联合毒性作用。二氧化硫和悬浮颗粒物一起进入人体，气溶胶微粒能把二氧化硫带到肺深部，使毒性增加3～4倍。此外，当悬浮颗粒物中含有三氧化二铁等金属成分时，可以催化二氧化硫氧化成酸雾，吸附在微粒的表面，被带入呼吸道深部。硫酸雾的刺激作用比二氧化硫强约10倍。第三，二氧化硫的促癌作用。动物实验证明，10毫克/米^{3}的二氧化硫可加强致癌物苯并[a]芘的致癌作用。在二氧化硫和苯并[a]芘的联合作用下，动物肺癌的发病率高于单个致癌因子的发病率。硫氧化物还能参与硫酸型烟雾和酸雨等大气污染现象，会带来更大的污染。

（3）一氧化碳

一氧化碳是一种无色、无味、无臭、无刺激性的有毒气体，几乎不溶于水，在空气中不容易与其他物质产生化学反应，可在大气中停留很长时间。一氧化碳是煤、石油等含碳物质不完全燃烧的产物。一些自然灾害如火山爆发、森林火灾、矿坑爆炸和地震等灾害事件，也能造成局部地区一氧化碳的浓度增高。吸烟也是一氧化碳污染来源之一。空气中一氧化碳浓度到达一定高度，就会引起种种中毒症状，甚至死亡。随空气进入人体的一氧化碳，在经肺泡进入血液循环后，能与血液中的血红蛋白等结合。一氧化碳与血红蛋白的亲和力比氧与血红蛋白的亲和力大200～300倍。因此，当一氧化碳侵入机体后，便会很快与血红蛋白合成碳氧血红蛋白，阻碍氧与血红蛋白结合成氧合血红蛋白，造成缺氧形成一氧化碳中毒。当吸入浓度为0.5%的一氧化碳，只要20～30分钟，中毒者就会出现脉弱，呼吸变慢，最后衰竭致死。急性一氧化碳中毒常发生在车间事故和家庭取暖不慎。长时间接触低浓度的一氧化碳对人体心血管系统、神经系统乃至对后代均有一定影响。

（4）碳氢化合物

大气中的碳氢化合物通常指可挥发性的各种有机烃类化合物，如烷烃、烯烃和芳烃等。大气中的碳氢化合物大部分来自植物的分解，人工来源主要是石油燃料的不完全燃烧和石油类物质的蒸发。其中，汽车尾气排放占有主要的比重。此外，石油炼制、石化工业、涂料、干洗等都会产生碳氢化合物而融入大气。人工排放的碳氢化合物数量虽然有限，但它对环境的影响不可忽视。如多环芳烃（PAH）中的苯并[a]芘是一种强致癌剂，油炸食品、抽烟都会产生苯并[a]芘，苯并[a]芘的更大危害还在于碳氢化合物和氮氧化合物的共同作用形成光化学烟雾。

（5）悬浮颗粒物

在空气动力学和环境气象学中，颗粒物是按直径大小来分类的，粒径小于100微米的称为总悬浮物颗粒（TSP），粒径小于10微米的称为可吸入颗粒物（PM10），粒径小于2.5微米的称为可入肺颗粒物（PM2.5）。可吸入颗粒物因粒小体轻，能在大气中长期飘浮，飘浮范围从几公里到几十公里，可在大气中造成不断蓄积，使污染程度逐渐加重。气象专家和医学专家认为，粒径10微米以上的颗粒物，会被挡在人的鼻子外面；粒径在2.5～10微米之间的颗粒物，能够进入上呼吸道，部分可通过痰液等排出体外，也可能被鼻腔内部的绒毛阻挡，对人体健康危害相对较小；而粒径在2.5微米以下的细颗粒物，不易被阻挡，除了能进入肺部，还能进入肺泡甚至血液。PM2.5主要是日常发电、工业生产、汽车尾气排放等过程中经过燃烧而排放的残留物。PM2.5组分复杂，通常含有重金属、硫酸盐、硝酸盐、炭黑、有机碳和矿物质等，如机动车尾气、燃煤等。PM2.5可引起肺部和全身炎症，增加动脉硬化、血脂升高的风险，导致心律不齐，血压升高等症状。国际研究发现，每年由于大气污染而早亡的人数约80万，其中最重要的原因就是颗粒物污染。如果PM2.5浓度能降低到10微克/米^3，由肺病导致早亡的人数将减少6%，肺癌人数将减少8%。

（6）生物性污染物

大气中的生物性污染物主要有花粉、霉菌孢子和病原微生物等。这些由空气传播的物质，能在个别人身上引起过敏反应，可诱发鼻炎、气喘、过敏性肺部病变。抵抗力较弱的病原微生物在日光照射、干燥的条件下，很容易死亡，在空气中数量很少。而抵抗力较强的病原微生物，如结核杆菌、炭疽杆菌、化脓性球菌，能附着在尘粒上污染大气，进而危害人体健康。

（7）放射性污染物

大气中的放射性污染物主要来自核爆炸和放射性矿物质的开采和加工、放射性物质的生产和应用等。污染大气起主要作用的是半衰期较长的放射性元素，如铀的裂变产物，其中重要的是^{90}Sr和^{137}Cs。放射性元素在体外，对机体有外照射作用；通过呼吸道进入机体，则有内照射作用。除核爆炸地区外，大气中的放射性物质，一般不会造成急性放射病，但长时间超过允许范围的小剂量外照射或内照射，也能引起慢性放射病或皮肤慢性损伤。大气中放射性物质对人体更重要的影响是远期效应，包括引起癌变、不育和遗传的变化或早死等。

3.3 大气污染与人体健康

大气中的烟尘、粉尘、二氧化硫、氮氧化物和一氧化碳等污染物主要通过呼吸道进入人体，短时间内不经过肝脏的解毒作用，大量进入人体，直接由血液运输到全身，可以导致人体发生慢性中毒、急性中毒和致癌等疾病的增加。科学研究表明，城市大气中的化学性污染是慢性支气管炎、肺气肿和支气管哮喘以及癌症等疾病的重要诱因。燃烧的煤炭、行驶的汽车和香烟的烟雾中都含有致病、致癌的化合物。这些化合物还可以降落到水体、土壤以及农作物上，再次危害人体健康，造成恶性循环。据联合国卫生组织的报告显示：美国大约有8000万人的健康受大气污染的威胁，亚洲每年仅死于大气污染的人数就达156万人，贫穷国家与环境有关的疾病每年夺去1100万儿童的生命。

3.3.1 光化学烟雾

（1）光化学烟雾形成

光化学烟雾是排入大气中的NO_x和碳氢化合物受太阳紫外线作用，发生光化学反应所产生的一种刺激性很强的浅蓝色混合烟雾。光化学烟雾的主要成分是臭氧、醛类和各种过氧酰基硝酸酯（PANs）。此外，光化学烟雾中还含有酮类、醇类、酸类等。它曾经在美国、日本、澳大利亚、意大利和印度等许多汽车众多的城市中先后出现过。光化学烟雾的形成过程极为复杂，主要过程和基本反应如下。

起始阶段：排入大气中的NO_2（主要指汽车尾气）在日光作用下吸收光能，产生臭氧和原子氧。如果该反应在缺乏碳氢化合物的情况下呈循环反应，NO_2可以再生。一旦出现碳氢化合物（同样也多由汽车尾气排出），则反应进入下一阶段。

自由基生成阶段：该阶段主要是碳氢化合物与O和O_3反应，产生多种自由基。其中每个反应都能产生一个以上的自由基。

自由基传递阶段：该阶段的每个反应过程中，每个自由基只能转变成一个另一种自由基。此阶段生成的醛类也吸收光能参与光化学反应，产生自由基。

自由基减少阶段（终止反应）：此阶段自由基逐渐消失，产生更多的稳定产物。

在各种光化学反应产物中，臭氧约占85%以上，过氧酰基硝酸酯

（PANs）约占10%，其他物质比例很小。PANs中主要是过氧乙酰硝酸酯（PAN），其次是过氧苯酰硝酸酯（PBN）和过氧丙酰硝酸酯（PPN）等。醛类化合物主要是甲醛、乙醛、丙烯醛等。光化学烟雾一般发生在大气相对湿度较低，气温为24～32℃的夏季晴天，污染的高峰一般出现在中午或稍后。光化学烟雾能在空气中远距离传播。

（2）光化学烟雾危害

光化学烟雾中臭氧对人体的危害。当大气中臭氧体积分数为0.05×10^{-6}时，即可引起鼻和喉头黏膜的刺激；臭氧体积分数为$(0.1 \sim 0.5) \times 10^{-6}$时，可引起哮喘发作，导致上呼吸道疾患恶化，同时也刺激眼睛，使视觉敏感度和视力降低；臭氧体积分数达1×10^{-6}时，引起胸骨下疼痛和肺通透性降低，使机体缺氧；浓度再高，就会出现头痛，并使肺部气道变窄，出现肺气肿。接触时间过长，还会损害中枢神经，导致思维紊乱或引起肺水肿等。臭氧还可引起潜在性的全身影响，如诱发淋巴细胞染色体畸变、损害酶的活性和溶血反应，影响甲状腺功能、使骨骼早期钙化等。长期吸入氧化剂会影响体内细胞的新陈代谢，加速衰老。

光化学烟雾中醛类对人体的危害。光化学烟雾中的醛类等二次污染物对人体最突出的危害是刺激眼睛和上呼吸道黏膜，引起眼睛红肿和喉炎。

光化学烟雾中过氧酰基硝酸酯对人体的危害。过氧酰基硝酸酯能强烈地刺激眼睛，引起流泪和炎症。有研究指出，过氧酰基硝酸酯是造成皮肤癌的可能试剂。过氧乙酰硝酸酯作为NO_2在对流层大气中的一个储库分子，可以远距离输送和释放出NO_2分子，不仅扩大了污染范围，还成为又一次光化学烟雾的潜在引发剂。此外，过氧酰基硝酸酯能在雨水中解离出NO_3^-和有机物而参与降水的酸化。

（3）预防光化学烟雾形成

为了预防和控制光化学烟雾的发生，最好的办法就是减少氮氧化合物的排放。例如，加强汽车尾气的治理技术研究，加强对石油、氮肥、硝酸等工厂的排废控制，严禁飞机在航行途中排放燃料，严禁使用化学抑制剂和消毒剂等。在光化学烟雾天气里，最好不要出门，做好自我保护。

3.3.2 酸雨

（1）酸雨的形成

酸雨是指pH值小于5.6的雨雪或其他形式的降水。人类活动造成的酸雨成分中，硫酸约占60%～65%，硝酸约占30%，盐酸约占5%，此外还有有机酸约占2%。硫酸主要来源于燃烧矿物燃料释放的二氧化硫，其中最大的排放源是发电厂、钢铁厂、冶炼厂等。目前全世界人为释放的二氧化硫每年约1.6亿吨。硝酸是由氮氧化物形成的，氮氧化物气体主要是在高温燃烧的情况下产生的。例如，汽车发动机燃烧室中，以及矿物燃料在高温燃烧时都会放出氮氧化物。硫氧化物和氮氧化物在大气中形成酸雨的过程是十分复杂的大气化学和大气物理过程，分别称为硫酸型酸雨和硝酸型酸雨。

硫酸型酸雨主要形成过程：煤和石油等燃烧以及金属冶炼等释放到大气中的SO_2，通过气相或液相氧化反应而生成硫酸。这个化学过程可以简单表示如下：

气相反应

$$2SO_2+O_2 = 2SO_3$$
$$SO_3+H_2O = H_2SO_4$$

液相反应

$$SO_2+H_2O = H_2SO_3$$
$$2H_2SO_3+O_2 = 2H_2SO_4$$

硝酸型酸雨主要过程：高温燃烧生成的一氧化氮，排入大气后大部分转化成二氧化氮，二氧化氮遇水生成硝酸和亚硝酸。这个化学过程可以大致表示如下：

$$2NO+O_2 = 2NO_2$$
$$2NO_2+H_2O = HNO_3+HNO_2$$

在酸雨的形成过程中，大气颗粒物中的Fe、Mn、Cu、Mg、V等金属元素对以上反应具有一定的催化作用，可以加速酸雨的形成。

（2）酸雨危害

酸雨污染可以对生物造成损害、威胁自然生态系统、腐蚀建筑材料和金属结构；同时酸雨中的酸性物质可以增加人类呼吸道疾病，导致人体肺功能下降，酸雨中的重金属和土壤中的溶出金属可能会污染饮用水源进而威胁人体健康。

第一，危害森林和土壤。酸雨主要体现在对生态环境的破坏作用，使生存环境恶化。酸雨使树叶受到严重侵蚀，使树木的生存受到严重危害。酸沉降造成土壤酸化，使营养物质流失，酸雨使土壤中的重金属得到释放，特别是铝过多地释放出来，并进入有机体。营养物质的流失阻碍植物生长，而铝则抑制植物根部对水和剩余的营养物质的吸收。土壤一旦酸化，需要几十年时间才能恢复，这是对森林最大的威胁；并且，土壤中生长着许许多多的细菌生物，对植物的生长起着极为重要的作用，若土壤被酸雨侵蚀，土壤里面的大多数细菌都无法存活。由于土壤受到酸性侵蚀，不仅森林会受到严重威胁，而且还会引起农业减产。

第二，破坏水生系统平衡。酸雨沉降能增加水的酸性，酸雨引起湖泊水变酸性后，严重时鱼等水生生物将无法生存，而使本来生机盎然的水域成为死湖。

第三，损害建筑物。酸雨容易腐蚀水泥、大理石，并能使铁金属表面生锈，因此，建筑物容易受损。酸雨对建筑物的酸蚀作用是破坏人类文化遗产的原因之一。例如，希腊帕提侬神庙的女神像，由于酸雨淋蚀，女神一个个变得污头垢面，衣衫褴褛。埃及金字塔和狮身人面像，自从进入20世纪以来，已被酸雨侵蚀得弱不禁风。50多年前，中国北京故宫太和殿的浮雕花纹清晰，而现在已模糊不清。

第四，危害人体健康。如果人直接接触了酸雨、酸雾，会产生眼睛和呼吸道的刺激症状，对抵抗力弱的儿童和老年人的危害更大。酸雨更多的是带来间接危害。比如，随着水的酸度进一步升高，镉、铅、汞等重金属也会越来越多地被释放出来，通过水稻或鱼类不断地积累，最终危害人体健康。

（3）预防酸雨

酸雨是一个国际性的环境问题，不能依靠一个国家单独解决，必须共同采取对策。目前，酸雨的防预措施主要是减少化石燃料的使用，改革生产工艺，将污染物在生产过程中得到控制和开发新能源，如太阳能、风能、核能、可燃冰等。以控制硫酸型酸雨为例，目前世界上减少二氧化硫排放量的主要措施有：第一，原煤脱硫技术，可以除去燃煤中大约40%～60%的无机硫。第二，优先使用低硫燃料，如含硫较低的低硫煤和天然气等。第三，改进燃煤技术，减少燃煤过程中二氧化硫和氮氧化物的排放量。例如，液态化燃煤技术是受到各国欢迎的新技术之一。它主要是利用加进石灰石和白云石，与二氧化硫发生反应，生成硫酸钙随灰渣排出。第四，对煤燃烧后形成的烟气在排放到大气中之前进行烟气脱硫。目前主要用石灰法，可以除去烟气中85%～90%的二氧化硫气体。

3.3.3 温室效应

（1）温室效应的形成

温室效应是太阳短波辐射透过大气射入地面，而地面增暖后放出的长波辐射被大气中的二氧化碳等物质所吸收,从而产生大气变暖的现象。大气中的二氧化碳等物质就像一层层厚厚的玻璃,使地球变成了一个大暖房。除二氧化碳外,对产生温室效应有重要作用的气体,还有甲烷、臭氧、氯氟烃以及水汽等,这些气体被称为温室气体。随着人口的增加,工业的发展,排入大气中的二氧化碳相应增多;又由于森林被大量砍伐,大气中应被森林吸收的二氧化碳没有被吸收,由于二氧化碳逐渐增加,温室效应也不断增强。在过去200年中,二氧化碳浓度增加了25%,地球平均气温上升了0.5℃。估计到2050年,地球温度将比现在升高2.5℃,2100年将升高4℃以上。

(2)温室效应后果与人体健康

温室效应的影响是久远的。比如,寒冷的高纬度地区的增温将使农业区向极地推进,提高粮食种植面积;另一方面,温室气体中CO_2的增加将有利于植物光合作用而直接提高有机物产量。但是还更应该注意到温室效应对周围环境的影响以及间接危害人体健康。

第一,全球变暖。温室气体浓度的增加会减少红外线辐射到太空,这将导致地球表面大气来吸取和释放辐射的量达至新的平衡。地球表面温度的少许上升可能会引发其他的变动,如大气层云量及环流的转变。当中某些转变可使地面变暖加剧(正反馈),某些则可令变暖过程减慢(负反馈)。"政府间气候变化专门委员会"的第三份评估报告在考虑到大气层中悬浮粒子倾于对地球气候降温的效应以及海洋吸收热能的作用基础上,估计全球的地面平均气温会在2100年上升1.4~5.8℃。

第二,病虫害细菌增加。当全球气温上升令冰层溶化时,一些埋藏在冰层千年或更长的病毒可能会复活,形成疫症。一项联合国组织的研究表明,随着气候变化、冰川融化,大量持久性有机污染物将被释放出来,进入空气和海洋。这些污染物包括农药DDT和广泛应用于工业的多氯联苯等。过去这些污染物在扩散过程中往往被冰川挡住,而现在冰川的融化将有助于这些物质的释放。它们会在食物链中逐渐累积,最终进入人体,增加癌症、心脏病和不育症的发病概率。与此同时,气温变暖有利于啮齿动物、致病昆虫、病毒等生长繁殖,从而导致疟疾、出血热、乙型脑炎、食物中毒等各种疾病的发病率大幅上升。

第三,海平面上升。假若全球变暖正在发生,有两种过程会导致海平面升高。第一种是海水受热膨胀令水平面上升。第二种是冰川和格陵兰及南极洲上的冰块溶解使海洋水分增加。预期由1900年至2100年地球的平均海平面上升幅度介乎0.09米至0.88米之间。全球暖化使南北极的冰层迅速融化,海平面不断上升。世界银行的一份报告显示,即使海平面只小幅上升1米,也足以导致5600万发展中国家人民沦为难民。而全球第一个被海水淹没的有人居住岛屿即将产生——位于南太平洋国家巴布亚新几内亚的岛屿卡特瑞岛。

第四,气候反常,海洋风暴增多。气候反常,极端天气多是因为全球性温室效应,即二氧化碳这种温室气体浓度增加,使热量不能发散到外太空,使地球变成一个保温瓶,而且还是不断加温的保温瓶。全球温度升高,使得南北极冰川大量融化,海平面上升,导致海啸或台风,夏天非常热,冬天非常冷的气候反常,极端天气多。

第五,土地干旱,沙漠化严重。随着温度的升高,土地干旱沙漠化日益严重,面积不断增大。

(3)预防温室效应

目前,减缓地球的平均气温上升,主要体现在减少温室气体的排放和大力发展新能源等措施上。

第一,减少温室气体排放。比如,禁用氟氯碳化物的使用,开发无氟冰箱等产品。

第二,开展植树造林工程。一方面我们要停止毫无节制的森林破坏,另一方面实施大规模的植树造林工作,促进森林再生。目前由于森林破坏而被释放到大气中的二氧化碳,每年约在 $(1 \sim 2) \times 10^9$ 吨碳量左右。倘若各国认真推动节制砍伐与森林再生计划,到了2050年,可能会使整个生物圈每年吸收相当于 0.7×10^9 吨碳量的二氧化碳。

第三,提高燃料使用效率。比如,努力提高汽车燃料省油设计方案。同时也要改善其他各种能源的使用效率,如冷暖气设备等。

第四,开发与使用新能源。减少二氧化碳的排放,就是使化石燃料相对用量大为减少,这样势必要开发新能源,如风能、氢能、太阳能、潮汐能等,取代高污染能源。

3.3.4 臭氧洞

(1)臭氧洞的形成

在距地面20～30千米的平流层里,大气中的臭氧相对集中,形成了臭氧层。臭氧层是地球的一个保护层,太阳紫外线辐射大部被其吸收。臭氧层空洞是大气平流层中臭氧浓度大量减少的空域。臭氧减少致使南极上空出现"空洞"的主要原因有两个:一是自然因素。太阳黑子爆炸时发出许多带电质子,轰击地球外层大气,对臭氧层有破坏作用;另外,南极上空的上升气流把臭氧含量较高的中层大气输送到上层,从而降低了那里的含量。二是人为因素。人类在广泛使用氟里昂(电冰箱、空调等的制冷材料)、冷冻剂、消毒剂、起泡剂和灭火剂等化学制品时,这些物质在大气中滞留时间很长(有的可达100年以上),容易积累。这些氯氟烃、溴等气体在紫外线照射下会放出氯原子,氯原子夺去臭氧中一个氧原子,使臭氧变成纯氧,从而使臭氧层遭到破坏。

(2)臭氧洞危害

臭氧层是地球的"保护伞",臭氧层中的臭氧具有非常强的吸收紫外线的能力,挡住了太阳99%的紫外线辐射,起着净化大气和杀菌作用。但是,臭氧层中臭氧浓度的降低,大量的紫外线就会直接辐射到地球表面,给人类带来一系列变化。

① 紫外线对生态环境的影响 大量的紫外线辐射破坏了植物的光合作用和授粉能力,最终导致许多农作物减产。据试验,臭氧减少25%,大豆将减产20%～25%。此外,紫外线辐射还会杀死水中鱼卵和单细胞藻类,引起塑料制品的老化、发黄、开裂等现象。

② 紫外线对人体健康的影响 一定强度的紫外线促进维生素D的合成,有利于身体健康;但另一方面,过度照射紫外线则对人体不利。第一,对皮肤的影响。紫外线的粒子性较强,能使各种金属产生光电效应。紫外线强烈作用于皮肤时,可发生光照性皮炎,皮肤上出现红斑、痒、水疱、水肿等;严重时可引起皮肤癌。有资料报道说,皮肤癌的发生率,澳大利亚是10万人中有800人;美国是10万人中有250人;日本是10万人中约有5人。臭氧层浓度每减少1%,太阳紫外线辐射就增加2%,皮肤癌会增加7%。现在,全世界每年死于皮肤癌症的有十几万人。紫外线的波长越短,对人类皮肤危害越大。短波紫外线可穿过真皮,中波则可进入真皮。第二,对眼睛的影响。紫外线作用于眼部,可引起结膜炎、角膜炎,还可能诱发白内障。据分析,平流层臭氧减少1%,全球白内障的发病率将增加0.6%～0.8%,全世界由于白内障而引起失明的人数将增加10000～15000人;如果不对紫外线的增加采取措施,从现在到2075年,将导致大约1800万白内障病例的发生。第三,其他影响。紫外线具有削弱免疫力,增加传染病患者的影响。如果紫外线作用于中枢神经系统,人体还可能出现头痛、头晕、体温升高等症状。

(3) 预防紫外线辐射

紫外线辐射对环境以及包括人在内的各种动、植物的生理和生长、发育都会带来严重的危害和影响。为此，世界各国的科学家都提醒人们，应该十分注意紫外线辐射对人体的危害。

① 远离强紫外线　每天早上10点到下午2点，太阳所发出的紫外线被大气层过滤掉的比率最小，紫外线的强度是一天当中最强的。因此，最好避开这段时间外出或运动。如果孩子未满6个月，最好的办法是夏天不要让他直接暴露在太阳下。如果确实需要外出，最好穿戴上适合的衣服和帽子，并且使用遮阳伞。

② 注意穿戴　外出时可穿防御紫外线的衣物，最好穿着浅色的棉、麻质地服装。选择宽檐帽，除了可以保护脸部，还可将耳朵和后面的脖子部位遮蔽。选择具有防紫外线功能的墨镜，墨镜以中性玻璃、灰色镜片最佳，过深的墨镜反而容易让眼睛接受更多的紫外线。

③ 使用防晒霜　出门前十分钟涂抹恰当的防晒霜，并达到每平方厘米2毫克的涂抹量，效果最好。使用防晒霜前先清洁皮肤；如果是干性皮肤，适当抹一点润肤液。涂防晒霜时，不要忽略脖子、下巴、耳朵等部位。在阳光暴晒时间长的日子里，每两个小时补擦一次防晒霜。即使做好了防晒措施，但如果阳光很强烈，夜里最好还要使用晒后护理品。

(4) 预防臭氧洞的形成

① 减少臭氧耗竭物质排放　证据表明，人类产生的一些化合物对臭氧层的损耗负有责任。这些化合物包括氯、氟、溴、碳和氢等元素，其中仅包含氯、氟和碳的化合物称氟氯碳（CFCs）。这些化合物用在很多方面，包括制冷、空调、发泡、清洗电子部件以及作为溶剂。另一重要的化合物是聚四氟乙烯，它包括碳、溴、氟、氯（在某些情况下），主要用做灭火剂。一些国家的政府已经决定最终停止生产CFCs、聚四氟乙烯、四氯化碳、甲基氯仿（除少量特别应用），工业上已经在开发非臭氧耗竭的物质。

② 在大气中选择去除臭氧耗竭物质　主要包括从大气中有选择地除去CFCs；在大量耗竭发生之前截断耗竭臭氧的氯。

3.3.5　沙尘暴

(1) 沙尘暴的形成

沙尘暴是指强风把地面大量沙尘物质吹起并卷入空中，使空气特别混浊,水平能见度小于1千米的严重风沙天气现象。其中沙暴系指大风把大量沙粒吹入近地层所形成的挟沙风暴;尘暴则是大风把大量尘埃及其他细粒物质卷入高空所形成的风暴。沙尘暴形成需具备三个要素:即强风、沙源和不稳定的空气。强风是形成沙尘暴的动力条件。例如,当强沙尘暴形成时,如果风速每秒达到30米(11级风),那么粗沙(直径0.5~1.0毫米)就会飞离地面几十厘米,细沙(直径0.125~0.25毫米)会飞起2米高,粉沙(直径0.05~0.005毫米)可达到1.5千米高度,黏粒(直径小于0.005毫米)则可飞到很高的高度。沙漠、沙地以及我国北方的稀疏草地和旱作耕地,都是沙土产生的源泉。如果低层空气温度较低,比较稳定,受风吹动的沙尘将不会被卷扬得很高;如果低层空气温度高,则不稳定,容易向上运动,风吹动后沙尘将会卷扬得很高,形成沙尘暴。实际上,我国沙尘暴一般在午后或午后至傍晚时刻最强,就是因为这是一天中空气最不稳定的时段。除上述三大因素之外,人类生产活动等因素对沙尘暴的形成也很重要。如人为破坏植被、工矿交通建设、大规模施工等对地表的破坏,为沙尘暴发生发展提供了细沙和尘土。

(2)沙尘暴危害

沙尘暴不仅造成房屋倒塌、交通供电受阻或中断、火灾、人畜伤亡等,而且会污染自然环境,破坏作物生长,给国民经济建设和人民生命财产安全造成严重的损失和极大的危害。

① 污染大气环境　在沙尘暴天气中,狂风裹夹的沙石、浮尘到处弥漫,携带的大量沙尘蔽日遮光、天气阴沉、能见度低、空气浑浊、呛鼻迷眼,不仅容易使人心情沉闷,工作学习效率降低,影响正常上班和工作,严重时还会引发呼吸道等疾病。

② 影响交通安全　沙尘暴天气经常影响交通安全,中断航运、铁路、公路运输,造成飞机不能正常起飞或降落,使汽车、火车车厢破损,甚至停运或脱轨等事故。

③ 危及生命安全　特强沙尘暴的破坏力可以跟台风相比,它能摧毁建筑物,甚至造成人畜伤亡。如1993年5月5日发生在甘肃金昌市的强沙尘暴天气,使十几名小学生被狂风吹到深水渠里,丧失幼小的生命。

④ 造成农业减产　较轻的沙尘暴可使大量牲畜患呼吸道及肠胃疾病,严重时将导致大量牲畜死亡。沙尘暴使农作物和牧草根系外露,刮走种子和幼苗,覆盖在植物叶面上厚厚的沙尘,影响植物正常的光合作用,造成当年农业减产。

⑤ 加剧土地沙化　沙尘暴会使沙漠向边缘地区扩张，造成广大地区地表层土壤风蚀，使大片农田、草原、草场林地沙化，特别是在一些沙化严重的地区，当地牧民只好迁移，寻找新的居住地。

（3）预防与减少沙尘暴危害

沙尘暴作为一种自然现象，也并非有百害而无一利。据记载，新疆古楼兰遗址就是通过沙尘暴过后被发现的。同时沙尘暴能有效中和酸雨、有利于形成致雨的凝结核等问题还在进一步研究中。但更多的是沙尘暴给人们工作生活带来的不利影响。在预防与减少沙尘暴方面，应该做到以下几点。

第一，普及健康知识。做好沙尘颗粒物对健康危害知识的普及工作，不要以为沙尘颗粒物的毒性不大，就产生没有危害的思想。因此，在沙尘天气发生时，要增强自我保护意识，配戴口罩，注意采取减少沙尘吸入的措施。

第二，做好各种防护。做好沙尘暴的预报，提前做好防护安排。沙尘天气来临时，避免室外劳作，以减少对沙尘的吸入。特别是对敏感人群如儿童、老年人、患有呼吸和心血管系统疾病等的人要做好重点防护。加大对公共卫生事业的投资，定期体检，早预防、早发现、早治疗，减少疾病发生，尤其要减少沙漠尘肺的发生。

第三，增强体质锻炼。注意膳食营养，增强体质，提高对沙尘毒性作用的抵抗力。

第四，搞好绿化造林。增加地表植被覆盖度，防治沙漠化，降低沙尘暴发生的频率和强度，从源头防止沙尘暴对健康的危害。

3.3.6 灰霾

（1）灰霾形成

灰霾是指大量极细微的干尘粒等均匀地浮游在空中，使水平能见度小于10千米的空气浑浊现象。目前，我国的黄淮海地区、长江河谷、四川盆地和珠江三角洲等部分区域存在着严重的灰霾现象。灰霾形成有三方面因素。一是水平方向的静风现象增多。近年来随着城市建设的迅速发展，大楼越建越高，增大了地面摩擦系数，使风流经城区时明显减弱，不利于大气污染物向城区外围扩展稀释，而容易在城区内积累高浓度污染。二是垂直方向的逆温现象。逆温层好比一个锅盖覆盖在城市上空，使城市上空出现了高空比低空气温更高的逆温现象。污染物在正常气候条件下，从气温高的低空向气温低的高空扩散，逐渐循环排放到大气中。但是逆温现象下，低空的气温反而更低，导致污染物的停留，不能及时排放出去。三是悬浮颗粒物的增加。随着工业的发展，机动车辆的增多，污染物排放和城市悬浮物大量增加，直接导致了能见度降低，使得整个城市看起来灰蒙蒙一片。

（2）灰霾危害

第一，影响身体健康。灰霾的组成成分非常复杂，包括数百种大气颗粒物。其中有害人类健康的主要是直径小于10微米的气溶胶粒子，如矿物颗粒物、海盐、硫酸盐、硝酸盐、有机气溶胶粒子等，它能直接进入并黏附在人体上下呼吸道和肺叶中。由于灰霾中的大气气溶胶大部分均可被人体呼吸道吸入，尤其是亚微米粒子会分别沉积于上、下呼吸道和肺泡中，引起鼻炎、支气管炎等病症，长期处于这种环境还会诱发肺癌。研究发现，灰霾与肺癌有着"七年之痒"，即出现灰霾严重的年份后，相隔七年就会出现肺癌高发期。此外，由于太阳中的紫外线是人体合成维生素D的唯一途径，紫外线辐射的减弱直接导致小儿佝偻病高发。另外，紫外线是自然界杀灭大气微生物如细菌、病毒等的主要武器，灰霾天气导致近地层紫外线的减弱，易使空气中的传染性病菌的活性增强，传染病增多。

第二，影响心理健康。灰霾天气容易让人产生悲观情绪，如不及时调节，很容易失控。

第三，影响交通安全。出现灰霾天气时，室外能见度低，污染持续，交通阻塞，事故频发。

第四，影响区域气候。使区域极端气候事件频繁，气象灾害连连。更令人担忧的是，灰霾还加快了城市遭受光化学烟雾污染的提前到来。

（3）预防灰霾形成

首先，建立预报和预警机制。在城市设立地基光学观测点，与卫星遥感资料相匹配，开展气溶胶光学厚度的监测；同时在城市周边地区布设水平能见度观测站和垂直能见度观测站，开展水平能见度和垂直能见度的观测并直接进行灰霾天气公众服务；开展大气边界层探测，定时掌握逆温等边界层特征与灰霾天气的关系，认识工业化、城市化对大气边界层结构的影响，提高灰霾天气预测的准确性，提高监测、预防灰霾天气的能力；加强对太阳辐射的监测，评估大气灰霾对农业生产和气候变化的影响等。国外有些发达国家利用不同气象条件对社会生产进行动态调控的方法来尽量解决灰霾的危害，其实质是对污染源进行总量调节。如在美国，一旦监测到某区域有气流停滞区时，该地区的工业气体排放都将受到控制，而当大气条件好、空气扩散能力强时,则可充分排放。

其次,限制机动车尾气排放和工业气体排放,以消除或减轻灰霾对城市的危害。

最后,加强城市规划与环境绿化。在城市规划中,要注意研究城区上升气流到郊区下沉的距离,将污染严重的工业企业布局在下沉距离之外,避免这些工厂排出的污染物从近地面流向城区;还应将卫星城建在城市热岛环流之外,以避免相互污染。增加城市绿地,让城市绿地发挥吸烟除尘、过滤空气及美化环境等环境效益,从而净化城市大气,改善城市大气质量。

3.3.7 汽车尾气

由于社会化大生产和人类生活节奏的加快,汽车被人们大量使用。汽车在给人们带来生活方便的同时,也带来了严重环境污染,对人类健康造成了巨大威胁。据称,截至2011年6月底全国机动车总保有量达2.17亿辆,其中汽车9846万辆,摩托车1.02亿辆。数据显示,北京、深圳、上海、成都、天津等11个城市汽车保有量超过100万辆。

(1)汽车尾气的组成

汽车尾气中有害物质主要包括一氧化碳、碳氢化合物、氮氧化合物、二氧化硫、烟尘微粒(铅化合物、黑烟及油雾)、臭气(甲醛等)等。据统计,每千辆汽车每天排出一氧化碳约3000千克、碳氢化合物200～400千克、氮氧化合物50～150千克。

(2)汽车尾气危害

在车辆不多的情况下,大气的自净能力尚能化解汽车排出的尾气。但随着汽车数量的急剧增加以及交通拥堵,汽车尾气对人体健康危害是不可忽视的。

第一,汽车尾气中的氮氧化合物含量较少,但毒性很大,其毒性是含硫氧化物的3倍。氮氧化合物进入肺泡后,能形成亚硝酸和硝酸,对肺组织产生剧烈的刺激作用,增加肺毛细管的通透性,最后造成肺气肿。亚硝酸盐则与血红蛋白结合,形成高铁血红蛋白,引起组织缺氧。汽车尾气中的碳氢化合物有200多种,其中C_2H_4在大气中的浓度达0.5毫升/米^{3}时,能使一些植物发育异常。汽车尾气中还发现有32种多环芳烃,包括3,4-苯并芘等致癌物质。当苯并芘在空气中的浓度达到0.012微克/米^{3}时,居民中得肺癌的人数会明显增加。离公路越近，公路上汽车流量越大，肺癌死亡率越高。

第二，汽车尾气中的二氧化硫和悬浮颗粒物，会增加慢性呼吸道疾病的发病率，损害肺功能。

第三，汽车尾气中的铅化合物可随呼吸进入血液，并迅速地蓄积到人体的骨骼和牙齿中，它们干扰血红素的合成、侵袭红细胞，引起贫血；损害神经系统，严重时损害脑细胞，引起脑损伤。当儿童血中铅浓度达0.6～0.8毫克/千克时，会影响儿童的生长和智力发育，甚至出现痴呆症状。铅还能透过母体进入胎盘，危及胎儿。

第四，汽车尾气参与形成光化学烟雾，进一步危害人体健康。

（3）减少与预防汽车尾气

目前，汽车尾气污染已经成为大气污染的一个重要因素。减少汽车尾气排放则是目前我国环境保护的一项重要任务。首先，调整交通政策。比如，大幅减少私家车数量，优先发展公交，提倡自行车交通。其次，发展环保汽车。应加速研发和普及新能源型环保汽车，减少对化石燃料的依赖。第三，加强尾气治理。要加强汽车尾气治理技术研究，如研究氮氧化物排放之前将它转化为氮气，把烃转化为二氧化碳和水等。

3.4 大气环境治理

3.4.1 大气环境标准

大气环境标准是为了维护生态平衡，保护人体健康，控制和改善大气质量，制定的大气环境中污染物的最大容许含量和污染源排放污染物的数量及浓度的技术规范。大气环境标准按用途可分为大气环境质量标准、大气污染物排放标准、大气污染控制技术标准、大气污染警报标准等。

（1）大气环境质量标准

大气环境质量标准是大气环境中污染物质的最大容许浓度的法定限制，它是环境管理的目标和手段，也是评价大气环境质量、制定大气污染排放标准和防治大气污染规划的依据。大气环境质量标准制定的原则首先是为保障人体健康和维护生态系统平衡，其次要考虑平衡实现标准的经济代价和所取得的环境效益之间的关系，以及不同区域功能、生态结构和技术经济水平等的差异性。目前多数国家依据世界卫生组织1963年提出的四级标准作为判断空气质量的基本依据。第一级,在处于或低于所规定的浓度和接触时间内,对生物观察不到什么直接或间接的影响;第二级,达到或高于规定的浓度和接触时间时,开始对人的感觉器官有刺激,对植物有损害,对人的视距有影响或对环境产生其他有害作用;第三级,达到或高于规定的浓度和接触时间时,开始引起人的慢性疾病,使人的生理机能发生障碍或衰退,从而导致寿命缩短;第四级,达到或高于规定的浓度和接触时间时,开始对污染敏感的人引起急性中毒或导致死亡。我国制定的《环境空气质量标准》(GB 3095—2012)属于此标准的一、二级范围内。该标准将环境空气质量功能区分为三类:一类区为自然保护区和其他需要特殊保护的地区;二类区为城镇规划中确定的居住区,商业交通居民混合区,文化区,一般工业区和农村地区;三类区为特定工业区。我国制定的环境空气质量标准分为以下三级:一级标准是为保护自然生态和人群健康,在长期接触情况下,不发生任何危害影响的空气质量要求;二级标准是为保护人群健康和城市、乡村的动、植物,在长期和短期接触情况下,不发生伤害的空气质量要求;三级标准是为保护人群不发生急、慢性中毒和城市一般动、植物(敏感者除外)正常生长的空气质量要求。上述的一类区执行一级标准,二类区执行二级标准,三类区执行三级标准。标准还规定了各项污染的监测分析方法。

《环境空气质量标准》(GB 3095—2012)中的各项污染物的浓度限值列于表3-1。随着中国经济高速发展,环境空气污染特征已由煤烟型向复合型转变,区域性大气细颗粒物和臭氧污染不断加重,一些城市经常出现长时间灰霾天气,空气污染对公众健康产生了严重威胁。2000年版《环境空气质量标准》已经不适应当前经济发展和人们的主观感受。在此基础上,2011年12月30日通过了新的《环境空气质量标准》。该标准于环境保护部2012年2月29日正式批准颁布。新修订的标准调整了污染物项目及限值(见表3-2和表3-3),增设了$PM_{2.5}$平均浓度限值和臭氧8小时平均浓度限值,收紧了PM_{10}等污染物的浓度限值;收严了监测数据统计的有效性规定,将有效数据要求由50%~75%提高至75%~90%;更新了二氧化硫、二氧化氮、臭氧、颗粒物等污染物项目的分析方法,增加了自动监测分析方法;明确了标准分期实施的规定,依据《中华人民共和国大气污染防治法》,规定不达标的大气污染防治重点城市应当依法制定并实施达标规划。

表3-1 各项污染物的浓度限值

污染物名称	取值时间	浓度限值			浓度单位
		一级标准	二级标准	三级标准	
二氧化硫 SO$_2$	年平均	0.02	0.06	0.10	毫克/米^3（标准状态）
	日平均	0.05	0.15	0.25	
	1小时平均	0.15	0.50	0.70	
总悬浮颗粒物 TSP	年平均	0.08	0.20	0.30	
	日平均	0.12	0.30	0.50	
可吸入颗粒物 PM10	年平均	0.04	0.10	0.15	
	日平均	0.05	0.15	0.25	
二氧化氮 NO$_2$	年平均	0.04	0.08	0.08	
	日平均	0.08	0.12	0.12	
	1小时平均	0.12	0.24	0.24	
一氧化碳 CO	日平均	4.00	4.00	6.00	
	1小时平均	10.00	10.00	20.00	
臭氧 O$_3$	1小时平均	0.16	0.20	0.20	
铅 Pb	季平均		1.50		微克/米^3（标准状态）
	年平均		1.00		
苯并[a]芘 B[a]P	日平均		0.01		
氟化物 F	日平均		7[1]		
	1小时平均		20[1]		
	月平均		1.8[2]	3.0[3]	微克/（分米^3·日）
	植物生长季平均		1.2[2]	2.0[3]	

[1] 适用于城市地区。
[2] 适用于牧业区和牧业区为主的半牧业区，蚕桑区。
[3] 适用于农业和林业区。

表3-2 环境空气污染物基本项目浓度限值

污染物项目	平均时间	浓度限值 一级	浓度限值 二级	单位
二氧化硫（SO_2）	年平均	20	60	微克/米^3
	24小时平均	50	150	
	1小时平均	150	500	
二氧化氮（NO_2）	年平均	40	40	
	24小时平均	80	80	
	1小时平均	200	200	
一氧化碳（CO）	24小时平均	4	4	毫克/米^3
	1小时平均	10	10	
臭氧（O_3）	日最大8小时平均	100	160	微克/米^3
	1小时平均	160	200	
颗粒物（粒径小于等于10微米）	年平均	40	70	
	24小时平均	50	150	
颗粒物（粒径小于等于2.5微米）	年平均	15	35	
	24小时平均	35	75	

表3-3 环境空气污染物其他项目浓度限值

污染物项目	平均时间	浓度限值 一级	浓度限值 二级	单位
总悬浮颗粒物（TSP）	年平均	80	200	微克/米^3
	24小时平均	120	300	
氮氧化物（NO_x）	年平均	50	50	
	24小时平均	100	100	
	1小时平均	250	250	
铅（Pb）	年平均	0.5	0.5	
	季平均	1	1	
苯并[a]芘（B[a]P）	年平均	0.001	0.001	
	24小时平均	0.0025	0.0025	
铅（Pb）	季平均	1.0		微克/米^3（标准状态）
	年平均	1.0		
苯并[a]芘（B[a]P）	日平均	0.01		
氟化物F	日平均	7[1]		
	月平均	20[1]		
	月平均	1.8[2]	3.0[3]	微克/（分米^3·日）
	植物生长季平均	1.2[2]	2.0[3]	

[1] 适用于城市地区。
[2] 适用于牧业区和牧业区为主的半牧业区，蚕桑区。
[3] 适用于农业和林业区。

（2）大气污染物排放标准

为了保证实现大气环境质量标准的指标，必须对污染物的排放进行控制，制定污染物的排放标准。我国执行的大气污染物排放标准主要有《大气污染物排放标准》、《锅炉大气污染物排放标准》、《工业炉窑大气污染物排放标准》、《火电厂大气污染物排放标准》、《水泥厂大气污染物排放标准》、《炼焦炉大气污染物排放标准》、《恶臭污染物排放标准》、《汽车大气污染物排放标准》、《摩托车排气污染物排放标准》、《危险废物焚烧污染控制标准》、《生活垃圾焚烧污染控制标准》等。大气污染排放标准的制定，有效地保证了大气环境质量。

（3）空气污染指数

空气污染指数（API）是定量和客观地评价空气环境质量的指标，是将若干项主要空气污染物的监测数据参照一定的分级标准，经过综合换算后得到的无量纲的相对数。计入空气污染指数的项目有二氧化硫、氮氧化物和总悬浮颗粒物等项目。空气污染指数具有综合概括、简单直观的优点，有利于普通公众了解空气环境质量的优劣。我国目前采用的空气污染指数分为五级，API值小于等于50，说明空气质量为优，相当于达到国家空气质量一级标准，符合自然保护区、风景名胜区和其他需要特殊保护地区的空气质量要求。此时不存在空气污染问题，对公众的健康没有任何危害。API值大于50且小于等于100，表明空气质量良好，相当于达到国家质量二级标准。此时空气质量被认为是可以接受的，除极少数对某种污染物特别敏感的人以外，对公众健康没有危害。API值大于100且小于等于200，表明空气质量为轻度污染，相当于达到国家空气质量三级标准；长期接触，易感人群病状有轻度加剧，健康人群出现刺激症状。其中空气污染指数为101～150，空气质量状况属于轻微污染。此时，对污染物比较敏感的人群，例如儿童和老年人、呼吸道疾病或心脏病患者，以及喜爱户外活动的人，他们的健康状况会受到影响，但对健康人群基本没有影响。空气污染指数为151～200，空气质量状况属于轻度污染。此时，几乎每个人的健康都会受到影响，对敏感人群的不利影响尤为明显。API值为201～300，空气质量状况属于中度和中度重污染。此时，每个人的健康都会受到比较严重的影响。空气污染指数大于300，空气质量级别为Ⅴ级，空气质量状况属于重度污染。此时，所有人的健康都会受到严重影响。

3.4.2 综合防治大气污染

大气污染直接影响人们的生产生活，危害人们的身体健康，影响经济社会的可持续发展。如1936年，汽车尾气污染引发的洛杉矶光化学烟雾事件，致使当地居民发病率和死亡率急剧上升。1952年，煤烟型污染引发伦敦烟雾事件，短短4天之内死亡4000余人。据2004年《中国绿色国民经济核算研究报告》，中国城市由于空气污染共造成近35.8万人死亡，约64万呼吸和循环系统病人住院，约25.6万新发慢性支气管炎病人，造成的经济损失高达1527.4亿元。可见，大气污染防治工作十分艰巨。

大气污染防治工作是一项长期、复杂、艰巨的任务，同时还要坚定信心，坚持不懈地采取综合防治措施，努力改善空气质量，做到综合防治。

第一，提高认识，加强立法。将大气环境保护工作纳入国民经济和社会发展计划，将大气环境保护工作作为国家发展工作的有机组成部分，在国民经济和社会发展计划中同时规定经济、社会发展与大气环境保护的目标、措施、方法和指标。

第二，合理规划，调整布局。合理的工业布局既可以充分利用大气的自净能力，又可以减轻对大气的污染。合理规划工业布局既包括对新建工业进行合理布置，也包括调整现有的不合理的工业布局，有计划地迁移严重污染大气的工业企业。

第三，增加投入，加强研究。目前我国防治大气污染的科学技术相对落后。对于严重污染环境的落后工艺和设备，要采用技术起点高的清洁工艺，最大限度地减少能源和资源的浪费，从根本上减少污染物的产生和排放，减少末端污染治理所需的资金投入。改善能源消费结构，逐步减少直接消费煤炭，提高使用燃气、电力等清洁能源的消费比例。积极鼓励开发各种可再生能源，如核能、风能、太阳能等。加强大气污染防治实用技术的推广，从国情出发，尽快开发推广技术可靠、经济合理、配套设备过关的大气污染防治实用技术，重点领域包括煤炭洗选、脱除有机硫、工业型煤、循环流化床锅炉、煤的气化和液化、烟气脱硫、转炉炼钢收尘、焦炉烟气治理、陶瓷砖瓦窑黑烟治理等。所以，加强防治大气污染的科学研究是解决我国大气污染问题的根本措施之一。

第四，坚决治理，防治结合。禁止在新、改、扩建和技改项目中使用淘汰的工艺和设备，超过限期的，要坚决取缔。采取防治大气污染的措施，还要大力开展绿化植树活动，保护和改善大气环境。各级人民政府要积极发展城市集中供热、加强机动车污染控制等。

 阅读材料

硫酸型烟雾

1952年12月5~8日，一场灾难降临了英国伦敦。地处泰晤士河河谷地带的伦敦城市上空处于高压中心，一连几日无风，风速表读数为零。大雾笼罩着伦敦城，又值城市冬季大量燃煤，排放的煤烟粉尘在无风状态下蓄积不散，烟和湿气积聚在大气层中，致使城市上空连续四五天烟雾弥漫，能见度极低。在这种气候条件下，飞机被迫取消航班，汽车即便白天行驶也须打开车灯，行人走路都极为困难，只能沿着人行道摸索前行。由于大气中的污染物不断积蓄，不能扩散，许多人都感到呼吸困难，眼睛刺痛，流泪不止。伦敦医院由于呼吸道疾病患者剧增而一时爆满，伦敦城内到处都可以听到咳嗽声。仅仅4天时间，死亡人数达4000多人。就连当时举办的一场盛大的得奖牛展览中的350头牛也惨遭劫难。一头牛当场死亡，52头严重中毒，其中14头奄奄待毙。2个月后，又有800多人陆续丧生。这就是骇人听闻的"伦敦烟雾事件"。酿成伦敦烟雾事件主要的凶手有两个，冬季取暖燃煤和工业排放的烟雾是元凶，逆温层现象是帮凶。伦敦工业燃料及居民冬季取暖使用煤炭，煤炭在燃烧时，会生成水、二氧化碳、一氧化碳、二氧化硫、二氧化氮和碳氢化合物等物质。这些物质排放到大气中后，会附着在飘尘上，凝聚在雾气上，进入人的呼吸系统后会诱发支气管炎、肺炎、心脏病。当时持续几天的"逆温"现象，加上不断排放的烟雾，使伦敦上空大气中烟尘浓度比平时高10倍，二氧化硫的浓度是以往的6倍，整个伦敦城犹如一个令人窒息的毒气室一样。

热岛效应

热岛效应主要发生在城市，由以下几种因素综合形成：城市中铺装的道路和广场，高大的建筑物和构筑物使用的砖石、沥青、混凝土、硅酸盐建筑材料，因反射率小而吸收较多的太阳辐射；热容量大、颜色深的屋顶和墙面吸收率更大；狭窄的街道、墙壁之间的多次反射，能够比郊区农村开阔的吸收更多的太阳能，使得气温升高。同时城区排放的人为热量比郊区大。人口高度密集，工业集中，加上汽车、空调以及家庭炉灶的使用，造成大量人为热量喷发。城市下垫面建筑材料的热容量、热导率，比郊区、农村自然界下垫面的要大得多，因而城市下垫面的储热量也多；晚间下垫面比郊区的温度高，通过长波辐射提供给大气的热量比郊区的也多。而且，城市大气中有

二氧化碳和污染物覆盖层，改变了城市上空的大气组成，使其吸收太阳辐射的能力及对地面长波辐射的吸收力增强，致使城市温度上升。城市中的建筑物、道路、广场不透水，降水之后的雨水很快通过排水管网流失，因而地面蒸发小。农村则有大量的植被蒸腾，疏松的土壤可以积蓄一部分水分缓慢蒸腾。地面每蒸发1克水，下垫面要失去2500焦尔的潜热，所以城市比郊区的温度高。"热岛效应"是造成空气污染的主要原因。它使空气难以流通，由此造成浮尘状污染物难以快速扩散；城市上空形成的这种热岛现象，还会给一些城市和地区带来异常的天气现象，如暴雨、飓风、酷热、暖冬等。

思考题

1. 举例说明大气中的环境污染物及存在状态。

2. 光化学烟雾怎样形成的，对人体有哪些危害？汽车尾气中含有哪些污染物？对人体有哪些影响？

3. 酸雨是怎样形成的，酸雨对环境有哪些危害？对人体健康有哪些间接危害？

4. 什么是温室效应？温室效应对人体健康有何影响？怎样避免温室效应？

5. 沙尘暴和灰霾天气对人体有何影响？

6. 结合实例说明怎样进行大气污染综合防治。

7. 结合以下两个案例来说明大气污染对人体健康的影响。

（1）世界卫生组织发布的报告显示，无论是发达国家还是发展中国家，目前大多数城市和农村人口均遭受到颗粒物对健康的影响。高污染城市中的死亡率超出相对清洁城市的15%～20%。据统计，在欧洲，PM2.5每年导致386000人死亡，并使欧盟国家人均期望寿命减少8.6个月。

（2）2009年河南新密市农民工张海超在求得职业病诊断的数年中屡屡碰壁，最终以"开胸验肺"的悲壮方式证实了自己的尘肺。尘肺病是头号职业病，占所有职业病的80%以上，而煤矿尘肺病又居首。

（3）"已经好几年了，楼下汽车装潢部喷漆时产生的有害气体时不时飘到我家，严重污染了我家的居住环境。"家住某社区的贾女士向记者反映，她的女儿被查出白细胞数量急剧下降，她就怀疑与此有关。后来她带女儿到杭州浙一医院做了骨髓检查，显示是部分中性粒细胞浆中有中毒颗粒和空泡，产板功能差。之后又去了省中医院，专家说这是"职业病"。"一个学生，还在读书，又没去任何地方打工，怎么会得职业病呢？"贾女士说，这使得她再次联想到家里每天闻到的油漆味，并认定是这些有害气体导致她女儿生病。后来通过工商部门查询，发现该装潢部并没有取得喷漆业务的经营许可证，属于无证经营。

水体环境与健康

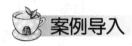 案例导入

饮水机内的"健康杀手"

饮水机长时间不消毒或不清洗,机内的储水胆会大量滋生细菌病毒,沉积污垢、重金属,甚至滋生红虫。饮水机内产生"健康杀手"的原因,在于饮水机的内部结构。使用饮水机通常是将桶装水的桶颈倒过来后放在饮水机的"聪明座"上,然后由机内的软管将水导入两个水胆内,其中一个是热水胆,一个是冷水胆;这两个水胆除了起到出冷、热水的功能外,它还起到沉淀水中杂质的作用。人们通常不断重复更换桶装水,却忽视了饮水机内胆还存有近1000毫升的水,这水中就会隐藏致病细菌,久而久之,自然便成了细菌滋生的温床。另一个不可忽视的污染源,来自桶装水的桶颈部分,因为这是与饮水机"聪明座"最紧密接触的地方。一些厂家对瓶颈部分不严格消毒,密封性能不够,甚至使用劣质瓶盖,工人在运输过程中,一提瓶颈,瓶盖会脱开,使饮水遭到二次污染。

吉林石化公司水污染事件

2005年11月13日,中石油吉林石化公司双苯厂苯胺车间发生爆炸事故。事故造成约100吨苯、苯胺和硝基苯等有机污染物流入松花江,导致松花江发生重大水污染事件。哈尔滨市政府随即决定,于11月23日零时起关闭松花江哈尔滨段取水口停止向市区供水,哈尔滨市的各大超市无一例外地出现了抢购饮用水的场面。

美国饮用水中铅中毒

2001年,美国明尼苏达州沃辛顿市一所小学的28名学生因喝下被铅污染的水导致严重的胃部不适。在西雅图,一个6岁女孩突然出现胃疼、丧失方向感且出现容易疲劳的症状。她的母亲要求学校检查饮用水和女儿的头发,结果发现铅含量明显超标。

 讨论

1. 饮水机里的水安全吗?
2. 松花江水污染事件中的主要污染物有哪些?它对人体健康带来哪些影响?你还知道哪些水污染事件?

4.1 水组成与水质指标

4.1.1 水组成与水资源

天然水的成分十分复杂,一般含有可溶性物质、胶体物质和悬浮物。可溶性物质包括无机盐类、可溶性有机物和可溶气体。胶体物质包括硅胶、腐殖酸、黏土矿物质等。悬浮物包括黏土、水生生物、泥沙、细菌、藻类等。一般情况下,地表水的含盐量比较低,容易受污染;地下水比较洁净,矿物质含量比较多。

中国是一个贫水国家,水资源总量少于巴西、俄罗斯、加拿大、美国和印度尼西亚等国家;按人均水资源计算,仅为世界平均水平的1/4,排名在第一百一十位之后。随着人口的增长,经济的快速发展,我国人均水资源占有量和可供应量呈下降趋势,水危机已经日渐显露。

4.1.2 水质与水质指标

水质是指水和其中所含的杂质共同表现出来的物理学、化学和生物学的综合特性。水质指标是判断水质的具体衡量标准,大致分为物理指标(臭味、温度、浑浊度、透明度、颜色等)、化学指标、生物指标(细菌总数、大肠菌群、藻类等)和放射性指标(总α射线、总β射线、铀、镭、钍等)等。化学性指标又分为四类:非专一性指标(电导率、pH值、硬度、碱度、无机酸度等)、无机物指标(有毒金属、有毒准金属、硝酸盐、亚硝酸盐、磷酸盐等)、非专一性有机物指标(总耗氧量、化学耗氧量、生化耗氧量、总有机碳、高锰酸钾指数、酚类等)和溶解性气体(氧气、二氧化碳等)等。有些指标用某一物理参数或某一物质的浓度来表示,是单项指标,

如温度、pH值、溶解氧等；而有些指标则是根据某一类物质的共同特性来表明在多种因素的作用下所形成的水质状况，称为综合指标，比如用生化耗氧量表示水中能被生物降解的有机物的污染状况，用总硬度表示水中含钙、镁等无机盐类的多少等。

4.1.3 人体内水的功能

水是地球上一切生物赖以生存也是人类生产生活不可缺少的最基本物质。许多生命活动都是在水的作用下进行的。所以水对于维持体内营养、进行物质代谢、保证身体健康等功能都具有特殊的作用。

（1）调节体温

水对于维持人体温度起着很大作用。水的比热容较大，1克水每升高1℃需要4.18焦尔的热量，比同量其他液体所需的热量要多。因此，当体内产热量增多或减少都不致引起体温太大波动。水的蒸发潜热很大，1克水在37℃时完全蒸发需要吸热2204焦尔，所以蒸发少量的汗就能放出大量的热。这对人体处在高温环境时很重要。水的流动性大，能随血液迅速分布全身，人体在代谢过程中产生的热，还可通过血液送到体表散发到环境中去，使全身各部分保持均衡温度。

（2）介质作用

水是一种良好的溶剂，机体所需的多种营养物质和各种代谢产物都能溶于水中，利于化学反应的发生。对于不溶于水的物质，如脂肪和某种蛋白质，也能在适当条件下分散于水中成为乳浊液或胶体溶液。所以，水对于体内许多生化反应都有促进作用。同时，水本身也直接参加水解、氧化还原等生化反应，如蛋白质、脂肪、糖类的水解反应等。

（3）运输作用

体内组织和细胞所需的养分和代谢产物在体内的运转都要靠水作为载体来实现。所以水具有运输载体的作用。

（4）润滑作用

水的黏度小，可使摩擦面光滑，减少体内脏器的摩擦，防止损伤，并可使器官运动灵活。水是体内关节、韧带、肌肉、膜等处的润滑液体，所以水在体内起到润滑作用。

4.2 水体污染物

水体是指地表被水覆盖的自然综合体，它不仅包括水，还包括水中溶解物质、悬浮物、底泥、水生生物等。由于人类的生活和生产活动，大量的工业废水、生活污水和其他污染物排入江河湖海及地下水，引起水质变化，造成水体污染。水体污染即指排入水体的污染物在数量上超过了该物质在水体中的本底含量和自净能力即水体的环境容量，从而导致水体的物理特征、化学特征发生不良变化，破坏了水中固有的生态系统，破坏了水体的功能及其在人类生活和生产中的作用的现象。

4.2.1 水体污染源

水体污染源分为自然污染源和人为污染源。自然污染源指自然界本身的地球释放有害物质或造成有害影响的场所。人为污染源指由于人类活动产生的污染物对水体造成的污染，包括工业污染源、生活污染源和农业污染源等。

（1）工业污染源

工业废水是水体最重要的污染源，由于不同企业、不同产品、不同工艺、不同原料、不同管理方式，排放的废水水质、水量差异很大。工业废水具有量大、面广、成分复杂、毒性大，不易净化、难处理等特点。比如水体中的酸性物质有可能来自矿坑废水、工厂酸洗水、硫酸厂、黏胶纤维、酸法造纸等，酸雨也是某些地区水体酸化的主要来源；碱性物质主要来自造纸、化纤、炼油等工业。

（2）生活污染源

生活污染源主要是生活中的各种洗涤用水，一般固体物质小于1%，并多为无毒的无机盐类、需氧有机物类、病原微生物类及各种洗涤剂。生活污水的最大特点是含氮、磷、硫多，细菌多，用水量具有季节性和昼夜的变化规律。

（3）农业污染源

农业污染源包括牲畜粪便、农药、化肥等。农村污水具有两个显著特点：一是有机质、植物营养素及病原微生物含量高；二是农药、化肥含量高，尤其农药的影响很大。

4.2.2 水体污染物种类

水体污染物分为生物性污染物、物理性污染物和化学性污染物三类。物理性污染物包括悬浮物、热污染和放射性污染。其中,放射性污染危害最大,但一般仅存在于局部地区。生物性污染物包括细菌、病毒和寄生虫。化学性污染物包括有机化合物和无机化合物。目前化学性污染物已达2500种以上,从化学角度又分为无机无毒物、无机有毒物、有机无毒物和有机有毒物四大类。

(1)无机无毒物

无机无毒物主要包括酸、碱、无机盐、氮磷等植物营养物质等。酸碱污染不仅可腐蚀船舶和水上构筑物,改变水生生物的生活条件,还可大大增加水的硬度(生成无机盐类),影响水的用途,增加工业用水处理费用等。植物营养物主要指氮、磷化合物,其污染主要表现为水体富营养化。一般来说,水体处于富营养化中的总磷和无机氮分别超过20毫克/米^{3}和300毫克/米^3。

(2)无机有毒物

无机有毒物主要包括重金属、砷、氰化物、氟化物等。汞、镉、铅、铬等重金属在水体中不能被微生物降解,只能发生各种形态相互转化和分散、富集等过程。如除被悬浮物带走外,会因吸附沉淀作用而富集于排污口附近的底泥中,成为长期的次生污染源;水中各种无机配位体(氯离子、硫酸离子、氢氧离子等)和有机配位体(腐蚀质等)会与其生成络合物或螯合物,导致重金属有更大的水溶解度而使已进入底泥的重金属又可能重新释放出来;其形态又随pH值和氧化还原条件而转化。重金属的价态不同,其活性与毒性也不同。

(3)有机无毒物

有机无毒物主要包括碳水化合物、脂肪、蛋白质等。水体中所含的有机无毒物在水中微生物等作用下,最终分解为二氧化碳、水等简单无机物,同时消耗大量氧。这些物质连同水体中的亚硫酸盐、硫化物、亚铁盐和氨类等还原性物质,在发生化学氧化时,也要消耗水中的溶解氧。这些物质统称为需氧污染物。水中溶解氧的下降,势必影响鱼类及其他水生生物的正常生活。

(4)有机有毒物

有机有毒物主要包括苯酚、多环芳烃、有机氯农药和油类等。石油进入水体，除了挥发一部分外，会在水面形成油膜（低分子烃类可溶于水），由于风浪作用，又可生成乳化油（其油滴平均直径约0.5～25微米）。油能黏住鱼卵和鱼，降低孵化率并使鱼畸形、死亡。有机有毒物多为水体优先控制污染物。

4.2.3 水体优先控制污染物

由于污染物众多，不可能对每种污染物都制定标准、限制排放和实行控制，而只能有针对性地选出一些重点污染物来进行控制。即对众多有毒污染物进行分级排放，从中筛选出潜在危险性大的作为控制对象。这样将优先选择的有毒污染物称为环境优先污染物，简称为优先污染物。优先污染物大多具有如下特点：难于降解，在环境中有一定的残留水平，具有生物积累性，具有致癌、致畸、致突变作用，有毒性，可检出，对人体健康和生态环境形成潜在的威胁。在优先污染物中，有毒有机物占的比例很大，而且绝大多数如多环芳烃、三氯甲烷、亚硝酸胺等都是致癌物。从我国工业污染源废水排放和环境水质污染严重的实际，根据筛选水中优先控制污染物的原则，提出了中国水中优先控制污染物黑名单68种，其中有毒有机污染物58种。

（1）卤代脂肪烃

大多数卤代脂肪烃属挥发性化合物，可以挥发至大气，并进行光解。在地表水中的这些高挥发性化合物，能进行生物或化学降解，但与挥发速率相比，其降解速率是很慢的。卤代脂肪烃类化合物在水中的溶解度高。

（2）醚类

醚类优先控制污染物主要包括双-（氯甲基）醚、双-（2-氯甲基）醚、双-（2-氯异丙基）醚、2-氯乙基-乙烯基醚及双-（2-氯乙氧基）甲烷等。由于它们的辛醇-水分配系数很低，所以它们的潜在生物积累和在底泥中的吸附能力都低。4-氯苯-苯基醚和4-溴苯-苯基醚的辛醇-水分配系数较高，因此它们两个有可能在底泥有机质和生物体内累积。

（3）单环芳香族化合物

多数单环芳香族化合物在地表水中主要是挥发然后是光解。在优先控制污染物中已发现六种化合物，即氯苯、1,2-二氯苯、1,3-二氯苯、1,4-二氯苯、1,2,4-三氯苯和六氯苯，可被生物积累。单环芳香族化合物在地表水中不是持久性污染物，其生物降解和化学降解速率均比挥发速率低。

（4）苯酚类和甲酚类

苯酚类和甲酚类具有高的水溶性、低辛醇-水分配系数等性质。因此，大多数酚不能在沉积物和生物脂肪中发生富集，主要残留在水中。然而，苯酚分子氯代程度增高时，则其化合物溶解度下降，辛醇-水分配系数增加，例如五氯苯酚等就易被生物累积。

（5）邻苯二甲酸酯类

邻苯二甲酸酯类有六种列入优先控制污染物，除双-（2-甲基-己基）邻苯二甲酸酯外，其他化合物的资料都比较少，这类化合物由于在水中的溶解度小、辛醇-水分配系数高。因此它们主要富集在沉积物有机质和生物脂肪体中。酚具有高的生物毒性，为细胞原浆毒物，低浓度能使蛋白质变性，高浓度能使蛋白质沉淀，对各种细胞有直接损害，对皮肤和黏膜有强烈腐蚀作用。酚污染的鱼类等食品最容易被人们察觉和厌弃。酚污染普遍是各地第一位超标的污染物。长期饮用被酚污染的水源，可引起头昏、出疹、瘙痒、贫血及各种神经系统症状，甚至中毒。低浓度酚污染水体，能影响鱼类的洄游繁殖，仅0.1～0.2毫克/升时，鱼肉就有酚味；浓度高时可使鱼类大量死亡，甚至绝迹。酚含量为1.0毫克/升时，鲑鱼已受危害；6.5～9.3毫克/升时，虹鳟鱼酚中毒，破坏鱼的鳃和咽，体腔出血和脾大。酚可抑制微生物的生长。

（6）氰化物

氰化物是剧毒物质，大多数氰的衍生物毒性更强。能在体内产生氢化氰，使细胞呼吸受到麻痹引起窒息死亡。一般人一次口服0.1克左右的氰化钠（钾）就会致死，敏感的人只需0.06克。CN^-对鱼类有很大的毒性，当水中含0.3～0.5毫克/升时便可致死。氢氰酸和氰化物都有剧毒，而且中毒非常迅速。

（7）多环芳烃类

多环芳烃类在水中溶解度小，辛醇-水分配系数高，是地表水中滞留性污染物，主要累积在沉积物、生物体内和溶解的有机质中。

（8）亚硝胺和其它化合物

优先控制污染物中2-甲基亚硝胺和2-正丙基亚硝胺可能是水中长效剂，二苯基亚硝胺、3,3-二氯联苯胺、1,2-二苯基肼、联苯胺、丙烯腈等五种化合物主要残留在沉积物中，有的也可在生物体中累积。

4.3 水体污染与人体健康

4.3.1 饮用水标准

生活饮用水卫生标准是从保护人群身体健康和保证人类生活质量出发,对饮用水中与人群健康的各种因素(物理、化学和生物),以法律形式做的量值规定,以及为实现量值所做的有关行为规范的规定,经国家有关部门批准,以一定形式发布的法定卫生标准。制定《生活饮用水卫生标准》是根据人们终生用水的安全来考虑的,它主要基于三个方面来保障饮用水的安全和卫生,即确保饮用水感官性状良好;防止介水传染病的暴发;防止急性和慢性中毒以及其他健康危害。

控制饮用水卫生与安全的指标包括四大类。

① 微生物学指标 水是传播疾病的重要媒介。饮用水中的病原体包括细菌、病毒以及寄生型原生动物和蠕虫,其污染来源主要是人畜粪便。在不发达国家,饮用水造成传染病的流行是很常见的。这可能是由于水源受病原体污染后,未经充分的消毒,也可能是饮用水在输配水和贮存过程中受到二次污染所造成的。理想的饮用水不应含有已知致病微生物,也不应有人畜排泄物污染的指示菌。为了保障饮用水能达到要求,定期抽样检查水中粪便污染的指示菌是很重要的。为此,我国《生活饮用水卫生标准》中规定的指示菌是总大肠菌群,另外,还规定了游离余氯的指标。我国自来水厂普遍采用加氯消毒的方法,当饮用水中游离余氯达到一定浓度后,接触一段时间就可以杀灭水中细菌和病毒。因此,饮用水中余氯的测定是一项评价饮用水微生物学安全性的快速而重要的指标。

② 水的感官性状和一般化学指标 饮用水的感官性状是很重要的。感官性状不良的水,会使人产生厌恶感和不安全感。我国的饮用水标准规定,饮用水的色度不应超过15度,也就是说,一般饮用者不应察觉水有颜色,而且也应无异常的气味和味道,水呈透明状,不浑浊,也无用肉眼可以看到的异物。如果发现饮用水出现浑浊,有颜色或异常味道,就表示水被污染。其他和饮用水感官性状有关的化学指标包括总硬度、铁、锰、铜、锌、挥发酚类、阴离子合成洗涤剂、硫酸盐、氯化物和溶解性总固体。这些指标都能影响水的外观、色、臭和味,因此规定了最高允许限值。例如饮用水中硫酸盐过高,易使锅炉和热水器内结垢并引起不良的水味和具有轻泻作用,故规定其在饮用水中的限值不应超过每升250毫克。

③ 毒理学指标　随着工业和科学技术的发展，化学物质对饮用水的污染越来越引起人们的关注。根据国外的调查，在饮用水中已鉴定出数百种化学物质，其中绝大多数为有机化合物。饮用水中有毒化学物质污染带给人们的健康危害与微生物污染不同。一般而言，微生物污染可造成传染病的暴发，而化学物质引起健康问题往往是由于长期接触所致的有害作用，特别是蓄积性毒物和致癌物质的危害。只有在极特殊的情况下，才会发生大量化学物质污染而引起急性中毒。为保障饮用水的安全，确定化学物质在饮用水中的最大允许限值，也就是最大允许浓度是十分必要的。在我国《生活饮用水卫生标准》中，共选择15项化学物质指标，包括氟化物、氯化物、砷、硒、汞、镉、铬（六价）、铅、银、硝酸盐、氯仿、四氯化碳、苯并[a]芘、滴滴涕、六六六。这些物质的限值都是依据毒理学研究和人群流行病学调查所获得的资料而制定的。

④ 放射性指标　人类某些实践活动可能使环境中的天然辐射强度有所增高，特别是随着核能的发展和同位素新技术的应用，很可能产生放射性物质对环境的污染问题。因此，有必要对饮用水中的放射性指标进行常规监测和评价。在饮用水卫生标准中规定了总α放射性和总β放射性的参考值，当这些指标超过参考值时，需进行全面的核素分析以确定饮用水的安全性。

2007年7月1日，由国家标准委和卫生部联合发布的《生活饮用水卫生标准》（GB 5749—2006）强制性国家标准和13项生活饮用水卫生检验国家标准正式实施。该标准具有以下三个特点：一是加强了对水质有机物、微生物和水质消毒等方面的要求。标准中的饮用水水质指标由原标准的35项增至106项，增加了71项。其中，微生物指标由2项增至6项；饮用水消毒剂指标由1项增至4项；毒理指标中无机化合物由10项增至21项；毒理指标中有机化合物由5项增至53项；感官性状和一般理化指标由15项增至20项；放射性指标仍为2项。二是统一了城镇和农村饮用水卫生标准。三是实现饮用水标准与国际接轨。

4.3.2　水体污染影响身体健康

（1）水体污染物引起水媒型传染病

饮用不洁水或食用被水污染的食物，可引起伤寒、霍乱、细菌性痢疾、阿米巴痢疾、甲型肝炎等传染性疾病。此外，人们在不洁水中活动，水中病原体也可经皮肤、黏膜侵入机体，如血吸虫病、钩端螺旋体病等。生活污水、畜禽饲养场废水、制革、洗毛、屠宰业和医院排出的废水，常有病毒、病菌、寄生虫等各种病原体。水体一旦遭受到污染并与人体接触后，即有可能导致水媒型传染病的爆发。

（2）致突变、致癌和致畸作用

致癌物质可以通过受污染的水带入人体。据调查，饮用受污染水的人，患肝癌和胃癌等癌症的发病率，要比饮用清洁水的高出61.5%左右。某些有致癌作用的化学物质，如砷、铬、镍、铍、苯胺、苯并[a]芘和其他多环芳烃等污染水体后，可在水中悬浮物、底泥和水生生物内蓄积。长期饮用这类水质或食用这类生物就可能诱发癌症。水体中污染物，如氯代甲烷、丙烯腈等可引起生物体遗传物质发生突然的、可遗传的改变；石棉、砷、镍、铬等无机物和苯、胺、苯并[a]芘、卤代烃氯乙烯、联苯胺、萘胺、三氯甲醚、多环芳烃等有机物已被鉴定为与诱发人类癌症有联系；甲基汞、五氯酚钠等致畸污染物可通过妊娠中的母体，干扰正常胚胎发育过程，使胚胎发育异常而出现先天性畸形；也可直接作用于生殖细胞，影响生殖机能和出生缺陷。

（3）内分泌干扰物质的危害

水体中某些化学性污染物如邻苯二甲酸二丁酯、对硫磷、合成除虫菊酯等，可干扰机体内一些激素合成、代谢作用，从而影响机体的正常生理、代谢、生殖、生育等功能。

4.3.3　科学饮水

正常人血液pH值在7.35～7.45，人体呈弱碱性的内环境，此时人体处于健康状态，各项生命活动得以有效进行。水对人的生命活动至关重要，要保持体内水的"收支平衡"，饮水也要讲科学。健康饮水要看三点。第一，没有污染。水必须无毒无害无异味。第二，符合人体生理需要。水要含有一定无机盐，pH值呈中性或微碱性等。第三，水要具有生命活力。满足第一个条件的水是干净水，满足前两个条件的是安全水，只有三个条件全部满足才是健康水。

（1）饮水时间

清晨起来空腹喝一杯水，可以清理胃肠，习惯性便秘患者可以从中得到裨益。每天早晨及时补充水分，对于患有高血压、心脏病、脑血管硬化的老年人来说，还可以降低血液的黏稠度，有利于防止高血压、心脏病的发作。

肥胖者如果在吃饭前20分钟喝下两杯水,就可以使胃有饱胀感,从而使食量减小。每天饮水应分散在整个白昼和睡前,而不能渴了才喝水,这样有利于机体充分合理地加以利用,睡前饮少量的水还有助于睡眠。太渴不能急饮,因为这样会增加心脏的负担,使血液浓度降低,甚至出现心慌、气短、出虚汗等现象;吃饭时不宜大量喝水,因为食物在口腔里咀嚼时,就开始了对其中淀粉成分的消化,使食物变成食糜,食糜经消化道进入胃后,胃液内的胃蛋白酶原在胃酸激活下变成胃蛋白酶,对食糜中的蛋白质进行消化。此外,胃酸还可以对食糜中的其他成分进行"腐煮"加工,使其由牢固紧密结构变成蓬松状态,便于消化吸收。此时大量饮水,则会导致胃酸浓度下降,不利于消化。适量饮水或喝汤,让食糜与水进一步混合,使其中水溶性成分溶解于水,则有助于消化。值得提出的是,服药时也应多喝水,以避免药物缓慢通过甚至停滞在食道里,通过化学的或机械的刺激,损伤食道黏膜,使食道产生炎症、出血等;服药时多喝水还能使尿量增加,加速药物、毒物的排泄,减少药物对肾脏的损伤。

(2)纯净水、矿泉水、磁化水与人体健康

① 纯净水 纯净水是用离子交换树脂加上特种滤膜,去除杂质、离子而适合饮用的一种水。正常人适当饮用纯净水,有助于人体微循环。但纯净水缺乏人体中的一些有益微量元素和钙、镁等矿物质。因此,长期饮用纯净水会影响体内电解质酸碱平衡,影响神经、肌肉和多种酶的活动,特别是老人和儿童,如不及时补充营养及钙质,容易缺乏营养和患缺钙症。

② 矿泉水 矿泉水是指来自地下水深层流经某些岩石的地下水,矿泉水中的微量元素能参与人体内激素、核酸的代谢。矿泉水中的矿物质和微量元素是以离子状态存在,吸收率在90%以上。矿泉水中的矿物质和微量元素不但有营养、保健作用,而且对维持水的正常构架起主要作用。碳酸矿泉水,能增进消化液的分泌,促进胃肠蠕动,助消化,增强食欲,还可增加肾脏水分排出,起洗涤组织和利尿作用。对治疗消化道疾病、胃下垂、十二指肠溃疡、慢性肝炎、便秘、胆结石等都具有较好疗效。但并非所有的矿泉水都能作为饮用矿泉水,也不是能饮用的矿泉水都是健康水。例如:饮水中碘化物含量在0.02~0.05毫克/升对人体有益,大于0.05毫克/升时则会引发碘中毒。

③ 磁化水 自然界的水并非单分子存在,而是由多个单分子缔合在一起组成复杂的"缔合水"。它们靠分子间力和氢键缔合组成。水经磁化后,水发生一系列物理和化学变化,氢键角由105°变成103°,水由原来

的13～18个大分子团变成5～6个小分子团。水的渗透力、溶解度、表面张力增强，水中的$CaCO_3$、$MgCO_3$在蒸煮过程中分解生成较松软的$Ca(HCO_3)_2$、$Mg(HCO_3)_2$后不易在壁上积存，从而达到除垢的效果。破坏水的缔合性，从而改变其物理和化学特性，对盐的离解度明显增高，其pH也有所改变，从酸性变为中性或碱性。磁化水中含氧量也可增加数倍。在医学上，磁化水不仅可以杀死多种细菌和病毒，还能治疗多种疾病。例如，磁化水对治疗各种结石病症（胆、膀胱、肾等结石）、胃病、高血压、糖尿病及感冒等均有疗效。对于没病的人来说，常饮磁化水还能起到防病健身的作用。在日常生活中，用经过磁化的洗衣粉溶液洗衣服，可把衣服洗得更干净。更有趣的是，不用洗衣粉而单用磁化水洗衣，洗涤效果也很令人满意。磁化水还在工业、农业和医学等领域也有广泛应用。

（3）几种生活用水不宜饮用

① 早晨水龙头水　人们早晨起床后往往是拧开自来水龙头洗脸、刷牙、做饭。其实，刚放出来的水中可能隐藏着"健康杀手"，不宜直接饮用。第一，停用一夜的水龙头及附近水管中的自来水是静止的，水中的残留微生物会大量繁殖，其中可能就有"军团菌"（1976年，美国一群退伍军人在费城一家旅馆中举行年会。会后一个月，与会者中221人得了一种"怪病"，34人相继死亡。研究证实，其元凶是存在于水龙头和水槽水样中的一种致病微生物——军团菌）。军团病在许多国家爆发、流行，已经引起了医学界的广泛重视。患病者若不及时治疗，死亡率可高达25%～30%。第二，经过一夜停止不动的水，会与金属管壁及水龙头金属腔室产生水化反应，形成金属污染水，这就是早晨第一次放水时往往会见到一些反常现象，比如水色发黄、发白或者发浑的原因。第三，一些有机化合物会和通入水中的消毒剂——氯气反应生成卤烃化合物，如三氯甲烷这类物质具有潜在的致癌性。在早晨放出的水中，上述安全隐患相对来说比较大。这种水含有对人体有害的物质，不宜饮用，也不宜用来刷牙、漱口，可先放出一脸盆水左右，方可接水使用。

② 热水器内水　热水器为人们生活用水提供了方便，但是不能饮用。第一，热水器内水消毒效果差。热水器水箱内储存的水属二次储水，使自来水中本来用于消毒杀菌的余氯，经一段时间的储蓄后会自然分解，起不到消毒作用。第二，热水器内水会融入有毒物质。由于水箱中的水经热反应后温度升高，长期在热水浸渍中会使箱内涂层、黏胶和塑料输水管发生一些化学反应，一些有害物质会被释出，并溶于水中；再有输水管质量对水质可能也会

造成影响。因此，在不明确的情况下最好不要将热水器中的水用于与入口有关的生活饮用，如洗菜、做饭、烧开水等，更不能直接饮用。第三，热水器里的水即使达到了100℃，加热时间也是很长的，在此过程中，会有很多亚硝酸盐生成，而亚硝酸盐则是威胁人类健康的主要杀手，家庭中的二次蒸馏水最好不要饮用。

③ "滴漏水"　生活中有些用户为了节省水费，常用"滴漏"的自来水做饭或者烧开水喝。其实，这种做法既不文明，而且常喝这种水将会严重地损害人的身体健康。因为，自来水虽然经过加氯消毒，但水本身含有镁、钙、硫酸根离子等微量元素，水、空气等物质会腐蚀自来水管。将水龙头拧得很小，让水"滴答"或呈线流状，水管极易被锈蚀，管道内剥落的锌或铁等沉积物会越来越多。经常饮用这种水，沉积物就会在人体内沉积。如果得不到及时排解，身体就会出现腹痛、腹胀、便秘、消化不良、关节痛等疾病。同时，人体过量吸铁还易使血管"生锈"。因此，从健康角度上讲，这种"滴漏水"不宜饮用。

4.4　治理水污染

4.4.1　污水排放标准

我国水环境标准体系分为水环境质量标准、水污染物排放标准、水环境基础标准、水监测分析方法标准和水环境标准样品标准五类。在这五类标准中，污水处理排放标准是非常关键的标准之一。污水处理排放标准直接决定着水环境质量的水平和用水质量的高低，也关联着污水处理行业的发展方向。在北方等缺水地区，降水量越来越少，污水处理量逐渐提高，水环境容量越来越小，污水处理水平的高低直接决定着当地的水环境质量。同时，污水处理排放标准的制定非常复杂，受多方面因素的制约，与污水处理工艺的技术水平、排水户污染物的排放强度、水环境和再生水质量要求、污水处理运行费用、水质监测以及评价的方法密切相关，并相互影响和相互制约。合理地制定污水处理排放标准对于污水处理行业的发展以及建设和谐水环境具有十分重要的意义。

我国的污水处理排放标准经历了从《污水综合排放标准》(GB 8978—88)、《城市污水处理厂污水污泥排放标准》(CJ 3025—93)、《污水综合排放标准》(GB 8978—1996) 及《城镇污水处理厂污染物排放标准》

（GB 18918—2002）的发展历程，每个标准都在不同的历史阶段发挥了积极的作用，有力地推动了我国污水处理事业的发展。《城市污水处理厂污水污泥排放标准》（CJ 3025—93）对生化需氧量（BOD）、化学需氧量（COD）、总悬浮颗粒物（SS）有要求，对氮、磷及卫生学指标没有要求，该标准基本没有考虑环境的需要，在更大程度上是处理标准，而不是排放标准。但标准的实施对当时的污水处理建设起了积极的推动作用。《污水综合排放标准》（GB 8978—1996）提出了对氨氮和磷酸盐的要求，对于我国及早展开脱氮除磷工作的意义很大，并促使相当多的污水处理厂必须进行脱氮除磷，同时也催生出具有我国特点的厌氧—缺氧—好氧脱氮（简称A_2O）工艺。而且，该标准的实施对于污水处理厂的设计提出了更高的要求。《城镇污水处理厂污染物排放标准》（GB 18918—2002）是目前最新的标准，较《污水综合排放标准》的系统性、完整性、可操作性均有较大程度的提高。该标准分四级标准，在实际工作中主要执行一级B标准，提出了总氮的要求，对氨、氮和磷的要求作了调整，明确地提出了卫生学的指标。

4.4.2 预防与治理水污染

我国是一个严重缺水的国家，水资源总量共有2.8万亿立方米。为了保证饮水安全，防止疾病发生，可采取完善法规、强化管理、保护水源、防治污染等措施，并建立介水传染病和环境污染事故突发应急处理机制。从给水的角度考虑，可对现有自来水厂进行技术改造，增加臭氧氧化和活性炭吸附或生物活性炭处理等工序；其次，对现有出厂自来水进行再处理，但要防止二次生物性污染。从研究工作角度考虑，今后应对水环境病毒变异状况及其安全性和预警进行研究；有关工业废水处理、饮用水的净化和消毒技术，包括致突变物、致癌物、致畸物和内分泌干扰物的深度处理技术，水生腐殖酸、藻类、磷、氮、氟、砷、氯化消毒有害副产物的控制技术以及新型消毒剂及其安全性的评价研究，今后应仍应给予足够的重视。

下面介绍几种常见的污水治理方法。

（1）物理处理法

通过物理作用分离、回收废水中不溶解的呈悬浮状态的污染物（包括油膜和油珠）的废水处理法称为物理处理污水法，可分为重力分离法、离心分离法和筛滤截留法等。以热交换原理为基础的处理法也属于物理处理法。

（2）化学处理法

通过化学反应和传质作用来分离、去除废水中呈溶解、胶体状态的污染物或将其转化为无害物质的废水处理法称为化学处理流水法。在化学处理法中，以投加药剂产生化学反应为基础的处理单元有混凝、中和、氧化还原等；以传质作用为基础的处理单元有萃取、汽提、吹脱、吸附、离子交换以及电渗析和反渗透等，后两种处理单元又称为膜分离技术。其中运用传质作用的处理单元既具有化学作用，又有与之相关的物理作用，所以也可从化学处理法中分出来，成为另一类处理方法物理化学法。

（3）生物处理法

通过微生物的代谢作用，使废水中呈溶液、胶体以及微细悬浮状态的有机污染物，转化为稳定、无害的物质的废水处理法称为生物处理污水法。根据作用微生物的不同，生物处理法又可分为好氧生物处理和厌氧生物处理两种类型。废水生物处理广泛使用的是好氧生物处理法。好氧生物处理法又分为活性污泥法和生物膜法两类。活性污泥法本身就是一种处理单元，它有多种运行方式。生物膜法的处理设备有生物滤池、生物转盘、生物接触氧化池和生物流化床等。厌氧生物处理法主要用于处理高浓度有机废水和污泥，使用的处理设备主要为消化池。

随着科学技术的发展，一些新型污水处理技术也在不断发展中。相信不久的将来，污水处理行业一定会有较大的发展空间，为社会和人类造福。

赤潮

赤潮是生活在海洋中的某些生物遇到合适的环境条件而出现急剧繁殖或大量地聚集在一起，使大面积海水颜色发生改变的一种现象。在赤潮来临时，由于海洋生物的呼吸器官被大量繁殖的浮游生物"堵塞"，引起海洋生物大量死亡；同时，浮游生物的急剧繁殖和海洋生物的死亡，又消耗了海水中大量的氧气，使海水变成生物无法生存的"死水"。赤潮还会产生有毒物质，对环境和人类的危害相当严重。赤潮发生主要有两个原因：一是由于人类经济与生活的发展，引起河流及人工排污量增加，使许多海域中的营养物质大量过剩；二是大量人工养殖池废水的排放，引起局部区域自身污染严重。另外，近年来海洋自然环境与世界气候条件的变化，如全球气温上升等，也会对赤潮的形成产生影响。

1972年日本磨滩发生赤潮，一次死鱼1428万尾，损失71亿日元，而且名贵鱼种毁灭，留存鱼种品质下降。1990年到1993年内，我国东海舟山列岛附近发现有长达数海里由甲藻引起的大面积"赤潮"，北起赣榆县，南至连云港，宽约3公里到10公里的近海"赤潮"带，海水呈棕褐色，海面漂浮大量死鱼，对当地近海渔业产生很大的破坏。1992年我国珠江口海域无机磷严重超标，长江的无机磷严重超标率为82%。1998年9月，渤海发生大面积赤潮，几天内从2000多平方公里蔓延到约5000平方公里（渤海总面积为78000平方公里），而且这次赤潮历时很久，一直到11月上旬。在赤潮发生期间和之后，由于水体中的藻类的生长和死亡之后的分解，将消耗大量的溶解氧，氧被耗尽后又不能得到补充，使鱼、贝类窒息而死。另外，有些藻类在代谢中产生一种毒素，也会使鱼类死亡，并促进细菌的大量繁殖。所以，赤潮的发生将使湖泊、海湾的生态系统遭到严重的破坏。

游泳池水与人体健康

游泳池内水质好坏直接影响着游泳者的健康。游泳池水中污染来源于两个方面：一方面是游泳者本人的汗、毛发、脱落的皮肤、尿以及他们使用的化妆品等；另一方面是在处理游泳池水过程中出现的污染。比如向泳池不规范投放药剂引起污染。有的游泳池就通过添加硫酸铜和光亮剂的方法使游泳池水的颜色好看，杀灭了水里的藻类和青苔，但同时造成了水中的重金属污染。有的采用劣质消毒剂。游泳池的水质不符合要求会引起泳客皮肤过敏等症状；有时会引起皮肤病、角膜炎、中耳炎等。有些由于游泳池内余氯、大肠杆菌、pH值等指标符合要求，但水中的化合氯过高，或由于消毒不彻底而存在绿脓杆菌，均可能引起游泳者皮肤过敏等现象。所以经常去游泳池游泳的泳客要注意以下几点。

首先，要选择卫生和水质合格的游泳馆进行游泳。大家可以先凭肉眼看一下池水是否清澈透明、见底；水面上有没有漂浮的灰尘和杂物，再站到游泳池的侧面，看看视线能否穿过水面看到第四、五泳道线。如果看不到，说明水质比较浑浊。另外，靠近池水后，先闻一下池水里有无余氯（漂白粉）的味道。如果漂白粉味道过浓，说明用药可能过量，过量的消毒药对人体的黏膜有刺激作用。其次，游泳完毕，游泳者要立即进行冲洗。第三，女性游泳应还要切合自身实际情况。阴冷天不要游泳，也不要到水特别凉的泉水里游泳。

思考题

1. 怎样做到科学饮水？
2. 水体污染物有哪些？它们对人体有怎样的危害？
3. 请分析下列案例中污水源可能对附近居民产生的影响。

（1）龙川江沿河为云南省某市的主要经济带，分布有冶炼、化工、造纸、制药、烟草和盐矿等工矿企业。2004年6月初，该市龙川江发生严重镉污染事件，市水文站、智民桥、黑井等断面的总镉超标36.4倍。经过对沿河入河排污口进行排查，硫酸厂、海源新业公司、滇东冶炼厂的入河污水是造成此次镉污染事件的主要污染源。

（2）2007年5月29日开始，江苏省无锡市城区的大批市民家中自来水水质突然发生变化，并伴有难闻的气味，无法正常饮用。无锡市民饮用水水源来自太湖，造成这次水质突然变化的原因是：入夏以来，无锡市区域内的太湖水位出现50年以来最低值，再加上天气连续高温少雨，太湖水富营养化较重，从而引发了太湖蓝藻的提前暴发，影响了自来水水源水质。

（3）2006年9月8日，湖南省岳阳县城饮用水源地新墙河发生水污染事件，砷超标10倍左右，8万居民的饮用水安全受到威胁和影响。最终经核查发现，污染发生的原因为河流上游3家化工厂的工业污水日常性排放，致使大量高浓度含砷废水流入新墙河。

土壤环境与健康

黑龙江省鸡西市梨树区有毒化工废渣污染事件

1992年10月和1993年5月,在未经有关部门同意的情况下,辽宁省沈阳冶炼厂两次非法向黑龙江省鸡西市梨树区转移有毒化工废渣。废渣中含有三氧化二砷等10多种有毒物质332吨。这些有毒物质使穆棱河下游约20平方公里范围内的土壤、植物和地下水环境造成不同程度的污染。其中以土壤和植被受到的污染和破坏最为严重,残留在废渣堆放地及周围的砷、铜、铅等元素污染平均超标75倍,其中砷超标指数最高达103倍。废渣倾倒现场寸草不长,26棵20厘米直径树木枯死,地表裸露面积达500平方米,大约7公顷地表植物受到较严重污染,污染深度0~140厘米。

广东IT行业重金属污染土壤

2004年前后,广东省地质局做过一次初步调查,在珠江河口周边区域,受IT行业电子垃圾污染导致土壤中有毒有害重金属元素污染面积达5500平方公里。一项由原国家环保总局进行的土壤调查结果显示,该地区近40%的农田菜地土壤遭重金属污染,且其中10%属严重超标。2008年,中山大学生命科学学院的科研团队分别在广州6个区各选择两个农贸市场采集蔬菜样本,分析样本中镉、铅的含量情况,结果发现,叶菜类蔬菜的污染情况十分严重,除1种为轻度污染外,其余5种均达到重度污染水平。

    1.黑龙江省鸡西市梨树区有毒化工废渣污染土壤带来了哪些社会影响?

    2.土壤污染与人体健康有哪些关系?

5.1 土壤组成和性质

5.1.1 土壤组成

土壤是由固体、液体和气体三相共同组成的多相体系，它们的相对含量因时因地而异。土壤固体包括土壤矿物质和土壤有机质，其中土壤矿物质约占土壤固体总量的90%以上，土壤有机质约占固体总量的1%~10%，一般在可耕性土壤中约占5%，且绝大部分在土壤表层。土壤液相是指土壤中水分及其水溶物。土壤中的空隙中充满空气即土壤气相，典型土壤约有35%的体积是充满空气的空隙，所以土壤具有疏松的结构。

（1）土壤矿物质

土壤矿物质是由岩石（母岩和母质）经过物理风化和化学风化形成的，它影响着土壤的性质、结构和功能。土壤矿物质按其成因类型分为原生矿物和次生矿物。原生矿物是直接来源于岩石受到不同程度的物理风化作用形成的碎屑，其化学成分和结晶构造未有改变。原生矿物主要包括硅酸岩和铝酸盐类、氧化物类、硫化物和磷酸盐类，以及某些特别稳定的原生矿物（如石英、石膏、方解石等）。次生矿物是指岩石风化和成土过程新生成的矿物，包括各种简单盐类、次生氧化物和铝硅酸盐类矿物等。次生矿物中的简单盐类属水溶性盐，易淋失，一般土壤中较少，多存在于盐渍土中。

（2）土壤有机质

土壤有机质主要来源于动植物和微生物残体，是土壤中含碳有机化合物的总称。土壤有机质是土壤的重要组成部分，也是土壤形成的主要标志，对土壤性质有很大的影响。

（3）土壤水分与空气

土壤水分是土壤的重要组成部分，主要来自大气降水和灌溉。土壤空气组成与大气基本相似，主要成分有氮气、氧气和二氧化碳。土壤空气中二氧化碳含量比空气中高（主要是由于生物呼吸作用和有机物的分解作用），但是氧气的含量低于大气。土壤空气中水蒸气含量比大气中高。如果是被污染的土壤，其空气中还可能存在污染物。

5.1.2 土壤性质

土壤是一个化学、物理和生物的复合体系，该体系直接影响各类污染物在土壤中的迁移转化过程。

(1) 胶体性质

胶体是指分散质微粒直径在 $10^{-9} \sim 10^{-7}$ 米之间的分散系。一般认为黏土颗粒分散在土壤溶液中的分散系也属于胶体。胶体颗粒总表面积非常巨大，其吸附能力非常强。土壤中的吸附有极性吸附和非极性吸附两类。

① 极性吸附　极性吸附又称物理化学吸附，该吸附作用与胶体微粒带电荷有关。一般情况下，土壤中的胶体带负电荷，如：两性氢氧化物在酸性条件下带正电荷，在碱性条件下带负电荷。我国北方的土壤一般是碱性条件，而南方的土壤是酸性条件。所以，在正常pH条件下，土壤胶体是带负电的，故易被土壤吸附的金属离子是阳离子。在吸附过程中，胶体每吸附一部分离子，同时也释放出等当量的其他同号离子，这种吸附叫离子吸附。胶体中离子的吸附主要是表面吸附，所以，吸附量与胶体的比表面积有关。表面积越大，吸附量越大。一般来说，有机胶体的比表面积较无机胶体的比表面积大。由于南方土壤的腐殖质含量较北方土壤少，所以，北方土壤对金属的吸附量较南方土壤大。胶体的吸附作用还与离子的电价有关，电价越高的阳离子，受胶体吸附的吸引力越大，易被土壤胶体吸附。同时，胶体对金属离子的吸附能力既与金属离子的性质有关，也受胶体种类的影响。据研究，蒙脱石的吸附顺序是 $Pb^{2+} > Cu^{2+} > Ca^{2+} > Ba^{2+} > Mg^{2+} > Hg^{2+}$，高岭石的吸附顺序是 $Hg^{2+} > Cu^{2+} > Pb^{2+}$，腐殖质的吸附顺序是 $Pb^{2+} > Cu^{2+} > Cd^{2+} > Zn^{2+} > Ca^{2+} > Hg^{2+}$。

② 非极性吸附　非极性吸附是一种物理吸附，这种作用与胶体的比表面积和比表面能有关。物体表面存在着多余的表面能，物体的表面能愈大，其吸附作用愈强。土壤胶体有巨大的比表面积和表面能，故土壤胶体具有显著的物理吸附作用，因为该种吸附所吸附的是分子，故物理吸附也称为分子吸附。

总之，吸附作用是使许多金属离子和分子从不饱和溶液中转入固相的主要途径，胶体的吸附，特别是有机胶体的吸附，在很大程度上决定着土壤中重金属的分布和富集。土壤胶体对重金属粒子的吸附作用具有双重效果，一是使它们不易被植物吸收，暂时退出生物圈的小循环；另一方面却使它们长期滞留在农田内，并随时间的推移而富集，很难让它们通过地下渗水、水田放水等途径离开土壤，最终还是只有让植物吸收，危及生物圈。土壤胶粒对农药的吸附作用也与此类似，一方面暂时阻碍植物吸收，另一方面可使农药得不到及时的挥发和生物降解。

（2）络合性质

土壤中存在许多天然的有机和无机配位体。比如，土壤中无机配位体主要有OH^-、Cl^-、SO_4^{2-}、HCO_3^-、F^-等。一般情况下，OH^-与重金属的络合作用可大大提高重金属氢氧化物溶解度；Cl^-络合作用可以提高难溶重金属化合物的溶解度；同时，可减弱土壤胶体分解有机残留过程中产生的各种有机物或分泌物，如酶等。土壤中几乎所有的重金属粒子都有形成络合物和螯合物的能力，但从稳定性看，各离子间差异较大，螯合物较络合物具有更大的稳定性，土壤腐殖质具有很强的螯合能力。有机螯合物对金属迁移的影响取决于所形成的螯合物是难溶的或易溶的，如在腐殖质组成中胡敏酸和金属形成的胡敏酸盐，除一价碱金属盐外，一般是难溶的，富里酸与金属形成的螯合物则一般为易溶性的。腐殖质对金属离子的螯合作用与吸附作用是同时存在的。一般认为，当金属离子浓度高时以吸附交换作用为主，而在低浓度时以络合–螯合作用为主。

（3）酸碱性质

耕作、施肥、灌溉、排水等都会影响土壤酸碱性。土壤酸度是由土壤溶液中氢离子浓度直接反映出来的。酸性土壤形成的外部因素主要包括温度、湿度、生物活动以及施肥和灌溉等。高温高湿条件促进岩石强风化，强淋溶作用的发展，岩石、母质、矿物风化出的盐基成分，随水移出土体，造成盐基不足，使土壤呈酸性。同时，生命活动放出CO_2，遇水生成碳酸，释放出H^+，是土壤中H^+的主要来源。水热条件适宜，促进生物活动和土壤酸化。生物活动产生硝酸、硫酸也是土壤酸性的来源。长期施用硫酸铵或氯化钾肥料，作物吸收氢离子和钾离子，而残留的SO_4^{2-}和Cl^-通过水解产生酸离子，提高土壤酸度。酸性土壤形成的内部因素包括土壤生物提供大量氢离子，氢离子使土壤中的铝活化、土壤矿质成分作为酸源：土壤中的S、FeS、FeS_2以及铝、铁、锰的酸性硫酸盐类，在生物化学和纯化学的转化中产生酸。

植物对土壤的酸碱度是有一定要求的，如小麦对pH值的最适宜范围是6～7，水稻为5.7～6.5，棉花为6～8，油菜为5.8～6.7。过酸性和过碱性的土壤都不利于作物的生长。一般土壤中pH值大多在5～8之间，酸性土壤的pH值可能小于4，碱性土壤的pH值可高达11。碱性土壤中大多数金属离子（除Na、K等碱金属）都形成了难溶的氢氧化物，植物不易吸收，如

$$Cu^{2+}+2OH^- = Cu(OH)_2$$

反之，H^+浓度越大，金属离子的溶解度越高：

$$Cu(OH)_2 + 2H^+ \rightleftharpoons Cu^{2+} + 2H_2O$$

pH值也影响土壤中重金属元素的存在形态，如强酸性土壤中几乎不存在六价铬的化合物，因为

$$Cr_2O_7^{2-} + 14H^+ + 6e^- \longrightarrow 2Cr^{3+} + 7H_2O$$

（4）氧化还原性质

氧化还原反应是电子完全转移（得失）或部分转移的反应，其中给出电子者称为还原剂，得到电子者称为氧化剂。土壤中常用的氧化剂包括单质、含氧盐、氧化物等，其中单质包括氧气、卤素，含氧盐包括卤素的含氧酸及盐（$HClO_4$、$KClO_3$、$KBrO_3$等）、硝酸及盐、高锰酸盐（$KMnO_4$）、重铬酸盐（$K_2Cr_2O_7$）、重金属盐（铜盐、银盐、三价铁盐），氧化物包括过氧化物（BaO_2等）、过氧化氢等。常用还原剂包括单质（氢气）、活泼金属（Na、Mg、Zn、Fe等）的低价金属盐（氯化亚锡、硫酸亚铬）、含氧酸、无氧酸、有机羧酸以及阴离子及盐（亚硫酸及盐、氢硫酸、氢碘酸及盐、草酸及盐、硫代硫酸盐）。土壤氧化还原能力的大小可以用土壤的氧化还原电位来衡量。一般旱地土壤氧化还原电位为+400～+700mV；水田的氧化还原电位在+300～-200mV。根据土壤的氧化还原电位值可以确定土壤中有机物和无机物可能发生的氧化还原反应。

5.1.3 土壤功能

土壤是指陆地表面具有肥力、能够生长植物的疏松表层，其厚度一般在2m左右。土壤不但为植物生长提供机械支撑能力，并能为植物生长发育提供所需要的水、肥、气、热等肥力要素。土壤对水体和溶质流动起调节作用，同时也实现营养元素和生物之间的循环和周转，保持生物生命周期的生息和繁衍。近年来，由于人口急剧增长，工业迅猛发展，固体废物不断向土壤表面堆放和倾倒，有害废水不断向土壤中渗透，大气中的有害气体及飘尘也不断随雨水降落在土壤中，导致了土壤污染。

5.2 土壤污染物

土壤污染是指人类活动所产生的污染物质通过各种途径进入土壤，其数量超过了土壤的容纳和净化能力，而使土壤的性质、组成及性状等发生变

化，并导致土壤的自然功能失调，土壤质量恶化的现象。凡是进入土壤并影响到土壤的理化性质和组成，而导致土壤的自然功能失调、土壤质量恶化的物质，统称为土壤污染物。

5.2.1 土壤污染源

土壤污染物的来源极为广泛，其主要来自工业（城市）废水和固体废物、农药和化肥、牲畜排泄物以及大气沉降等。权威部门提供的资料显示，目前，我国农药使用量已达130万吨，是世界平均水平的2.5倍，受农药污染的耕地土壤面积达1.36亿亩（15亩=1公顷）；地膜使用量达63万吨，白色污染相当严重；我国畜禽养殖业始终保持高速发展的势头，畜、禽存栏量每10年增加1～2倍，近年来畜禽粪便产生量已达到工业固体废物量的3.8倍，在畜禽养殖业主产区，当地畜禽粪便及废弃物产生量往往超出当地农田安全承载量数倍乃至百倍以上，造成严重的土壤重金属和抗生素、激素等有机污染物的污染。

（1）工业废水和固体废物

在工业废水中，常含有多种污染物。当长期使用这种废水灌溉农田时，便会使污染物在土壤中积累而引起污染。利用工业废渣和城市污泥作为肥料施用于农田时，常常会使土壤受到重金属、无机盐、有机物和病原体的污染。工业废物和城市垃圾的堆放场，往往也是土壤的污染源。

（2）农药和化肥

农业生产中大量使用的农药、化肥和除草剂也会造成土壤污染。如有机氯杀虫剂滴滴涕（DDT）、六六六等在土壤中长期残留，并在生物体内富集。氮、磷等化学肥料，凡未被植物吸收利用的都在根层以下积累或转入地下水，成为潜在的土壤污染物。

（3）牲畜排泄物和生物残体

禽畜饲养场的积肥和屠宰场的废物中含有寄生虫、病原体和病毒，当利用这些废物作肥料时，如果不进行物理和生化处理便会引起土壤污染，并通过农作物危害人体健康。

（4）大气沉降物

大气中的SO_2、NO_x和颗粒物可通过沉降或降水而进入到农田。如北欧的南部、北美的东北部等地区，雨水酸度增大，引起土壤酸化。大气层核试验的散落物可造成土壤的放射性污染。

（5）自然污染源

自然污染源也会造成土壤污染。例如，在含有重金属或放射性元素的矿床附近，由于矿床的风化分解作用，也会使周围土壤受到污染。

5.2.2 土壤污染物种类

土壤污染物种类繁多，按其性质一般可分为有机污染物、重金属污染物、放射性元素污染物和病原微生物四类。此外，土壤中有机物分解产生 CO_2、CH_4、H_2S、H_2、NH_3 和 N_2 等气体（其中 CO_2 和 CH_4 是主要的），在某些条件下，这些气态物质也可能成为土壤污染物。

（1）有机污染物

土壤有机污染物主要是化学农药。目前大量使用的化学农药约有50多种，主要包括有机磷农药、有机氯农药、氨基甲酸酯类、苯氧羧酸类、苯酰胺类等。此外，土壤中常见的有机污染物还有石油、多环芳烃、多氯联苯、甲烷等。

（2）重金属污染物

土壤重金属污染物主要有 Hg、Cd、Cu、Zn、Cr、Pb、Ni、Co 以及 Sb、Se 类金属污染物等。土壤中的重（或类）金属污染物主要来源两个方面：一个途径是含有重金属的废水进行灌溉进入土壤；另一个途径是随大气沉降落入土壤。由于重金属不能被微生物分解，而且可为生物富集，所以土壤一旦被重金属污染，其自然净化过程和人工治理都是非常困难的。

（3）放射性元素污染物

土壤放射性元素主要有 Sr、Cs、U 等，其主要来源于大气层中核试验的沉降物，以及原子能在和平利用过程中所排放的各种废气、废水和废渣。土壤一旦被放射性物质污染就难以自行消除。

（4）病原微生物

土壤病原微生物主要包括病原菌和病毒等，它们来源于人畜的粪便及用于灌溉的污水（未经处理的生活污水和医院污水）。人类若直接接触含有病原微生物的土壤，可能会对健康带来影响；若食用被土壤污染的蔬菜、水果等则间接受到污染。

5.3 土壤污染与人体健康

5.3.1 土壤污染特点

（1）隐蔽性和滞后性

大气、水和废弃物污染等问题一般都比较直观，通过感官可以发现；但土壤污染则不同，它往往要通过对土壤样品进行分析化验和农作物的残留检测，甚至通过研究对人畜健康状况的影响才能确定。因此，土壤污染从产生污染到出现问题通常会滞后较长的时间，因此土壤污染问题一般都不太容易受到重视，如日本的"痛痛病"是经过了10~20年之后才被人们所认识和发现的。

（2）累积性和地域性

土壤污染物在土壤中不同于在大气和水体中的污染物容易扩散和稀释，显示出在土壤中不断积累而超标；同时不易迁移也使土壤污染具有很强的地域性特点。

（3）非逆性和难治性

重金属对土壤的污染基本上是一个不可逆转的过程，许多有机化学物质的污染需要较长时间才能降解。譬如，被某些重金属污染的土壤可能要100~200年时间才能够恢复。积累在污染土壤中的难降解污染物则很难靠稀释作用和自净化作用来消除。土壤污染一旦发生，仅仅依靠切断污染源的方法则往往很难恢复，有时要靠换土、淋洗土壤等方法才能解决问题，其他治理技术可能见效较慢。因此，治理污染土壤通常成本较高，而且治理周期较长。

5.3.2 土壤污染危害人体健康

我国耕地面积占世界的9%，人均耕地不足世界的40%，是土壤资源约束型国家。土壤资源的高强度利用，同时快速的工业化和城市化对土壤带来污染，使世界上90%的污染物最终都滞留在土壤内。但目前土壤污染还尚未引起人们足够的重视。土壤污染会使污染物在植物体中积累，并通过食物链富集到人体和动物体中，危害人畜健康，引发癌症和其他疾病等。

（1）病原体对人体健康的影响

病原体是由土壤生物污染带来的污染物，包括肠道致病菌、肠道寄生虫、破伤风杆菌、肉毒杆菌、霉菌和病毒等。病原体能在土壤中生存较长时间，如痢疾杆菌能在土壤中生存22～142天，结核杆菌能生存1年左右，蛔虫卵能生存315～420天，沙门菌能生存35～70天。土壤中肠道致病性原虫和蠕虫进入人体主要通过两个途径：第一，通过食物链经消化道进入人体。例如，人蛔虫、毛首鞭虫等一些线虫的虫卵，在土壤中经几周时间发育后，变成感染性的虫卵通过食物进入人体。第二，穿透皮肤侵入人体。例如，十二指肠钩虫、美洲钩虫和粪类圆线虫等虫卵在温暖潮湿土壤中经过几天孵育变为感染性幼虫，再通过皮肤穿入人体。传染性细菌和病毒污染土壤后对人体健康的危害更为严重。一般来自粪便和城市生活污水的致病细菌有沙门菌属、芽孢杆菌属、梭菌属、假单胞杆菌属、链球菌属、分枝菌属等。另外，随患病动物的排泄物、分泌物或其尸体进入土壤而传染至人体的还有破伤风、恶性水肿、丹毒等疾病的病原菌。目前，在土壤中已发现有100多种可能引起人类致病的病毒，例如，脊髓灰质炎病毒、柯萨奇病毒等，其中最危险的是传染性肝炎病毒。

此外，被有机废弃物污染的土壤，往往是蚊蝇孳生和鼠类繁殖的场所，而蚊、蝇和鼠类又是许多传染病的媒介。因此，被有机废弃物污染的土壤，在流行病学上被视为特别危险的物质。

（2）重金属污染物对人体健康的影响

土壤重金属被植物吸收以后，可通过食物链危害人体健康。例如，1955年日本富山县发生的"痛痛病"事件。其原因是农民长期使用神通川上游铅锌冶炼厂的含镉废水灌溉农田，导致土壤和稻米中的镉含量增加。当人们长期食用这种稻米，使得镉在人体内蓄积，从而引起全身性神经痛、关节痛、骨折，以致死亡。

（3）放射性污染物对人体健康的影响

放射性污染物主要是通过食物链经消化道进入人体，其次是经呼吸道进入人体。放射性物质进入人体后，可造成内照射损伤，使受害者头昏、疲乏无力、脱发、白细胞减少或增多，发生癌变等。此外，长寿命的放射性核素因衰变周期长，一旦进入人体，其通过放射性裂变，而产生的α、β、γ射线，将对机体产生持续的照射使机体的一些组织细胞遭受破坏或变异。此过程将持续至放射性核素蜕变成稳定性核素或全部被排出体外为止。

（4）有机污染物对人体健康的影响

土壤有机污染物主要是化学农药。农药具有致癌、致畸、致突变等性质。比如，有机氯农药主要造成急、慢性中毒，侵害肝、肾及神经系统，对内分泌及生殖系统也有一定损害作用。有机磷农药能抑制血液和组织中的乙酰胆碱酯酶的活性，经常摄入微量有机磷农药可引起精神异常、慢性神经炎、对视觉机能、生殖功能和免疫功能有不良的影响，尚有致癌、致畸、致突变等危害。氨基甲酸酯类农药的中毒症状与有机磷一致，但较有机磷中毒恢复快。除虫菊酯类农药毒性一般较大，且有一定的积蓄性，中毒表现为神经系统症状和皮肤刺激症状。

5.4 治理土壤污染

5.4.1 土壤污染现状

目前，我国土壤污染的总体形势严峻，而且部分地区土壤污染严重，在重污染企业或工业密集区、工矿开采区及周边地区、城市和城郊地区出现了土壤重污染区和高风险区。与此同时，土壤污染类型多样，呈现出新老污染物并存、无机有机复合污染的局面。土壤污染途径多，原因复杂，控制难度大。由土壤污染引发的农产品质量安全问题和群体性事件逐年增多，成为影响群众身体健康和社会稳定的重要因素。下面简要介绍一下对土壤污染具有一定影响的垃圾污染和白色污染。

（1）垃圾污染

垃圾污染是指垃圾侵占土地，堵塞江湖，有碍卫生，影响景观，危害农作物生长及人体健康的现象。垃圾包括工业废渣和生活垃圾两部分。工业废渣是指工业生产、加工过程中产生的废弃物，主要包括煤矸石、粉煤灰、钢渣、高炉渣、赤泥、塑料和石油废渣等。生活垃圾主要是厨房垃圾、废塑料、废纸张、碎玻璃、金属制品等。垃圾影响水体环境、大气环境和土壤环境，进而影响人体健康。

① 对水环境污染　垃圾在堆置或填埋过程中，会产生大量酸性、碱性等有毒物质，渗透到地表水或地下水造成水体黑臭，地下水浅层不能使用、水质恶化。全国60%的河流存在的氨氮、挥发酚、高锰酸盐污染，氟化物严重超标，造成水体丧失自净功能，进而影响水生物繁殖和水资源利用。地下水污染物含量超标，引发腹泻、血吸虫、沙眼等。

② 对大气环境污染　在垃圾区，由于焚烧或长时间的堆放，垃圾腐烂霉

变，释放出大量恶臭、含硫等有毒气体，粉尘和细小颗粒物随风飞扬，致使空气中二氧化硫悬浮颗粒物超标。有毒气体随风飘散，空气中二氧化硫、铅含量升高，使呼吸道疾病发病率升高，对人体构成致癌隐患。

③ 对土壤环境污染　垃圾污染最大的对土壤影响就是侵蚀土地。据统计，中国每年产生垃圾30亿吨，约有2万平方米耕地被迫用于堆置存放垃圾。由于大量塑料袋、废金属等有毒物质直接填埋或遗留土壤中，难以降解，致使土质硬化、碱化，保水保肥能力下降，农作物减产，甚至绝产影响农作物质量。

目前，中国70%的垃圾存在着利用价值，如果全部回收利用，每年可获利160亿元，对于经济发展和增加就业岗位极为有利。反之，则会造成资源的更大浪费，资源紧张和生态失调局面日趋加重。最终，势必将影响与阻碍经济的顺利发展。

（2）白色污染

白色污染是指废弃的不易降解的塑料对环境的污染，主要包括塑料袋、塑料快餐盒、餐具、杯盘、塑料包装、农用地膜等对环境的污染。近年来，发泡餐具因其物美价廉，年使用量高达10万吨左右（相当于200亿只餐盒），体积达200多万立方米。这些不可降解塑料，以发泡聚苯乙烯、聚乙烯或聚丙烯为原料，相对分子质量达2万以上。但只有相对分子质量降低到2000以下，才能被自然环境中的微生物所利用，变成水和其他有机质。不降解的塑料等转化成水等其他有机质则需要200年。这样，消费者随意丢弃或回收处理不及时等，就会造成日益严重的白色污染。

白色污染主要危害有：第一，破坏市容环境。塑料袋、饭盒、杯、碗等一次性不可降解塑料制品，散落在城市、旅游区和河流水面等，给人们的视觉带来不良的刺激，影响城市和风景点的整体美感，造成"视觉污染"。第二，危害人体健康。自然界中长期堆放的废塑料，给鼠类、蚊蝇和细菌提供繁殖的场所，易传染各种疾病。第三，影响农作物生长。不可降解塑料制品进入土壤里，会影响土壤内的物、热的传递和微生物生长，改变土壤的特质。作为生活垃圾进入垃圾场填埋或散落在田野进入土壤后，废塑料制品混在土壤中影响农作物吸收养分和水分，不同程度地抑制了农作物的生长发育，造成减产。据调查，每亩地若含残膜3.9千克，就可使玉米减产11%～23%，小麦减产9%～16%，而且这种污染很难消除。

5.4.2 土壤污染治理方法

污染物质进入土壤中会使其物质组成发生变化，并破坏物质原有的平衡，造成土壤污染。另一方面，当各种物质进入土壤之后，土壤随即显示出自净能力，也就是通过在土壤环境中发生物理、物理化学、化学和生物化学等一系列反应过程，促使污染物质逐渐分解或消失。土壤的自净能力主要来自于土壤颗粒物层对污染物的过滤、吸附等作用，土壤微生物有强大生物降解的能力，土壤本身对酸碱度改变具有相当缓冲能力以及大量的土壤胶体表面能降低反应的活化能，成为很多污染物转化反应的良好催化剂。此外，土壤空气中的氧气可作为氧化剂，土壤水分可作为溶剂，这些也都是土壤的自净因素。在土壤的净化能力作用的同时，人们对土壤本身污染的治理也做出了很多努力。随着公众对环境、土壤污染的认识和参与环保的意识逐步提高，很多地方政府也已经开始重视土壤污染，并采取诸多有效形式进行土壤污染防治，取得明显的效果。

（1）预防土壤污染方法

控制和消除土壤污染，首先要控制和消除土壤污染源，加强对工业"三废"的治理，合理施用化肥和农药。同时还要采取防治措施，如针对土壤污染物的种类，种植有较强吸收力的植物，降低有毒物质的含量；或通过生物降解净化土壤；或施加抑制剂改变污染物质在土壤中的迁移转化方向，减少作物的吸收，提高土壤的pH值，促使镉、汞、铜、锌等形成氢氧化物沉淀等。

① 科学污水灌溉　工业废水种类繁多，成分复杂，有些工厂排出的废水可能是无害的，但与其他工厂排出的废水混合后，就变成有毒的废水。因此在利用废水灌溉农田之前，应按照《农田灌溉水质标准》规定的标准进行净化处理，这样既利用了污水，又避免了对土壤的污染。

② 合理使用农药　合理使用农药不仅可以减少对土壤的污染，还能经济有效地消灭病、虫、草害，发挥农药的积极效能。在生产中，不仅要控制化学农药的用量、使用范围、喷施次数和喷施时间，提高喷洒技术，还要改进农药剂型，严格限制剧毒、高残留农药的使用，重视低毒、低残留农药的开发与生产。

③ 合理施用肥料　根据土壤特性、气候状况和农作物生长发育特点，配方施肥，严格控制有毒化肥的使用范围和用量。同时增施有机肥，提高土壤有机质含量，可增强土壤胶体对重金属和农药的吸附能力。另一方面，增加

有机肥还可以改善土壤微生物的流动条件,加速生物降解过程。

（2）几种土壤治理方法

对已污染的土壤,要采取一切有效措施,清除土壤中的污染物,控制土壤污染物的迁移转化,改善生态环境,提高农作物的产量和品质,为广大人民群众提供优质、安全的农产品。比如,在受重金属轻度污染的土壤中施用抑制剂,可将重金属转化成为难溶的化合物,减少农作物的吸收。常用的抑制剂有石灰、碱性磷酸盐、碳酸盐和硫化物等。例如,在受镉污染的酸性、微酸性土壤中施用石灰或碱性炉灰等,可以使活性镉转化为碳酸盐或氢氧化物等难溶物,改良效果显著。因为重金属大部分为亲硫元素,所以在水田中施用绿肥、稻草等,在旱地上施用适量的硫化钠、石硫合剂等有利于重金属生成难溶的硫化物。另外,可以种植抗性作物或对某些重金属元素有富集能力的低等植物,用于小面积受污染土壤的净化。如玉米抗镉能力强,马铃薯、甜菜等抗镍能力强等。有些蕨类植物对锌、镉的富集浓度可达数百甚至数千ppm,例如,在被砷污染的土壤上谷类作物无法生存,但在其上生长的苔藓砷富集量可达1250×10^{-6}。

阅读材料

电子垃圾

电子垃圾是指被废弃不再使用的电气或电子设备,主要包括电冰箱、空调、洗衣机、电视机等家用电器和计算机等通信电子产品等的淘汰品。中国的电子垃圾处理正承受着巨大的压力。一方面全球约有70%的电子垃圾通过各种渠道进入中国;另一方面,国内电子垃圾的数量每年以5%～10%的速度迅速增加。据国家统计局数据显示,2002年中国电视机、冰箱、洗衣机的社会保有量高达3.7亿台、1.5亿台和1.9亿台,按10～15年的使用寿命计算,从2003年起,中国每年将至少报废500万台电视机、400万台冰箱和600万台洗衣机。据专业人士估计,在中国废旧电脑的淘汰量估计每年在500万台以上。因此淘汰下来的废弃电脑作为一种新型的固体废物对环境的污染日益严重,如何处理愈来愈多的废弃电脑是我们亟待解决的重大问题。因此,中国既是全球产生大量电子垃圾的国家之一,也正成为世界最大的电子电器垃圾集散地。大量电子垃圾不仅污染了环境,而且对人群的健康也构成了严重威胁。

电子垃圾处理过程中会排放一些污染物：重金属（如铜、铁、铅、锑、镍等）、含溴阻燃剂（如多溴联苯醚），多氯联苯等以及电子垃圾热处理工艺形成的持久性有机物[如卤代（包括氯代、溴代）多环芳烃与多环芳烃、卤代二噁英和卤代苯等]。各地区由于处理的电子垃圾种类不同，其污染物种类及其分布特征也呈地区性特点。以废旧电脑为例：电脑主要由塑料、金属盒玻璃组成。据统计一台电脑需要700多种化学原料，其中大部分对人体有害，如铅、汞、砷、镉、铍和其他有毒化学品。显示器中的显像管玻璃机械强度下降有爆炸危险，而且显像管中还含有大量的铅和钡。废弃电脑主机和显示器的含铅量已占美国垃圾填埋物总含铅量的40%。主机中各种板卡含有锡、镉、汞、砷、铬等重金属，机壳外面涂的防火涂料也是有毒的。CPU芯片和磁盘驱动器含有汞和铬；半导体器件、SMD芯片电阻和紫外线探测器中含有镉；开关和位置传感器含有汞；机箱含有铬；电池含有镍、锂、镉等。这些毒性很强的化学物质不容易分解，如果对这些材料像处理一般垃圾一样进行填埋、焚烧将引起严重的环境污染。如果这些有毒物质流入土壤再通过食物链进入人体，将对人体造成严重伤害。如果这些有害物质流入水源地或者污染了地下水，那么人喝了以后可能造成重金属中毒，甚至会造成胎儿畸形。焚烧产生的二噁英等致癌物质将产生严重的空气污染，破坏大气层，影响人体健康。

目前中国尚未形成电子垃圾专业化回收、处理和加工等相关体系的法规，电子垃圾的加工处理仍以民间企业为主导力量。这些典型电子垃圾集散地处理工艺简单而粗放，溶融、热熔化、酸浸泡、焚烧等成为回收电子垃圾中重金属或加工再利用的主要方式；大量无法回收的电子废料、塑料和处理残渣等则被倾倒在露天田地、河流或被焚烧，导致其中的有机物、重金属等污染物进入大气、水和土壤等环境介质，破坏了生态平衡，并通过食物链对人体健康构成了潜在的严重危害。例如，广东贵屿镇电子垃圾拆解工人及居民血清中11种多溴联苯醚的总量及各同系物含量明显高于相邻对照地区，是广州地区背景人群值的11～20倍，其中十溴联苯醚的含量是迄今世界上报道的最高值，为其他国家职业暴露人群的15～200倍。更为重要的是，在电子垃圾集散地儿童体内也检测到较高浓度的有毒污染物。据研究报道，贵屿地区儿童2004年、2006年和2008年血铅的超标率分别高达81%、70%和69%，显著高于无电子垃圾污染的邻镇儿童。

农村生活垃圾

随着人们环境意识的增强和文明卫生城市的创建，城市生活垃圾治理的力度在逐渐加大。而广大农村生活垃圾的处理，则因为农村人口居住分散，倾倒垃圾和到处乱丢垃圾，很少引起人们关注。但其危害却不可低估。农村生活垃圾对人体健康和生态环境的危害是多方面的。

① 占用土地，浪费土地资源　我国农村生活垃圾除一些条件较好的乡镇以堆肥方式处理外，绝大多数是找个低洼处集中倾倒或农民自己随便处理，废弃的池塘、河边、门前屋后、田边路旁，都是垃圾的去处。农村生活垃圾任意露天堆放，不但占用一定的土地，导致可利用土地资源的浪费，而且会污染土壤环境，妨碍环境卫生，更可能破坏地表植被，破坏景观。

② 污染土壤、水体、大气　农村生活垃圾可随降雨进入河流湖泊，或被风吹落进水体，从而将有毒有害物质带入水体，危害水中生物，污染人类饮用水水源，危害人体健康。农村生活垃圾中含有某些持续性有机物，这些有机物在环境中难以降解，当进入水体或渗入土壤中，将会严重影响当代人和后代人的健康，对生态环境也会造成长期的不可低估的影响。农村生活垃圾堆积产生的渗滤液危害更大，它可进入土壤使地下水受污染。农村生活垃圾不但含有大量的细菌和微生物，而且在堆放过程中产生大量的酸碱性物质，从而将垃圾中的有毒有害重金属溶出，严重危害人体健康。农村生活垃圾中的有毒有害废物还可发生化学反应产生有毒气体，扩散到大气中危害人体健康。农村中普遍存在的门前屋后倾倒垃圾的做法，极易使农民的居住环境直接置于有害气体的包围之中。

③ 危害人体健康　垃圾中的氮、磷、硫等有机物和微生物，经河水浸泡、雨水淋溶及腐烂后会产生有机物、重金属和原微生物三位一体的高浓度污染液，导致河水被污染，并通过土壤层下渗到地下水中，导致饮用水不洁，这也是人们致病的根源之一。这些毒性物质通过食物会积存在人体内，对肝脏和神经系统造成严重损害，诱发癌症或使胎儿畸形。垃圾中所含有的有毒物质和病原体，通过各种渠道传播疾病，更能造成大多数地区蚊蝇孳生，老鼠猖獗，进而影响人体健康。

治理垃圾污染

随着经济的发展，人民生活的改善，城市垃圾大量增加。垃圾处理已成为城市环境综合整治中的紧迫问题。城市垃圾成分复杂，并受经济发展水平、能源结构、自然条件及传统习惯等因素的影响，很难有统一的处理模式。对城市垃圾的处理一般是随国情而异，不管采用哪种处理方式，但最终都是以无害化、资源化、减量化为处理目标。

第一，规模化回收垃圾。规模化回收垃圾主要包括餐饮业及单位食堂餐饮污水、农贸集市水果蔬菜下脚料、屠宰场及食品加工厂动植物下脚料、畜牧保险制度执行时上缴的死禽畜、为清除外来入侵植物（如互花大米草、水浮莲等）而产生的草料等。这类垃圾含水量大，营养丰富，极易变质，可能传播各种病毒，有扩散传染源风险。目前回收处理办法有：一是干燥，或直接作为动物饲料，这存在从食物链传播疾病的风险，应禁止；二是发酵作有机肥或沼气使用，要求完全灭菌，成本高，是一个亏本经营，需政府大量补贴企业才能生存。

第二，焚烧垃圾。从居民社区收集的垃圾，基本上是厨房垃圾、包装物以及废弃生活用品。目前，社区已定点定人收集垃圾，可以初步分除建筑垃圾等不可焚烧垃圾，余下可以视大部分为可焚烧物垃圾。焚烧是国际通用的垃圾减量化处理手段，已有先进的焚烧机械；也有成熟的烟气处理方式，主要采用"湿石灰吸附-活性炭吸附-布袋集尘"，排出烟气可达到欧洲标准。这是一个不断耗费成本的过程，而且排出减量与投入的增量相关。中国垃圾焚烧时采用定量补贴的财政模式。

第三，填埋垃圾。填埋处理是城市生活垃圾最基本的处理方法。它是将垃圾埋入地下，通过微生物长期的分解作用，使之分解成无害的化合物。现代化大型垃圾卫生填埋场多采用单元填埋法，对填埋的垃圾采用逐层压实和每日覆盖的方法，提高利用效率。

治理白色污染

第一，推出替代产品。治理"白色污染"的最好方法就是寻找一些容易降解、无污染、低成本的材料作为替代品。美、英、德、日等国都在进行生物自毁塑料的开发。美国密歇根大学用土豆和玉米为原料，生产出不含有害成分的生物塑料。德国哥丁根大学通过对细菌的特定基因隔离，使植物细胞内部生成聚酯而制成生化塑料。日本生命工业技术研究所则开发出新型光生物双降解塑料。英国还研究用糖培养细菌，然后用这种细菌制成可降解塑料。为治理"白色污染"，我国也已有替代产品推出，如淀粉类一次性餐具、双降解塑料类、纸浆模塑类、植物纤维类等。

第二，使用可降解塑料。可降解塑料是通过在塑料中加入一些促进其降解功能的淀粉、光敏剂、生物降解剂等，使其在一定周期内具有与传统塑料相同的功能；在完成其使用功能后，在自然条件下，其化学结构可发生重大变化，且能迅速降解，变为水、二氧化碳及其他物质。这种方法虽然能在相对较短的时间内处理一定的白色污染，但是加入的降解剂又会产生新的污染，而且需要投入大量的资金。

第三，减少塑料制品。尽可能地不使用塑料袋等制品，如上街购物采用布袋代替塑料袋等。

思考题

1. 土壤污染物有哪些？它们的来源如何？
2. 土壤污染对人体健康有哪些影响？
3. 垃圾污染有哪些危害人体健康的行为？
4. 请分析下列土壤污染可能对人体健康的影响。

（1）目前在全球高氮化肥用量国家中，我国是唯一的"增肥低增产"类型，2000～2008年的9年中，化肥总用量较20世纪90年代增长了35%，粮食单产净增加为每万平方米315千克。其他类型分别为："减肥高增产"类型，如德国、以色列、荷兰，在2000～2006年的7年中氮化肥总用量较20世纪90年代下降9%～26%，粮食单产增加约每万平方米500千克；"减肥低增产"类型，如韩国、丹麦、英国、法国在氮化肥用量下降17%～33%条件下粮食单产为较低增产（同期增加为每万平方米211～296千克）；"增肥高增产"类型，如越南、孟加拉、埃及、智利等，同期化肥用量增加了20%～69%，粮食单产净增加超过每万平方400千克，最高达每万平方1173千克。

（2）权威部门提供的资料显示，目前，我国农药使用量已达130万吨，是世界平均水平的2.5倍，受农药污染的耕地土壤面积达1.36亿亩；地膜使用量达63万吨，白色污染相当严重；我国畜禽养殖业始终保持高速发展的势头，畜、禽存栏量每10年增加1～2倍，近年来畜禽粪便产生量已达到工业固体废物量的3.8倍，在畜禽养殖业主产区，当地畜禽粪便及废弃物产生量往往超出当地农田安全承载量数倍乃至百倍以上，造成严重的土壤重金属和抗生素、激素等有机污染物的污染。

居室环境与健康

 案例导入

陈先生起诉装修公司案件

1998年，陈先生花巨资在北京昌平区某别墅购房一套，经装修后入住，一段时间后陈先生咳嗽不止，经诊断为癌症先兆之———"喉乳状瘤"。陈先生请求环境监测，检测发现室内甲醛浓度平均超标25倍。陈先生随即向北京小汤山法院起诉装修公司，法院一审判决装修公司赔偿8.9万元。

某小区癌症元凶调查

从1998年开始至2005年2月，北京市丰台区某小区某楼，先后有20余人被确诊为癌症。几名住在该楼的用户联合调查后怀疑，架在楼顶的数个通信发射装置可能是致癌"元凶"。该楼总共20层，每层8户人家，1991年开始入住，1998年起有人因患癌症而死亡。去世的人多数只有60多岁，年纪最轻的仅48岁。据统计，癌症患者大多集中在6层至18层之间。每层西南—西北朝向的5号房间，成了发病率最高的屋子。5号房住户中，一共有10人患癌（包括两对夫妻共同患病），其中4人已离世。经调查，几位住户发现，该楼楼顶装有数个手机发射基站，而其他楼的屋顶则都没有。

 讨论

    1.家庭装修带来了哪些污染物？装修过程中的污染物对人体健康有哪些危害？

    2.家庭中有哪些辐射源？怎样预防家电辐射？

6.1　居室环境污染概述

    居室是人们日常生活中的重要场所，它不仅包括居住环境，而且还包括办公室环境、交通工具内环境、休闲娱乐健身等室内环境。现代人平均有90%的时间生活和工作在室内。居室环境的好坏直接影响到人们的生活和健康，比如居室环境污染问题。居室污染指住宅、学校、办公室、公共建筑物，以及各种公共场所的化学、物理和生物性因素污染。国际上一些环境专家认为，在经历了工业革命带来的"煤烟型污染"和"光化学烟雾型"污染后，现代人正进入以"室内空气污染"为标志的第三污染时期。据中国室内环境监测中心提供的数据，我国每年由室内空气污染引起的超额死亡数可达11.1万人，超额门诊数可达22万人次，超额急诊数可达430万人次。室内环境中如果存在污染物质，长期在这样的环境中生活，就会对人体健康造成伤害。

6.1.1 居室污染源

居室污染主要指室内空气污染，从其性质来讲，以住宅居室为例，居室污染源分三大类：第一大类是化学的，主要来自装修、家具、玩具、煤气热水器、杀虫喷雾剂、化妆品、抽烟、厨房油烟等，主要是挥发性的有机物，如甲苯、二甲苯、醋酸乙酯、甲苯二异氰酸酯、甲醛等，无机化合物有氡、一氧化碳、二氧化碳等；第二大类是物理的，主要来自室外及室内的电器设备，主要是噪声、电磁辐射、光污染等；第三大类是生物的，主要来自地毯、毛绒玩具、被褥等，主要有螨虫及其他细菌等。如果室内环境发生变化，一些污染源也会发生相应变化。比如，办公设备的复印机、打印机等也会带来一定的环境污染。

居室污染也可按污染物来源分为室内和室外两种污染：居室室内污染来源主要有消费品和化学品的使用、建筑和装饰材料以及个人活动。如①各种燃料燃烧、烹调油烟及吸烟产生的CO、NO_2、SO_2、可吸入颗粒物、甲醛、多环芳烃（苯并[a]芘）等。②建筑、装饰材料、家具和家用化学品释放的甲醛和挥发性有机化合物（VOCs）、氡及其子体等。③家用电器和某些办公用具导致的电磁辐射等物理污染和臭氧等化学污染。④通过人体呼出气、汗液、大小便等排出的CO_2、氨类化合物、硫化氢等内源性化学污染物，呼出气中排出的苯、甲苯、苯乙烯、氯仿等外源性污染物；通过咳嗽、打喷嚏等喷出的流感病毒、结核杆菌、链球菌等生物污染物。⑤室内用具产生的生物性污染，如在床褥、地毯中孳生的尘螨等。

居室室外污染来源主要有室外空气中的各种污染物（包括工业废气和汽车尾气通过门窗、孔隙等进入室内）和人为带入室内的污染物（如干洗后带回家的衣服，可释放出残留的干洗剂四氯乙烯和三氯乙烯；将工作服带回家中，可使工作环境中的苯进入室内等）。

6.1.2 居室污染特点

室内环境污染物来源广泛，种类繁多且各种污染物对人体的危害程度不同，居室环境污染体现以下几个特点。

（1）污染影响范围广

室内环境污染不同于特定的工矿企业环境，它包括居室环境、办公室环境、交通工具内环境、娱乐场所环境和医院疗养院环境等，故所涉及的人群数量大、范围广，几乎包括了整个年龄组。

（2）污染接触时间长

人一生中至少有一半的时间是完全在室内度过的，当人们长期暴露在有污染的室内环境时，污染物对人体的作用时间相应的也很长。

（3）污染接触浓度高

很多室内环境特别是刚刚装修完的环境，从各种装修材料中释放出来的污染物浓度均很大，并且在通风换气不充分的条件下污染物不能排放到室外，大量的污染物会长期滞留在室内，使得室内污染物浓度很高，严重时室内污染物浓度可超过室外的几十倍之多。

（4）污染复杂种类多

污染物种类有物理污染、化学污染、生物污染、放射性污染等，特别是化学污染，其中不仅有无机污染物（如氮氧化物、硫氧化物、碳氧化物等），还有更为复杂的有机污染物，其种类可达上千种，并且这些污染物又可以重新发生作用产生新的污染物。

（5）污染排放周期长

从装修材料中排放出来的污染物（如甲醛），尽管在通风充足的条件下，它仍能不停地从材料孔隙中释放出来。研究表明，甲醛的释放可达十几年之久。而一些放射性污染的危害作用时间可能更长。

（6）污染危害潜伏深

有的污染物在短期内就可对人体产生极大的危害，而有的污染物（如放射性污染物）则潜伏期很长，可达几十年之久，甚至直到人死亡都没有表现出来。

6.2 居室化学性污染

6.2.1 有机污染物与人体健康

室内有机物污染主要指挥发性有机物（TVOC），主要包括甲醛、苯、甲苯、二甲苯等。这些挥发性有机物主要来源于装修与建筑材料、清洁剂、油漆、含水涂料、黏合剂等，具体见表6–1。

表6-1 室内常见的挥发性有机物

污染物	来　　源
甲醛	杀虫剂、压板制成品、尿素-甲醛泡沫绝缘材料（UFFI）、硬木夹板、黏合剂、粒子板、层压制品、涂料、塑料、地毯、软塑家具套、石膏板、接合化合物、天花板及壁板、非乳胶嵌缝化合物、酸固化木涂层、木制壁板、塑料/三聚氰胺酰胺壁板、乙烯基（塑料）地砖、镶木地板
苯	室内燃烧烟草的烟雾、溶剂、涂料、染色剂、清漆、图文传真机、电脑终端机及打印机、接合化合物、乳胶嵌缝剂、水基黏合剂、木制壁板、地毯、地砖黏合剂、污点/纺织品清洗剂、聚苯乙烯泡沫塑料、塑料、合成纤维
四氯化碳	溶剂、制冷剂、喷雾剂、灭火器、油脂溶剂
三氯乙烯	溶剂、经干洗布料、软塑家具套、油墨、涂料、亮漆、清漆、黏合剂、图文传真机、电脑终端机及打印机、打字机改错液、油漆清除剂、污点清除剂
四氯乙烯	经干洗布料、软塑家具套、污点/纺织品清洗剂、图文传真机、电脑终端机及打印机
氯仿	溶剂、染料、除害剂、图文传真机、电脑终端机及打印机、软塑家具垫子、氯仿水
1,2-二氯苯	干洗附加剂、去油污剂、杀虫剂、地毯
1,3-二氯苯	杀虫剂
1,4-二氯苯	除臭剂、防霉剂、空气清新剂/除臭剂、抽水马桶及废物箱除臭剂、除虫丸及除虫片
乙苯	与苯乙烯相关的制成品、合成聚合物、溶剂、图文传真机、电脑终端机及打印机、聚氨酯、家具抛光剂、接合化合物、乳胶及非乳胶嵌缝化合物、地砖黏合剂、地毯黏合剂、亮漆硬木镶木地板

续表

污染物	来　源
甲苯	溶剂、香水、洗涤剂、染料、水基黏合剂、封边剂、模塑胶带、墙纸、接合化合物、硅酸盐薄板、乙烯基（塑料）涂层墙纸、嵌缝化合物、地毯、压木装饰、乙烯基（塑料）地砖、涂料（乳胶及溶剂基）、地毯黏合剂、油脂溶剂
二甲苯	溶剂、染料、杀虫剂、聚酯纤维、黏合剂、接合化合物、墙纸、嵌缝化合物、清漆、树脂及陶瓷漆、地毯、湿处理影印机、压板制成品、石膏板、水基黏合剂、油脂溶剂、油漆、地毯黏合剂、乙烯基（塑料）地砖、聚氨酯涂层

（1）甲醛

甲醛是一种无色、有刺激性气味、易溶于水的气体。甲醛是世界卫生组织确定的致癌和致畸形物质之一，是公认的变态反应源，也是潜在的强致突变物之一。甲醛对人体健康的影响主要表现在嗅觉异常、刺激、过敏、肺功能异常、肝功能异常和免疫功能异常等方面。在空气中，当甲醛达到0.06～0.07毫克/米³时，儿童就会发生轻微气喘；当甲醛含量为0.1毫克/米³时，就会有异味和不适感；当达到0.5毫克/米³时，甲醛可刺激眼睛，引起流泪；当达到0.6毫克/米³，可引起咽喉不适或疼痛；浓度更高时，可引起恶心呕吐，咳嗽胸闷，气喘甚至肺水肿；当达到30毫克/米³时，甲醛会立即致人死亡。长期接触低剂量甲醛可引起慢性呼吸道疾病，引起鼻咽癌、结肠癌、脑瘤、月经紊乱、细胞核的基因突变、妊娠综合征、引起新生儿染色体异常、白血病，引起青少年记忆力和智力下降。在所有接触者中，儿童和孕妇对甲醛尤为敏感，危害也更大。在一般情况下，房屋的使用时间越长，室内环境中甲醛的残留量越少；温度越高，湿度越大，越有利于甲醛的释放（如室内温度升高1℃，木制家具和地板等处挥发的甲醛使室内空气中甲醛浓度上升0.15～0.37倍）；通风条件越好，建筑、装修材料中甲醛的释放也相应地越快。

（2）苯及苯系物

苯毒性的产生是通过代谢产物所致，即苯先通过代谢才能对生命体产生危害。长期接触苯可引起骨髓与遗传损害，血象检查可发现白细胞、血小板减少，全血细胞减少与再生障碍性贫血，甚至发生白血病等疾病。吸入4000毫克/米³以上的苯短时间内除有黏膜及肺刺激性外，中枢神经亦有抑制作用，同时会伴有头痛、欲呕、步态不稳、昏迷、抽筋及心律不齐。吸入14000毫克/米^{3}以上的苯会立即死亡。

甲苯进入体内以后约有48%在体内被代谢，经肝脏、脑、肺和肾最后排出体外，在这个过程中会对神经系统产生危害。实验证明，当血液中甲苯浓度达到1250毫克/米^{3}时，接触者的短期记忆能力、注意力持久性以及感觉运动速度均显著降低。

二甲苯在体内分布以脂肪组织和肾上腺中最多，后依次为骨髓、脑、血液、肾和肝。吸入高浓度的二甲苯可使食欲丧失、恶心、呕吐和腹痛，有时可引起肝肾可逆性损伤。同时，二甲苯也是一种麻醉剂，长期接触可使神经系统功能紊乱。据报告，三名工人吸入浓度为43.1克/米^{3}的二甲苯，18.5小时后一名死亡，尸检可见肺淤血和脑出血，另两名工人丧失知觉达19～24小时，伴有记忆丧失和肾功能改变。

6.2.2　无机污染物与人体健康

居室无机污染物主要包括氨、一氧化碳、二氧化碳等。

（1）氨

在我国北方地区，建造住宅楼、写字楼、宾馆、饭店等的建筑施工中，常人为的在混凝土里添加高碱混凝土膨胀剂和含尿素的混凝土防冻剂等外加剂，以防止混凝土在冬季施工时被冻裂。这些含有大量氨类物质的外加剂在墙体中随着湿度、温度等环境因素的变化而还原成氨气从墙体中缓慢释放出来，造成室内空气中氨浓度的大量增加。按毒理学分类，氨是一种无色气体，属于低毒类化合物。当氨在空气中达到一定浓度时，才有强烈的刺激气味。人对氨的嗅阈值为0.5～1.0毫克/米^3。氨是一种碱性物质，进入人体后可吸收组织中的水分，溶解度高，对人体的上呼吸道有刺激和腐蚀作用，减弱人体对疾病的抵抗力。氨进入肺泡后易和血红蛋白结合破坏运氧功能。人短期内吸入大量的氨会出现流泪、咽痛、声音嘶哑、咳嗽、头晕、恶心等症状，严重者会出现肺水肿或呼吸窘迫综合征，同时发生呼吸道刺激症状。

（2）二氧化碳

正常空气中CO_2含量为0.03%～0.04%。室内主要来源为人的呼出气和含碳物质的充分燃烧。成人在安静状态下每小时呼出CO_2约20升左右。当环境中CO_2含量达到0.07%时，少数气味敏感者对此已有感觉；当CO_2含量达到0.1%时，有较多人感到不舒服。CO_2含量达3%时，人体呼吸程度加深；CO_2含量达4%时，产生头晕、头痛、耳鸣、眼花、血压上升；CO_2含量达8%～10%时，呼吸困难、脉搏加快、全身无力、肌肉由抽搐至痉挛，神智由兴奋至丧失；CO_2含量达30%时，出现死亡。室内CO_2浓度高低反映出室内有害气体的综合水平，也可反映出室内通风换气的实际效果。因此，室内CO_2含量一般不超过0.07%，至少应低于0.1%。

（3）一氧化碳

一氧化碳是一种无色、无味、无臭、无刺激性的有毒气体，几乎不溶于水，在空气中不容易与其他物质产生化学反应，可在大气中停留很长时间。一氧化碳属于内窒息性毒物。当空气中一氧化碳浓度到达一定高度，就会引起种种中毒症状，甚至死亡。随空气进入人体的一氧化碳，在经肺泡进入血液循环后，能与血液中的血红蛋白（Hb）等结合。一氧化碳与血红蛋白的亲和力比氧与血红蛋白的亲和力大200～300倍，因此，当一氧化碳侵入机体后，便会很快与血红蛋白合成碳氧血红蛋白（COHb），阻碍氧与血红蛋白结合成氧合血红蛋白（HbO_2），造成缺氧形成一氧化碳中毒。当吸入含量为0.5%的一氧化碳，只要20～30分钟，中毒者就会出现脉弱，呼吸变慢，最后衰竭致死。长时间接触低浓度的一氧化碳对人体心血管系统、神经系统乃至对后代均有一定影响。

6.2.3 吸烟与人体健康

（1）烟雾中的有害物质

吸烟过程是烟草在不完全燃烧过程中发生的一系列化学反应的过程，烟草燃烧时释放的烟雾中含有3800多种已知的化学物质。烟雾中92%为气体，主要有氮、二氧化碳、一氧化碳、氰化氢类、挥发性亚硝胺、烃类、氨、挥发性硫化物、腈类、酚类、醛类等；另外8%为颗粒物，主要有烟焦油和尼古丁等。除此之外，研究人员还在烟草烟雾中发现了重金属及放射性物质。

（2）吸烟危害人体健康

目前，吸烟已成为严重危害健康、危害人类生存环境、降低人们生活质量、缩短人类寿命的紧迫问题。据世界卫生组织报道，发展中国家每年约有100万人死于吸烟，发达国家每年约有200万人死于吸烟，约1/3～1/2的吸烟者因为吸烟而早逝。

第一，吸烟刺激呼吸系统。烟雾中的有害物质如醛类、氮化物、烯烃类等对呼吸道有强烈的刺激作用。烟雾中有害物质胺类、氰化物和重金属会破坏支气管和肺黏膜。

第二，吸烟造成血压升高、心跳加快。烟雾中的尼古丁类，可刺激交感神经，引起血管内膜损害，造成血压升高、心跳加快并诱发心脏病。例如，一滴尼古丁就能毒死一只肥猪，还能使人的寿命缩短五秒；三滴尼古丁就能毒死一头壮牛。烟草中的尼古丁是一种神经毒素，主要侵害人的神经系统。一些吸烟者在主观上感觉吸烟可以解除疲劳、振作精神等，这是神经系统的兴奋，实际上是尼古丁引起的快感。兴奋后的神经系统随即出现抑制。所以，吸烟后神经肌肉反应的灵敏度和精确度均下降。

第三，吸烟具有致癌作用。烟雾中的有害物质如苯并芘、砷、镉、甲基肼、氨基酚和其他放射性物质均对人体具有一定的致癌作用。其中酚类化合物和甲醛等具有加速癌变的作用。一支香烟内包括了超过4000种不同的化学物质，其中有43种是致癌物质。在因吸烟而死亡的成年人中39.8%的人死于癌症。吸烟的人与不吸烟的人相比，发生肺癌的危险性高8～12倍，食管癌高6倍，膀胱癌高4倍。吸烟是肺癌发病率的第一要素，约80%肺癌与吸烟（被动吸烟）相关。据美国的调查表明，吸烟开始年龄与肺癌死亡率呈负相关，吸烟开始年龄越早，肺癌发生率与死亡率越高。

第四，吸烟引起大脑缺氧。有害物质中的一氧化碳能降低红细胞将氧输送到全身去的能力，造成组织和器官缺氧，进而使大脑、心脏等多种器官产生损伤。由于人的大脑对氧的需要量大，对缺氧十分敏感，因此，吸多了烟就会感到精力不集中，甚至出现头痛、头昏现象，久之，大脑就要受到损害，使思维变得迟钝，记忆力减退，必然影响学习和工作，使学生的成绩下降。

吸烟对于女性来讲危害更大。香烟已成为当代女性健康与生命的最大杀手。除了与男烟民一样可能会患上述疾病外，女性由于特殊的生理条件而面临着更严重的健康隐患。如月经不规律、绝经期提前即加速衰老、不孕、骨质疏松症、关节炎、子宫癌等，如果女性在怀孕期间吸烟，容易出现死产、流产、新生儿体质较弱、新生儿突然死亡等严重后果。

（3）二手烟的危害

吸烟不仅有害自己，而且给周围的同事也带来严重影响。吸烟者在吸烟时吐出的烟草烟雾以及卷烟燃烧时产生的烟草烟雾弥散在空气中，即形成二手烟。中国疾控中心控烟办发布的《2011年中国控制吸烟报告》显示，我国有7.4亿非吸烟者遭受二手烟危害，公共场所中最严重的是餐厅，其次为政府办公楼。

二手烟中含有大量有害物质及致癌物，不吸烟者暴露于二手烟环境下同样会增加多种与吸烟相关疾病的发病风险。大量研究结果证明，二手烟可以导致肺癌、烟味反感、鼻部刺激症状和冠心病。此外，二手烟还可以导致乳腺癌、鼻窦癌、成人呼吸道症状、肺功能下降、支气管哮喘、慢性阻塞性肺疾病和动脉粥样硬化。其中，二手烟对孕妇及儿童健康造成的危害尤为严重。大量研究证实孕妇暴露于二手烟可以导致婴儿出生体重降低和婴儿猝死综合征；孕妇还可导致早产、新生儿神经管畸形和唇腭裂。儿童暴露于二手烟会导致呼吸道疾病、支气管哮喘、肺功能下降、急性中耳炎、复发性中耳炎及慢性中耳积液等疾病。此外，二手烟还会导致多种儿童癌症，加重哮喘患儿的病情，影响哮喘的治疗效果。

（4）公共场所禁止吸烟

卫生部修订后的《公共场所卫生管理条例实施细则》于2011年5月1日起正式实施。细则规定，公共场所经营者应当设置醒目的禁止吸烟警语和标志。室外公共场所设置的吸烟区不得位于行人必经的通道上。公共场所不得设置自动售烟机。公共场所经营者应当开展吸烟危害健康的宣传，并配备专（兼）职人员对吸烟者进行劝阻。细则还进一步明确了执法主体、强化了公共场所经营者的责任、加重了处罚力度等。细则规定，公共场所经营者对发生的危害健康事故未立即采取处置措施，导致危害扩大，或者隐瞒、缓报、谎报的，将被处以5000元以上3万元以下罚款；情节严重的，可以依法责令停业整顿，直至吊销卫生许可证。构成犯罪的，依法追究刑事责任。这也是我国第一次明确将"室内公共场所禁烟"列入公共场所卫生管理条例。根据《公共场所卫生管理条例》，公共场所包括7个大类，28个小类。分别为：宾馆、饭馆、旅店、招待所、车马店、咖啡馆、酒吧、茶座；公共浴室、理发店、美容店；影剧院、录像厅（室）、游艺厅（室）、舞厅、音乐厅；体育场（馆）、游泳场（馆）、公园；展览馆、博物馆、美术馆、图书馆；商场（店）、书店；候诊室、候车（机、船）室，公共交通工具等。《公共场所卫生管理条例实施细则》的实施，有力的宣传了吸烟有害健康，有效地制止的吸烟行为，保障了广大人民群众的利益。

6.2.4　厨房油烟与人体健康

（1）油烟中的有害物质

油烟是食油遇高温气化后分解的气体和气溶胶，其主要成分含有醛、酮、烃、脂肪酸、醇、芳香族化合物、酮、内酯、杂环化合物等有机化合物，而且还含有一氧化碳、二氧化碳、氮氧化物等无机化合物。油烟中的苯并[a]芘、挥发性亚硝胺、杂环胺类化合物等都是高致癌化合物。其中，苯并[a]芘是多环芳烃中毒性最大的一种强烈致癌物，长期生活在含苯并[a]芘的空气环境中，会造成慢性中毒。因为苯并[a]芘进入机体后，除少部分以原形随粪便排出外，一部分经肝、肺细胞微粒体中混合功能氧化酶激活而转化为数十种代谢产物，转化为羟基化合物或醌类的是一种解毒反应，转化为环氧化物（特别是转化成7,8-环氧化物）是一种活化反应。其中7,8-环氧化物再代谢产生7,8-二氢二羟基-9,10-环氧化苯并[a]芘后，可能是最终致癌物。

（2）厨房油烟的危害

世界卫生组织指出，家居厨房油烟污染，在全球每20秒就要夺走一条生命。世界卫生组织和联合国开发计划署发表声明说，厨房油烟已经成为威胁人类健康的一大隐患。

第一，油烟引起心脑血管疾病。油烟中含有的大量胆固醇可引起心脑血管疾病。目前心脑血管疾病列于人类威胁最大的三大疾病（心脑血管疾病、糖尿病、肿瘤）之首，原因是其不仅具有很高的致死率，而且其发病后致患者的致残率也极高，如100名患者中有78人长期在厨房，其中老年人更容易患心脑血管疾病。

第二，油烟影响肺癌发生率。油烟中的致癌物质苯并芘、挥发性亚硝胺、杂环胺类化合物等使人体细胞组织发生突变，导致癌症的发生。长期接触油烟的40~60岁女性患者有肺癌、乳腺癌的危险性增加2~3倍。

第三，油烟损害呼吸道和皮肤。油烟侵入呼吸道后，其主要成分丙烯醛可引起慢性咽炎、鼻炎、气管炎等呼吸疾病。油烟颗粒附着在皮肤上，可造成毛细孔阻塞，加速皮肤组织老化，导致肌肤变粗糙、出现皱纹、黑色素增多并转变色斑。

第四，油烟破坏生殖系统。厨房油烟中含有的74种化学物质能致细胞发生突变，破坏生殖系统，甚至导致不育。

（3）预防厨房油烟污染

厨房污染主要来源于油烟，所以在预防厨房污染方面主要从油烟入手。

首先，减少油炸食品。烹调食品时不要让油加热至冒烟，油温越高，油烟会越多，危害也就越大。

其次，使用精制食油。烹调食品时使用的食物油最好要具有高质量，以免带来更大的污染。

第三，使用抽油烟机。使用抽油烟机或排气扇，烹调结束后最少延长排气10分钟。在排油烟机停用的情况下，只要燃烧几分钟氮气化合物就超过标准5倍，而一氧化碳气体可超过标准的65倍以上，因此在烧菜煮饭过程工作中，排油烟机应全程工作，而不能时开时停。烹调结束后仍需工作几分钟。这是为了将厨房内残留的有害气体最大程度的排出去，不使其滞留在厨房内，以防危害人体健康。同时，灶具应安排在排烟道附近，无排烟道的厨房灶具要尽可能安排在靠近窗户的地方，以免排油烟管在空中距离过长，影响空间使用。

第四，经常开窗通风。厨房在不操作时可打开窗户补充新鲜空气。

第五，绿化厨房环境。绿化厨房是一个既能保证人体健康又能美化环境的一举两得的办法。厨房内摆放的绿色植物不仅是家庭格调的独特体现，而且也能净化空气。

6.3 居室物理性污染

居室物理性污染主要来自室外及室内的电器设备，主要包括放射性污染、噪声污染、电磁辐射污染以及光污染等。

6.3.1 居室放射性污染与人体健康

居室环境中的放射性污染物主要是氡元素，其主要来源于居室内大理石以及各种瓷砖等装修建筑建材。装修建筑材料分为两种：一是基本建筑材料，通常有砖瓦、水泥、预制板、隔热材料等；二是装饰材料，例如石灰浆、涂料、塑料壁纸、地板革、地板砖、地板蜡、隔声板等。

氡元素主要来自这些材料中镭的衰变。在衰变过程中，可以放射出 α 射线、β 射线、γ 射线，达到一定的浓度就有可能构成对人体的危害。氡对人体的危害主要体现在以下方面：第一，氡通过呼吸进入人体，衰变时产生的放射性核素会沉积在支气管、肺和肾组织中。当这些短寿命放射性核衰变时，释放出的 α 粒子可使呼吸系统上皮细胞受到辐射。长期的体内照射可能引起局部组织损伤，甚至诱发肺癌和支气管癌等。如果人一生在氡元素浓度为370贝可/米^{3}的室内环境中生活，每千人中将有30～120人死于肺癌。统计资料表明，氡已成为人们患肺癌的主要原因。其中，美国每年由于氡元素辐射而死亡的达5000～20000人，我国每年也约有50000人因氡及其子体致肺癌而死亡。第二，氡对人体脂肪有很高的亲和力，从而影响人的神经系统，使人精神不振，昏昏欲睡。第三，氡及其子体在衰变时还会同时放出穿透力极强的γ射线，对人体造成外照射，对人体内的造血器官、神经系统、生殖系统和消化系统造成损伤。人们长期生活在含氡量高的环境里，就可能对人的血液循环系统造成危害，如白细胞和血小板减少，严重的还会导致白血病。

如何防止放射性物理因素对人体的危害呢？首先，需要控制污染源，合理使用安全无毒或低毒的建筑装潢材料，减少氡气等有害物质的产生。第二，合理通风，改善室内空气质量。第三，为了公众的安全与健康，按国务院有关规定，凡未经卫生行政部门指定的放射性防护技术单位检测合格的建筑材料，都不得销售。

6.3.2 居室电磁辐射污染与人体健康

近年来，随着生活现代化的加速，家用电器急剧增加，电磁污染对人体造成潜在的危害也越来越大，但是却没有引起足够重视。家用电器主要指在家庭及类似场所中使用的各种电器和电子器具。家用电器使人们从繁重、琐碎、费时的家务劳动中解放出来，为人类创造了更为舒适优美、更有利于身心健康的生活和工作环境，提供了丰富多彩的文化娱乐条件，已成为现代家庭生活的必需品。但是家用电器在工作过程中也会或多或少地释放电磁辐射，因此长时间使用家用电器会对人们健康产生不利影响。

目前，居室内的电磁辐射污染源主要包括电热毯与电褥、电视、微波炉、电脑等。家用电器污染危害表现以下几种情况。①电视机、微机荧光屏会产生电磁辐射，长时间看屏幕会使视力下降、视网膜感光功能失调、眼睛干涩、引起视神经疲劳，造成头痛、失眠。屏幕表面和周围空气由于电子束存在而产生静电，使灰尘、细菌聚集附着于人的皮肤表面而造成疾病。电视机、电脑荧光屏在高温作用下可产生一种叫溴化二苯并呋喃的有毒气体，这种气体具有致癌作用。②电锅、烤箱、微波炉等烹饪家电，都是较强辐射源，能使电视屏幕图像受到干扰，部分微波炉密闭不严，会有微波泄漏出来，对人体造成伤害，且离微波炉越近，微波强度就越高，危害也就越大。

微波对人体危害主要表现在神经衰弱综合征、头痛、头昏、乏力、记忆力减退。

室内电磁辐射污染，对人体健康危害不容忽视，对孕妇及胎儿可能造成的健康危害更不容忽视。因此，孕前女性及怀孕早期还是尽可能远离手机与电脑等辐射源为好。怀孕后最好不要使用电热毯，少接触微波炉，不要长时间、近距离看电视，并注意开启门窗通风换气，看完电视后要及时洗脸。孕妇卧室家电不宜摆设过多，尤其是彩电和冰箱不宜放在孕妇卧室内。

6.3.3 居室噪声污染与人体健康

现代城市噪声危害人体健康，现代家庭噪声也越来越严重影响人体健康，尤其危害老年人的健康。家庭中的噪声污染主要来源于各种家电的使用，比如电视机、录音机、洗衣机、电风扇、空调器、电脑主机等。各类家用电器发出的噪声声级较高，比如电视机噪声达60～80分贝，收音机和录音机噪声达50～80分贝，洗衣机噪声达50～80分贝，电冰箱、电风扇、抽油烟机、吸尘器的噪声也在50分贝以上，甚至电动剃须刀、吹风机的噪声超过40分贝。事实上，家庭噪声，尤其是家用电器产生的噪声是居家生活中容易被忽略的问题，对人体健康具有潜在危害，值得重视。

研究显示，人如果长期处于40分贝以上的噪声污染中，会对人体健康产生危害。

① 损伤听力　短暂的强噪声可造成暂时性听阈偏移，也称听觉疲劳。而长期处在强噪声环境中，可导致形成永久性听阈偏移，即噪声性耳聋。如果噪声极其强烈，甚至可使人完全失聪，即出现爆震性耳聋。

② 诱发多种疾病　噪声通常作用于大脑中枢神经系统，可导致人体产生头痛、脑胀、耳鸣、失眠、全身疲乏无力以及记忆力减退等神经衰弱症状，提高高血压、动脉硬化和冠心病等心血管疾病的发病率，还可导致消化系统功能紊乱，引起消化不良、食欲不振、恶心呕吐，使肠胃病和溃疡病发病率升高。此外，噪声对视觉器官、内分泌机能及胎儿的正常发育等方面也会产生一定影响。

③ 干扰人的正常生活和工作　一般噪声在30分贝时，不会影响正常的生活和休息，而达到50分贝以上时，会导致多梦、易惊醒、睡眠质量下降。此外，噪声超过40分贝时会分散人的注意力，导致反应迟钝，工作效率下

降，差错率上升，甚至造成事故。

为避免家庭噪声污染，在选择家用电器时，要力求挑选性能好，噪声低的产品；要注意对电器的使用和维修，使家庭噪声控制在合理的范围之内；卧室里一般不宜安置声级过高的家电；养成良好的使用习惯，使用电视机或收录机，音量不要太大；尽量不要长时间的使用两件以上的家用电器。在使用电器时，要注意使用方法和卫生要求。如戴耳机听音乐时，把音量不要调得很大。

6.3.4　居室光污染与人体健康

传统的照明方式和照明灯具是视觉环境的干扰和影响，对视觉器官产生损害，而视觉神经直接影响到大脑，从而产生头晕、疲劳、对工作厌倦，甚至烦躁等。居室内光污染，尤其是夜间过度使用灯光，会导致人体生理节律（血液循环系统节律、睡眠节律、内分泌系统节律等）紊乱，从而引发健康问题。同样，办公楼里的"混合型"光污染，也会给人体健康带来隐患。以写字楼为例，光污染主要来自电脑屏幕、办公室白墙、白色书本纸张以及瓷砖等。其中，白粉墙的光反射系数约为69%到80%，洁白的书本纸张光反射系数高达90%，大大超过了人体生理的承受范围。调查显示，大多数家庭、办公建筑又偏爱用颜色较亮的瓷砖进行装修，因为明亮的瓷砖不但能使居室看起来富丽、亮堂，而且还可以在一定程度上弥补采光的不足。但是一些超白地砖在生产过程中使用了起"白色"作用的添加剂，而这种添加剂中含有放射性物质，可能形成放射性污染和光污染。最佳的视觉环境应该是在色彩、光频率、光亮度、物品形状、运动等方面均和人眼充分协调。

美国环保专家联合高校医学实验室，做了一项追踪实验，结果显示：短时间内，光污染对人眼的眼角膜和虹膜造成伤害，抑制视网膜感光细胞的发挥，会引起视力下降和视疲劳；而如果人们长期生活或工作在逾量的、不协调的光辐射下，则会出现头晕目眩、失眠、心悸、时而亢奋时而情绪低落等种种神经衰弱症状。不少IT从业人员习惯在夜间加班，殊不知，实际上晚间的光污染对人体健康的消极影响比白天更大。计算机办公人员每天用眼睛来回扫阅文件、键盘和屏幕的次数超过1万次。"计算机眼"发病率在日渐提高。

那么怎样避免光污染呢？在家庭或办公室等环境装修时，最好选择亚光砖；书房和儿童房尽量用地板代替；如果使用了抛光砖，平时尽量开小灯，还要避免灯光直射或通过反射影响到眼睛；由于白色和金属色瓷砖反光较为强烈，不适合大面积在居室使用。使用电脑时，尽量调暗计算机屏幕。在工作一段时间后，要做适当的休息，舒活一下全身筋骨，放松神经等。

6.4 居室生物性污染

室内生物污染是影响室内空气品质的一个重要因素，它主要包括细菌、真菌（包括真菌孢子）、花粉、病毒、宠物与人类的毛发、皮屑等。其中，有一些细菌和病毒是人类呼吸道传染病的病原体，有些真菌、花粉和生物体有机成分则能够引起人的过敏反应。室内生物污染对人类的健康有着很大的危害，能引起各种疾病，如各种呼吸道传染病、哮喘、建筑物综合征等。迄今为止，已知的能引起呼吸道病毒感染的病毒就有200种之多，感染的发生绝大部分是在室内通过空气传播的，其症状可从隐性感染直到威胁生命。

6.4.1 居室生物性污染危害

（1）尘螨

尘螨是最常见的空气微小生物之一，是一种很小的节肢动物，肉眼是不易发现的。尘螨是引起过敏性疾病的罪魁祸首之一，室内空气中尘螨的数量与室内的温度、湿度和清洁程度相关。近年来，家庭装饰装修中广泛使用地毯、壁纸和各种软垫家具，特别是空调的普遍使用，为尘螨的繁殖提供了有利的条件。尘螨喜欢栖息于房屋的灰尘中。在1500平方米的房屋中，每年可产生10多公斤灰尘，这些灰尘有很多螨虫。有报道，一只使用了15年的枕头，其质量的1/3为螨类排泄物，每1克灰尘有尘螨1000多只。调查还发现，在200毫克毛毯灰尘中有螨114.5只，200毫克的床垫灰尘中有螨92.5只，200毫克居民住宅地板灰尘中有螨17.9只。人们居住的房间有许多大小为0.01～1.0毫米的灰尘颗粒，这是由人体脱落的皮屑、棉花短纤维、羊毛短纤维、人造织物短纤维以及尘土和霉菌孢子等组成。这些微小颗粒的灰尘多在地毯、床垫、沙发角等处积聚。此外，在长期使用空调的房间里，由于与自然环境不直接通风，加之温湿度条件适宜，可能会隐藏较多的尘螨。尘螨对人体有害作用主要是其产生的致敏源引起的。尘螨的致敏作用，最典型的是诱发哮喘。患过敏性皮炎的患者有相当一部分是由螨虫引起的。同时还可以引起过敏性鼻炎、过敏性皮炎、慢性荨麻疹等。螨虫对新生儿和儿童所带来的病痛和不适，甚至可能伴随终身。尘螨在空气不流通处生存，气流大，易死亡。尘螨在不良气候条件下极易死亡，因此只要加强室内通风换气，勤于清扫孳生场所，尘螨即能得到控制。

（2）花粉

在室内种花草可以吸收空气中对健康不顺利的有机物，但有些植物会散布使某些人过敏的花粉，如鼻子瘙痒、流泪和呼吸困难等。花粉过敏以五官过敏症状为主，表现为喷嚏多，清涕不断外流，鼻、眼、耳、上腭奇痒难忍。眼结合膜充血，发红，肿胀，痒和流泪。大多数患者仅有五官过敏症状，而另一些患者在几年后合并气喘，病情会一年一年地加重。

（3）毛发与皮屑

近年来喂养宠物逐渐成为一些居民的嗜好，但是宠物皮屑及其产生的其他具有生物活性物质，如毛、唾液、尿液等对空气的污染也会带来健康危害，主要是可以使人产生变态反应。室内有宠物时，空气中变态反应原的含量增加，达到无宠物房屋内的3～10倍。据调查，普通人群中对猫、狗的变态反应原有过敏反应的大约有15%。因而，喂养宠物的室内空气环境会使这部分人群的哮喘、过敏性鼻炎等变态反应性疾病发生率升高。另外，家人脱落的头发也是室内环境污染的源头。头发表面的皮脂容易沾染空气中的灰尘，并孳生细菌，污染室内空气；同时毛发也常会在地漏口聚集，造成堵塞，出现杂物腐烂、发酵，产生有害气体，污染室内空气环境。

（4）细菌

细菌是许多疾病的病原体，如肺结核、淋病、炭疽病、梅毒、鼠疫、砂眼等。细菌感染方式包括接触、空气传播、食物、水和带菌微生物等。

6.4.2 典型居室生物性污染

（1）地毯病

随着人们生活水平的提高，地毯已经融入到了人们生活中。对人的身体健康产生严重危害的细菌、真菌、螨虫等都容易附着、滋生在地毯上，导致疾病。当人们的皮肤接触到螨虫后，会出现瘙痒、红斑、丘疹等，一旦吸入到支气管及肺部后，会出现咽痛、咽干、咳嗽、咳痰，同时会伴随着发热、头晕、胸闷等。此外，体质容易过敏的人接触到尘螨后，会发生过敏反应，使哮喘、枯草热、湿疹加重，这就是"地毯病"。另外，地毯属于纺织物，容易带静电，有很强的吸附能力。当空间环境出现异味时就会大量地吸附异味，再排放到空间，成为异味的储存库。

室内铺设地毯要注意如下几点：第一，尽量少用地毯，最好不用人工合成地毯。新铺的合成地毯会向空气中释放出高达100种不同的化学物质，其中有些是可疑致癌物，还有些容易诱发基因突变。在使用一段时间后，地毯的每一部分会繁殖成百万的微生物，容易传染"地毯病"。第二，如果客厅中铺地毯，可选用羊毛或纯棉地毯等天然纤维地毯。一定要做好对地毯的保养、维护、清扫和消毒，每天要用吸尘器吸去黏附的灰尘、垃圾；定时进行清洗消毒或晾晒，防止地毯中滋生细菌和螨虫。不要让儿童在地毯上爬滚或睡觉；卧室最好不铺地毯。第三，铺设地毯时，避免使用黏合安装。通常胶黏剂中会含有甲醛，建议有过敏症的人在铺设地毯时，应尽量避免使用黏合的方法，这样可以减少健康隐患。

（2）宠物病

现在，很多人家中都养起了宠物。宠物在给主人愉悦的同时，但也可能带来麻烦或是不适。宠物对室内空气的污染是多方面的。例如，宠物粪便如果没有进行过杀菌消毒处理，粪便风干后，又化为尘埃。还有一种寄生虫棘球绦虫，在人与狗耳鬓厮磨的时候，动物爱好者可能就吸入或吞下了粘在狗毛皮上的这种虫卵。在人的小肠内，这种寄生虫的钩状幼虫钻出虫卵，穿过肠壁，会顺着血液流到肝脏，形成充满蠕虫和液体的囊胞。猫也是污染源。链状带绦虫、中绦虫、双殖孔绦虫、犬豆状带绦虫、曼氏双槽绦虫等都是猫体内常见的寄生虫，它们在危害猫体的同时，也会将这种病原体传染给人，从而导致淋巴结肿大、发烧以及出现类似流感的症状。如果孕妇被传染，病原体会进入胎儿血液循环，可能造成孩子畸形和大脑缺陷。鸟也是向人们传播疾病的一个途径。被人感染的病原体叫衣原体，是人类致病病原体之一，可引起砂眼、肺炎、鹦鹉热和泌尿生殖系统疾病；同时，它又是鸟禽类和低等哺乳动物的条件致病菌，属于人畜共患病原体。虎皮鹦鹉、金丝雀和鸽子等都会带有这种衣原体。衣原体细菌随粪便排出，随着鸟笼里飞扬起来的灰尘被吸入人体内后，就会使人生病。目前由宠物或家畜传播的传染病有200多种。所以，要充分认识到宠物是造成室内空气的污染的一个重要原因。要以预防为主，采取相应的杀菌消毒措施，更好的保护身体健康。

6.4.3 预防居室生物性污染方法

一般造成人们在室内患上传染性疾病的因素（传染链）有三方面。一是室内传染源。二是传播途径，即病原体从传染源排出后，进入人体前所必须经过的各种外环境介质。实际上就是室内的微小气候，即室内气温、相对湿度、室内微气流（风）和热辐射。这些因素直接影响室内污染物（病原体）的浓度和人体的实际接触（摄入）水平。三是有对该疾病的易感人群。因此，预防居室生物性污染的简单有效方法就是室内通风换气。充分的室内通风换气可以迅速地稀释和降低污染物的室内浓度，减少病原体飞沫在空气中的停留时间，这就有效地切断了疾病的传播途径，阻断了疾病传染链。另一种切断疾病传播途径的有效方法是室内空气的净化消毒。可以采用各种消毒措施和方法，如化学消毒剂、紫外线灭菌灯、臭氧消毒器等，使室内空气中的病原体（微生物）降低到不致病的水平。同时做好个人卫生是必要的。总之，只要严格控制和降低室内的生物性污染水平，切断传染性疾病在室内的传播途径，各种室内传染病包括非典型肺炎完全能够得到有效控制。

6.5 室内空气监测与净化

室内空气监测是针对室内装饰装修、家具添置引起的环境污染超标情况进行的分析、化验的过程且出具国家权威认可具有法律效力的检测报告，根据检测结果判断室内各项污染物质的浓度，并进行有针对的防控措施的行为。

6.5.1 监测目的与内容

室内监测是以室内环境为对象，主要运用物理的、化学的和生物的技术手段，对其中的污染物及其有关的组成成分进行定性、定量和系统的综合分析，以探索研究其质量的变化规律。室内检测的目的是为了及时、准确、全面地反映室内环境质量现状及发展趋势，并为室内环境管理、污染源控制、室内环境规划、室内环境评价提供科学依据。

室内监测包括以下方面：根据室内环境质量标准，评价室内环境质量；根据污染物的浓度分布、发展趋势和速度，追踪污染源，为实施室内环境检测和控制污染提供科学依据；根据检测资料，为研究室内环境容量，实施总量控制、预测预报室内环境质量提供科学依据；为制定、修订室内环境标准、室内环境法律和法规提供科学依据；为室内环境科学研究提供科学依据。室内检测的任务是要对室内环境样品中的污染物的组成进行鉴定和测试，并研究在一定时期和一定空间内的室内环境质量的性质、组成和结构，主要内容包括空气、噪声、废水废气等，其中包含甲醛、苯、氨、总挥发性有机物等。

6.5.2 监测要求与时间

室内环境监测要求包括五个方面。① 监测的代表性：采样时间、采样地点及采样方法等必须符合有关规定，使采集的样品能够反映整体的真实情况。② 监测的完整性：主要强调检测计划的实施应当完整，即必须按计划保证采样数量和测定数据的完整性、系统性和连续性。③ 监测的可比性：要求实验室之间或同一实验室对同一样品的测定结果相互可比。④ 监测的准确性：测定值与真实值的符合程度。⑤ 监测的精密性：测定值有良好的重复性和再现性。

一般来讲，在居室没有入住前要注意保持室内通风，排出室内空气中的有害物质。如果要给室内配置家具或办公用品，就应等家具或办公用具全部按计划方案就位后，再进行检测。如想知道室内空气污染物含量是否允许业主入住，则应在打算入住前一周进行检测。

6.5.3 室内环境检测标准

室内空气检测分为两种标准：一种是《室内空气质量标准》（GB/T 18883—2002）；一种是《民用建筑工程室内环境污染控制规范》GB 50325—2001（2006版）。两者区别在于：前者是卫生部颁布的，是一个人居环境健康的最低标准，涉及19项指标；后者是住房与城乡建设部颁布的，是建筑工程环境污染物控制规范，只涉及5项指标。

我国第一部《室内空气质量标准》于2003年3月1日正式实施。这部标准引入室内空气质量概念，明确提出"室内空气应无毒、无害、无异常嗅味"的要求。其中规定的控制项目包括化学性、物理性、生物性和放射性污染等。规定控制的化学性污染物质不仅包括人们熟悉的甲醛、苯、氨、氡等污染物质，还有可吸入颗粒物、二氧化碳、二氧化硫等13项化学性污染物质。《室内空气质量标准》结合了我国的实际情况，既考虑到发达地区和城市建筑中的风量、温湿度以及甲醛、苯等污染物质,同时还根据一些不发达地区使用原煤取暖和烹饪的情况制定了此类地区室内一氧化碳、二氧化碳和二氧化氮的污染标准。

6.5.4 室内空气污染的自我识别

在室内工作、学习与生活,能识别室内空气污染有助于人们减少一些疾病的发生。室内空气污染自我识别方法有:①每天清晨起床时,感到憋闷、恶心甚至头晕目眩;②家里人经常容易患感冒,经常感到嗓子不舒服,有异物感,呼吸不畅;③家里小孩常咳嗽、打喷嚏、免疫力下降、不愿意回家;④家人常有皮肤过敏等毛病,而且是群发性的;家人共有一种疾病,而且离开这个环境后,症状就有明显变化和好转等;⑤新婚夫妇长时间不怀孕,查不出原因或孕妇在正常怀孕情况下发现胎儿畸形;⑥室内植物不易成活,叶子容易发黄、枯萎,一些生命力强的植物也难以正常生长;⑦家养的宠物猫、狗、鱼莫名其妙的死掉,而且邻居家也是这样;⑧一上班就有感觉喉疼,呼吸道发干、头晕,容易疲劳,下班以后就没有问题了,而且同楼其他工作人员也有这种感觉;⑨家庭和写字楼的房间或者新买的家具有刺眼、刺鼻等刺激性异味,而且超过半年仍然气味不散。如果出现上述情况,就说明居室环境出现了污染问题,需要治理了。

6.5.5 预防与减少室内空气污染

室内空气一旦污染,一定要马上治理。同时对于新的房屋或办公室一定要预防室内空气污染。

第一,切断污染源头。切断室内污染源头,一方面要采用环保家居(或办公家具)和环保装修;另一方面,要减少家用电器的集中使用,避免辐射发生。比如,从装修入手,选择装饰材料符合国家环保标准,特别是房间的地面材料,最好不要大面积使用同一种材料。要选择科学的施工工艺。除了特殊要求以外,一般不要在复合地板下面铺装大芯板,用大芯板打的柜子和暖气罩,里面一定要用甲醛捕捉剂进行处理,涂料最好选用涂膜比较厚、封闭性好的。要严格掌握装饰和装修材料质量,特别是复合地板、大芯板,要把甲醛量作为选择的主要条件。

第二,增加室内通风。适当通风透气是最好的防治方法。冬天也一定要保持室内空气清新。在提供新鲜空气保证供氧量的同时,排除了室内污染物，大幅度降低室内微生物密度。

第三，采取治理措施。治理措施主要包括物理吸附技术、化学中和技术以及光催化技术等。现在室内污染多通过室内空气净化来完成。室内空气净化是对室内空气污染进行整治，以提高室内空气质量，改善居住、办公条件，增进身心健康。空气净化方法从净化原理来看分物理吸附和化学分解两种，主要产品为空气净化器。空气净化器具有调节温度、自动检测烟雾、滤去尘埃、消除异味及有害气体、双重灭菌、释放负离子等功能，通常由高压产生电路负离子发生器、微风扇、空气过滤器等系统组成。

第四，其他辅助方法。有些花卉具有很强的排污、杀菌能力。据测定，常青藤在一天中就可以除去室内从香烟、人造纤维和塑料中释放的90%的苯；芦荟、蜘蛛草、银苞芋、吊兰和虎尾兰等对甲醛有排污作用；非洲菊可以吸收建筑胶中的葡糖二氯二基苷酸；月季、玫瑰等吸收二氧化硫；桂花等有较强的吸尘作用；薄荷对臭氧有抵抗杀菌作用。紫菀属、黄耆、含烟草和鸡冠花等能吸引大量的铀等放射性核素；常青藤、月季、蔷薇、芦荟和万年青等可清除室内的三氯乙烯、硫比氢、苯、苯酚、氟化氢和乙醚等；虎尾兰、龟背竹和一叶兰等可吸收室内80%以上的有害气体；天门冬可清除重金属微粒；柑橘、迷迭香和吊兰等可使室内空气中的细菌和微生物大为减少；吊兰还可以有效地吸收二氧化碳；绿萝等一些叶大和喜水植物可使室内空气湿度保持极佳状态，杜鹃花、郁金香、百合花和猩猩木等可吸收挥发性化学物质。

 阅读材料

电脑与人体健康

电脑已进入人们工作生活学习的各个领域，在提高工作效率的同时，也给人类健康埋下了隐患。

第一，电脑辐射影响人体健康。电脑的辐射源主要包括CRT（阴极射线管）显示器、机箱以及音箱、打印机等设备。其中CRT显示器会产生电离辐射（低能X射线）、非电离辐射（低频、高频辐射）、静电电场、光辐射（包括紫外线、红外线辐射和可见光等）等多种射线及电磁波。电磁辐射影响人体的循环系统、免疫、生殖和代谢功能，严重的还会诱发癌症，并会加速人体的癌细胞增殖。影响人们的生殖系统主要表现为男子精子质量降低，孕妇发生自然流产和胎儿畸形等。影响人们的心血管系统表现为心悸、失眠，部分女性经期紊乱、心动过缓、心搏血量减少、窦性心律不齐、白细胞减少、

免疫功能下降等。对人们的视觉系统有不良影响。由于眼睛属于人体对电磁辐射的敏感器官，过高的电磁辐射污染还会对视觉系统造成影响，主要表现为视力下降，引起白内障等。电脑产生的电磁辐射对妇女和儿童的影响尤为明显，特别是孕妇会出现新生儿畸形，白血病增多。而怀孕妇女每周用电脑20小时者，流产率增加80%。

第二，电脑噪声影响人体健康。长期工作在电脑环境下的人群极易烦躁或疲劳。电脑环境并不是指天天趴在电脑前面，而是指在有电脑工作的环境下，如有电脑的办公室或网吧的内室。研究表明，造成这一现象的凶手正是那不起眼的嗡嗡声。长期单调的声音使人的听觉系统持续地处在疲劳和紧张状态，神经的高度紧张又引起其他系统的连锁反应。日子久了，会对心理和生理造成交叉的污染，使人心慌，心悸，胸闷，精神紧张，严重的会导致轻微的精神分裂。

第三，长期使用电脑影响人体精神状况。长时间使用电脑，精神长期处于紧张状态，缺乏放松和自我调节的后果，这不仅会导致人们对其他的事物缺乏兴趣，而且长此以往还会造成人心理上的严重问题。例如情绪狂暴，低落，缺乏自控能力，严重的会扩大到生理上。

第四，长期使用电脑影响视力。许多天天和电脑打交道的人，都觉得他们的视力受到不同程度的损害，普遍会觉得头疼、视觉模糊、眼睛刺痛等。为了减轻这些症状，应当注意眼睛应始终与显示器保持30～50厘米的距离，将屏幕放置在低于眼水平面20°（约在胸部）的位置。每工作2小时休息15分钟左右。如果从事高度紧张或重复的工作，应每小时休息一次。

第五，电脑键盘传播疾病。电脑键盘表面覆盖着大量肉眼无法看到的细菌，这些细菌多通过使用者的汗液、唾沫和键盘里沉积的灰尘、污垢等介质来传播，其中隐藏着一些可引发疾病的致病菌，如链球菌、金色葡萄球菌、烟曲霉等。应定期清洗电脑键盘，并且在平时使用电脑时，一定要注意卫生，防止沾染上病菌。

预防电脑影响人体健康主要有主动防护和被动防护两种方法。被动防护法是除了改善工作环境和注意使用方法外，采取给经常接触和操作电脑的人员配备防辐射服、防辐射屏、防辐射窗帘、防辐射玻璃等措施，以减少或杜绝电磁辐射的伤害。主动防护法则是从电脑购买、安装、使用过程中入手。首先，购买"绿色电脑"。购买产品时要选购通过各种认证标准的"绿色"电脑配件。其次，安装位置恰当。电脑的摆放位置很重要。尽量别让屏幕的背面朝着有人的地方，因为电脑辐射最强的是背面，其次为左右两侧，屏幕的正面反而辐射最弱。以能看清楚字为准，至少也要50～75厘米的距离，

这样可以减少电磁辐射的伤害。注意室内通风：科学研究证实，电脑的荧屏能产生一种叫溴化二苯并呋喃的致癌物质。所以，放置电脑的房间最好能安装换气扇，倘若没有，上网时尤其要注意通风。第三，规范使用电脑。使用电脑时，要调整好屏幕的亮度。一般来说，屏幕亮度越大，电磁辐射越强，反之越小。不过，也不能调得太暗，以免因亮度太小而影响收视效果，且易造成眼睛疲劳。在操作电脑时，要注意与屏幕保持适当距离。离屏幕越近，人体所受的电磁辐射越大，因此较好的是距屏幕0.5米以外。此外，在操作电脑后，脸上会吸附不少电磁辐射的颗粒，要及时用清水洗脸，这样将使所受辐射减轻70%以上。

复印机与人体健康

随着现代办公自动化水平的不断提高，复印机（打印机）已经成为一种必不可少的办公设备。其实，工作中的复印机对人体健康具有一定的危害。第一，复印机工作时产生臭氧影响人体健康。复印机在工作过程中由于高压放电会产生一定浓度的臭氧。臭氧对人的呼吸道具有很强的刺激作用，操作人员如长期吸入大量臭氧会引起口干舌燥，咳嗽等不适症状。如果臭氧与氮气化合物长期滞留在肺中还会诱发中毒性肺气肿，并同时引发神经系统疾病。1988年11月，日本国立公共健康研究所公布的调查结果表明，在经常使用复印机的地方，臭氧浓度足以危害人体。通过对一些使用复印机的办公室和公共图书馆的监测发现，在距复印机0.5米的地方，臭氧浓度达0.12毫克/升。第二，复印机工作时产生的粉尘影响人体健康。复印机在工作时散发出肉眼看不见的粉尘。粉尘中含有大量的墨粉和铁粉。人们如果长期大量吸入这种粉尘，人们会得铁硅尘肺。第三，复印机工作时产生强光影响人体健康。复印机工作时，曝光灯所产生的强光对眼睛有一定的损害，长期受到这种强光照射，会使视力减退。

长期从事复印工作的人员要注意加强保护。在复印机多、工作量大的房间里应安装除尘设备，以减少粉尘。第一，必须保证复印机放在通风换气良好室内，复印区应与其他工作区隔开。第二，要定期给复印机做清洁，小心清除废旧墨筒。操作人员要戴防尘口罩。以防廉旧墨粉和复印纸中有毒物质充斥在空气中过多被人体吸入。第三，在复印工作过程中一定要盖好上面的挡板，不要图省事打开挡板复印，以减少强光对眼睛的刺激。

开放式办公与健康

从20世纪六七十年代起，开放式办公室在欧洲出现后便广受欢迎。开放式办公有利于激发人的创造力，培养开放的职业心态，也能节省办公费用。但是，开放式办公室对员工的身心健康也有一定的负面影响。

第一，噪声影响。电脑、复印机、传真机等办公设备运转的声音，空调送风声，同事的说话声及电话铃声等，虽然声音不大，但都会对人造成情绪压力。研究人员随机安排40个女性文秘，到安静的办公室或有轻微噪声的开放式办公室中工作3小时。他们发现，那些在有噪声办公室中工作的人体内肾上腺素水平非常高，这说明她们感到很大的压力。肾上腺素水平过高，患心脏病的危险就会增大。一般情况下，人在40分贝左右的声音下可以保持正常的反应速度和注意力。长期在50分贝以上的环境里工作，会导致情绪烦躁、听力下降，甚至神经受损。与高音量噪声相比，低音量噪声对人体的伤害更大。身处高音量噪声中的员工，由于环境恶劣，容易走神，所以会来回走动。而低音量噪声往往不易引起员工重视，习惯成自然后往往会忘记调整姿势，因此易产生"重复性疲劳"。有趣的是，虽然实验结果显示她们的激素水平很高，接受实验的员工自己并没有反映办公室很吵闹。专家认为，面对压力，人们往往只注意他们的任务，忘记了调整。这种精神的高度紧张导致工作人员在做一些决策时，思维缺乏足够的灵活性，过分专注，从而连本能的身体姿势的调节或休息都忘了。

第二，容易产生不安全感。澳大利亚学者维纳什·乌曼日前在《亚太健康管理期刊》上发表了一项报告。报告指出，"员工在开放式办公环境下工作会面临失去隐私、丧失自我、效能降低、健康受损、刺激过度、工作满意度偏低等多种问题。"乌曼说，在开放式办公室中，由于电脑上写的内容和电话交谈均被他人"监控"，员工极易产生不安全感。这会导致员工精神压力过大、血压升高等健康问题。

第三，容易产生疾病传播。敞开布局会使流行性感冒等疾病在员工之间传播。

现代住宅的五条卫生标准

人的一生有三分之二的时间是在室内度过的，而其中大部分时间又是在家中度过。由于室内环境各个因素均会作用于人体，随着住宅不断向空中发展，高层建筑越来越多，人们也越来越开始重视住宅的室内卫生。专家们从日照、采光、室内净高、微小气候及空气清度等五个方面对现代住宅提出以下卫生标准。

第一，太阳光可以杀灭空气中的微生物，提高机体的免疫力。为了维护人体健康和正常发育，居室日照时间每天必须在2小时以上。

第二，采光。是指住宅内能够得到的自然光线，一般窗户的有效面积和房间地面面积之比应大于1：15。

第三，室内净高不得低于2.8米。对居住者而言，适宜的净高给人以良好的空间感，净高过低会使人感到压抑。实验表明，当居室净高低于2.55米时，室内二氧化碳浓度较高，对室内空气质量有明显影响。

第四，微小气候。要使居室卫生保持良好的状况，一般要求冬天室温不低于12℃，夏天不高于30℃；室内相对湿度不大于65%；夏天风速不少于0.15米/秒，冬天不大于0.3米/秒。

第五，空气清度。空气清度是指居室内空气中某些有害气体、代谢物质、飘尘和细菌总数不能超过一定的含量，这些有害气体主要有二氧化碳、二氧化硫、氡气、甲醛、挥发性苯等。

除上述五条基本标准外，室内卫生标准还包括诸如照明、隔离、防潮、防止射线等方面的要求。

汽车内污染物与人体健康

汽车内空气污染源包括操控台、坐椅、车顶毡、脚底垫以及零配件、胶水等汽车本身的物件和车内饰物。空气污染物主要包括甲醛、甲苯、二甲苯及氨气等有害气体。如1995年，新泽西州科学仪器公司的官员在对一辆全新的林肯Continental检测时发现，车内共有高达100多种挥发性有机化合物。两个月后，这些物质的浓度虽然大幅度下降，但还是很容易检测到。同时，一些劣质的毛绒玩具放在车里无疑也会污染空气。若出现下列情况，车厢内的空气质量可能存在问题：上车后感到眼、鼻、喉咙不适；闻到有挥发性有机化合物、烟或潮湿而发霉的气味；在车厢内停留一段时间后感到疲倦、头晕或头痛。车内空气污染物随着温度的升高浓度急剧增加，这是因为车内材料有害气体的释放随温度的升高而增加。研究报告指出，当车内空气从26℃上升到63℃时，TVOC浓度至少增加5倍。温度增加10℃，污染物浓度近乎上升一倍。在温度很高时，即使是使用多年的车辆中，有害气体的浓度也会很高。车内空气污染已经成为公认的威胁人体健康的严重的环境污染现象。

改善车内空气质量主要从以下几个方面进行。

第一，保持车厢内干爽清洁。保持引擎调校于最佳状况。在可行的环境下，将新车的车门和车窗打开进行通风，以利于新装置的挥发性有机化合物的散发。

第二，尽量少用空气清新剂。空气清新剂去除污染只不过是借用芳香剂的味道一时去遮盖人们对异味的感觉，根本无法从本质上彻底消除有害气体。去除异味可以安装空气负离子净化器。

第三，尽量少用化学清洗剂。避免使用含有挥发性有机化合物的化学试剂清洁车厢内的装置、仪表板、地毯、车窗和铺地面的物料。活性炭是一种非常优良的吸附剂，它具有物理吸附和化学吸附的双重特性，可以选择地吸附空气中的各种物质，以达到消毒除臭等目的。活性炭在吸附饱和后要更换，约每三个月更换一次。

第四，经常采用臭氧消毒。借用臭氧杀菌是不会残存任何有害物质的，不会对汽车造成第二次污染。但消毒后车厢里会留有一点臭氧味，但只要将车窗打开一会儿，臭氧会自动分解成无色无味气体挥发掉。

健身房内污染物与人体健康

家居和办公环境的污染容易引起人们重视，但健身房环境污染往往被人忽视。其实，健身房内的污染物与家居和办公环境的污染类似，主要来自健身房的建筑污染（放射性氡、氨气）及室内装饰和家具（甲醛、苯系物）等。但健身房的其他方面污染源也不能忽视。

（1）健身者自身造成的空气污染

① 二氧化碳　二氧化碳主要来自于人的呼吸。研究证明，人的活动量不同，所产生的二氧化碳数量也不同，剧烈活动时是静止时的一倍，室内人群密集、通风不良时，会使人产生恶心、头痛等不适感觉，室内二氧化碳浓度一般不能超过0.15%。而有些健身房内二氧化碳浓度是平常居室的4～5倍。

② 可吸入颗粒物　健身房内可吸入颗粒物是指人们运动造成的地面扬尘以及衣服、鞋袜上的尘土脱落和人体表皮脱落等物。这些粒径小于5微米的微粒物，可随呼吸进入人体呼吸系统，甚至深入肺泡。可吸入颗粒不仅能成为微生物的载体，而且本身带有有毒物质或其他致病、致癌物质。

③ 臭气和微生物　人体排入空气中的恶臭物质组成主要有氨、甲基硫醇、硫化氢、甲基二硫三甲基胺、乙醛、苯乙烯等；同时细菌、病毒与空气颗粒物相伴存在，也可以随空气尘量变化而变化。特别是在人员集中的公共场所，可发现大量空气微生物和悬浮颗粒物。

（2）噪声污染

健身运动时播放的口令和伴奏音乐是一种强烈的噪音污染，它会加速心脏衰老，增加心肌梗死发病率。长期接触噪声可以使人的肾上腺分泌增加，出现脑血管收缩、心率加快、头痛、记忆力和注意力下降、消化力减弱、体力和脑力衰退等一系列不适症状。国家规定：娱乐场所的动态噪声不得超过85分贝。

（3）健身器材污染

公用健身器材易传染疾病，应按期清洗消毒。据卫生检测表明，很多健身器材的把柄上带有病原微生物1.6万～5.8万个，病原微生物种类多样，如大肠杆菌、金黄色葡萄球菌、链球菌、绿脓杆菌、伤寒杆菌、肝炎病毒、结核杆菌、流感病毒、沙眼衣原体、痢疾杆菌等。

预防健身房内环境污染方法：第一，俱乐部要合理选定健身房的位置，用绿色材料进行装饰，杜绝和减少室内环境污染；同时，要加强健身房的通风系统。第二，控制健身房内活动人员数量，保证每个人都有一定的活动空间。第三，注意室内有害气体的检测和净化，特别是新建和新装修的健身房，一定要严格控制室内甲醛、苯、二氧化碳、可吸入颗粒物等有害气体的含量，如果发现有污染问题，可找室内环境监测部门解决。第四，健身的人们要注意选择健身房，健身过程中出现空气污染造成的不适症状，要立即退出健身房。在锻炼结束后应及时清洗双手；在清洁双手前，尽量不要直接用手擦脸、擦嘴和进食等，防止细菌感染。

歌舞厅内污染物与人体健康

歌舞厅在繁荣城市经济、解决就业问题、丰富市民文化生活等方面起到积极作用的同时，也给人们健康带来一些负面影响，如噪声污染、光污染、空气污染等。

（1）噪声污染

舞厅音乐的音量按《娱乐场所管理条例》规定，扩音系统声级应在95分贝以下。人耳聆听音乐的最佳音量是40～60分贝，当音量超过80分贝，耳膜连续接触8个小时以后，人们听力就可能受到严重损伤。长期在噪声中活动，会引起听觉衰退。同时还会引起心血管和消化系统的疾病，导致心跳加速、血压升高及食欲不振、胃病增多等。噪声对神经系统的伤害更为常见，如引起头痛头晕，记忆力下降等症状。舞厅音乐的音量不宜过大，以清晰悦耳为好。但舞厅歌厅的音乐声音都比较大，所以跳舞唱歌时尽量远离音响设备。

（2）光污染

歌舞厅中的激光属于一种光污染。当密集的激光束透过眼睛的晶状体，并集中于视网膜上时，焦点强度可达70℃，这对人的眼睛是十分有害的。舞厅安装的黑光灯、霓彩灯、彩色灯泡等是彩光污染的光源。明灭闪烁飞快交替，对视网膜系统形成强烈刺激，人们瞳孔缩放跟不上光度反差的瞬间变化，引起视力衰退。专家测定，黑光灯可产生250～320纳米的紫外线，长期处于这种环境中，人们会出现鼻出血、白内障，甚至患皮肤癌等病症。霓虹灯明光暗影也可以引起头晕目眩，烦躁不安等。迪厅最好不用辐射强度超过极限的激光束；一般交谊舞厅可不用激光，各类彩光变换也要柔和些。舞友最好远离或背向激光束。

（3）空气污染

舞厅人员密集，手舞足蹈，通风不良，使周围空气中尘土飞扬，隐藏在市内角落的细菌也乘机传播开来，室内处于颗粒悬浮，细菌充斥，氧气缺乏的状态。有人做过测试，发现舞厅每立方米空气中含菌量高达400万个，是普通房间的4000倍。室内细菌总量超过国家规定标准。另外，舞伴中难免有传染病患者或病菌携带者。长期逗留，很容易通过飞沫传播而罹患呼吸道感染，如流行性感冒、咽炎等。

为保障舞民身体健康，需把各类污染造成的影响降到最低限度。除了调节适度悦耳的音乐，怡人养目的灯光外，更要重视舞厅的清洁卫生。要勤扫房间，做到窗明地洁，消灭卫生死角；劝阻厅内抽烟者，厅外专设吸烟处；打开门窗，使用排气设备，保持室内洁净空气；按有关部门规定，例行空气消毒和物体表面消毒，清除污染物和杀死病菌。舞民要自觉遵守公共道德，不随地吐痰，不乱吐咀嚼过的口香糖，不在室内抽烟。回到单位或家中立即用可消毒的肥皂洗手。

思考题

1. 家庭装修材料中的化学污染物有哪些？对人体有何危害？怎样预防居室装修污染？
2. 建筑材料中的污染物有哪些？对人体有何危害？
3. 家庭中有哪些辐射源？家庭中怎样避免电磁辐射？
4. 请分析下列案例事件中产生的原因。

（1）×月×日，北京××区妇幼保健院的医生，为来京打工的孕妇李某引产一个畸形女婴。这个刚刚5个月的胎儿没有胃，更奇特是她的嘴巴尖尖地向外伸出，竟高过鼻子、下颚处还有个小洞。前几天，李某来医院做B超检查，医生发现胎儿畸形，便建议进行引产，结果证明医生的诊断是正确的。据孕妇本人讲，她曾生过小孩，并没有异常，本人身体也很正常，只是她的丈夫是一名常年从事室内装修的油漆工，她本人打工的地方也刚装修过，因此妇幼保健院医生推测孕妇很可能是在怀孕期间接触了对人体有毒有害的物质，才产生畸形胎儿。

（2）张先生在某花园小区购买了一套三居室商品房，为避免装修带来的污染，在未进行任何的装饰装修的情况下搬入新居。刚住了一周的时间，他和妻子都感到头痛。在多方咨询无果的情况下，张先生找到有关机构对房屋进行环保鉴定，发现是尿素含量较高。原来，张先生居住的房屋是冬季施工，施工人员为了抢工期大量使用防冻剂，防冻剂里就含有尿素。

（3）2008年，苏州某电子生产车间分别有工人在生产车间出现四肢麻木、刺痛、晕倒等中毒症状。经过苏州第五人民医院检定为"正己烷中毒"。正己烷是一种清洗剂，常用于电子行业生产过程中的擦拭清洗作业，暂未列入国家规定的高毒物品目录。查明事故原因后，调查组立即责成联建公司停用、封存剩余的"正己烷"，并对该公司进行了处罚。

食品安全与健康

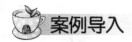

2007年"枞阳饭店"亚硝酸盐中毒事件

2007年11月一天中午,在某市"枞阳饭店"承办100多人的宴席过程时,一些就餐者陆续出现恶心、呕吐、手脚麻木、抽搐等症状。其中参加宴会的有74人中毒,39人住院治疗。经过现场快速检验发现涉案餐馆食物中的亚硝酸盐含量严重超标,结合中毒者症状,初步认定中毒事件由亚硝酸盐所引起。

2011年"地沟油"事件

2011年9月中旬,公安部指挥浙江、山东、河南等地公安机关破获一团伙生产销售食用"地沟油"案件,一条集掏捞、粗炼、倒卖、深加工、批发、零售等六大环节的"地沟油"黑色产业链浮出水面。这些"地沟油"黑窝点加工工艺、提炼设备经过多年"升级",科技含量越来越高,对其识别也愈发困难,标志着"地沟油"地下产业已从小作坊走向了工业化、精炼化。加工后的"地沟油"通过"地下渠道"不断流向食品加工企业、粮油批发市场,甚至以小包装形式进入超市。"地沟油"里面都含有食盐,会产生钠离子,同时会有铝、铁等金属离子,流向餐桌二次利用严重危害人体健康。

2011年某品牌"瘦肉精"事件

某品牌食品有限公司主要以生猪屠宰加工为主,有自己的连锁店和加盟店。该公司店里销售的猪肉基本上都是该公司屠宰加工的,严格按照加工过程检验程序正规生产。然而,按照该公司的规定,这些检验程序并不包括"瘦肉精"的检测。以致造成附近地区添加"瘦肉精"养殖的有毒生猪顺利卖到该公司,造成某品牌烤肠中含有"瘦肉精"。

7 食品安全与健康

讨论

1. "枞阳饭店"的亚硝酸盐事件说明什么问题?哪些原因会引起食品污染?
2. 食用"地沟油"后果是什么?你还知道哪些食品安全事件涉及人体健康?
3. "瘦肉精"究竟有何危害?

7.1 食品质量安全概述

7.1.1 食品安全内容

食品安全有两方面定义:一方面是一个国家或社会的食物保障,即是否具有足够的食物供应;另一方面是食品中有毒、有害物质对人体健康影响的公共卫生问题。本书主要采用后者定义,即食品安全是指食品质量状况对食用者健康、安全的保证程度,包括三个方面的内容:一是食品污染,包括生物、化学、物理方面等污染;二是食品工业技术发展所带来的安全问题,包括食品添加剂、生产配剂、转基因食品等;三是滥用食品标志,包括伪造生产日期、厂名厂址、虚假成分标志等。

同样,食品安全也有两个层次的含义:绝对安全性和相对安全性。绝对安全性是指确保不可能因食用某种食品而危及健康或造成伤害的一种承诺,即该食品应绝对没有风险。相对安全性指一种食物或成分在合理食用方式和正常食量的情况下,不会导致对健康损害的实际确定性,但不能担保在不正常食用时可能产生的风险。

7.1.2 食品安全问题

我国自20世纪80年代以来,食品安全问题日益严重,从最初曝光的二噁英、红汞、甲醛、激素、面粉添加剂、面粉漂白剂、假酒、洗衣粉油条、陈化粮毒米、苏丹红、瘦肉精、铁酱油、毛发酱油，到牛奶业普遍使用三聚氰胺、养殖业普遍滥用抗生素、食品工业违规滥用食品添加剂、农药残留严重超标等。这些问题已对人民生命健康和民族生存构成了严重威胁。概括起来，有三个特点：第一，问题食品的涉及面越来越广，从过去的粮油肉禽蛋菜豆制品、水产品等传统主副食品，扩展到水果、酒类、干货类、奶制品、炒货食品等。第二，问题食品危害程度越来越深。从食品外部的卫生危害走向了食品内部的安全危害，从过去只注意食品细菌总数到现在深入食品内部的农药、化肥、化学品残留。第三，制毒制劣手段越来越多样、方法越来越隐蔽，从食品外部走向食品内部的，从物理因素走向化学因素。

食品安全关系着人民群众的身体健康和生命安全，同样也影响着经济发展和国家稳定。比如，2009年6月1日起正式实施了《中华人民共和国食品安全法》。2010年2月，国家成立了国务院食品安全委员会，以确保对食品安全的有效监管、责任分工和统一协调。2010年4月，"2010年国际食品安全论坛"在北京召开，在论坛上明确提出，中国将把保证食品安全提高到国家战略的高度。2010年8月，中国法学会食品安全法治研究中心在北京成立，建立了我国首家食品安全的全国性法治研究机构。这些都表明国家对食品安全的重视程度达到了前所未有的高度。

7.2　食品污染与健康

7.2.1　食品污染分类

食品污染是指食品中混进了对人体健康有害或有毒的物质的现象。食品污染通常分为生物性污染、化学性污染及放射性污染三类。

（1）生物性污染

生物性污染是指有害微生物及其毒素、寄生虫及其虫卵和昆虫等引起的污染。肉、鱼、蛋和奶等动物性食品极易被致病菌及其毒素污染，导致食用者发生细菌性食物中毒和人畜共患传染病。致病菌主要来自病人、带菌者和病畜、病禽等。致病菌及其毒素可通过空气、土壤、水、食具、患者的手或排泄物污染食品。被致病菌及其毒素污染的食品，特别是动物性食品，如食用前未经必要的加热处理，会引起沙门菌或金黄色葡萄球菌毒素等细菌性食物中毒。食用被污染的食品还可引起炭疽、结核和布氏杆菌病（波状热）等传染病。

（2）化学性污染

化学性污染是指农用化学物质、食品添加剂、食品包装容器和工业废弃物对食品造成的污染，也包括汞、镉、铅、砷、氰化物、有机磷、有机氯、亚硝酸盐和亚硝胺及其他有机或无机化合物等对食品造成的污染。

（3）放射性污染

放射性污染指放射性物质进入食品而造成的污染。食品中的放射性物质有来自地壳中的放射性物质（天然本底），也有来自核武器试验或和平利用放射能所产生的放射性物质（人为放射性污染）。如某些鱼类能富集 ^{137}Cs 和 ^{90}Sr 等金属同位素。其中后者半衰期较长，多富集于骨组织中且不易排出，对机体的造血器官有一定的影响。

7.2.2 食品污染原因

引起食品污染的原因主要包括食品原材料污染、食品制作过程污染、食品运输保存污染以及餐具使用污染等。

（1）食品原材料污染

食品原材料的污染多来源于环境污染。比如在污染的水中生长的水藻、鱼虾、贝、蟹等通过食物链的传递、富集，最后到达人体，引起人类中毒并导致各种疾病的发生。20世纪50年代日本的"水俣病"就是世界上第一例因环境污染带来食品原材料受到污染而诱发的先天畸形病。同样，20世纪80年代上海发生的甲肝流行事件，是因为启东地区带甲肝病毒的粪便污染了水域，造成毛蚶污染而引起的。另外，用工业废水来灌溉农田，会造成许多有毒物质进入农作物。如果用被污染的农作物喂养牧畜、家禽等，会造成有毒物在这些动物体内积存，然后再通过食品而转入人体，危害健康。在家禽畜生长过程中使用添加剂、抗菌素与激素。这些抗菌素一部分被残留在动物体内，当人吃入这种动物的肉、奶、蛋时也间接吃入了抗菌素，造成对人体健康的危害。如促进瘦肉生长、抑制肥肉生长的"瘦肉精"就是最为典型的食品原材料污染。

（2）食品制作过程污染

在生产食品的过程中未严格按照要求进行相关灭菌或消毒工作，一些食品会出现微生物超标、发霉变质，甚至引发食物中毒事故。如食品生产中，原料被加工成半成品时，经高温或辐射消毒，微生物被基本消灭，但经高温处理的食品在冷却和包装环节，与车间空气等直接接触，如果这些空气或物品中含有较多的微生物，则微生物会附着在食品表面，再次污染食品。又如企业在消毒设施不足或安装方法不当。生产场所虽然安装了紫外线灯，但因紫外线灯的强度、安装距离达不到要求，形同虚设。另外，在制作食品过程中，过量使用食品添加剂或使用不当，也会给食品带来污染。

（3）食品保存运输污染

食品在运输保存过程中所用的包装材料是食品污染的一个重要原因。目前，塑料被广泛用于食品的包装材料，而在塑料的制造过程中，往往会加入一些助剂或其他物质。这些物质可能进入到食物中污染食物，进而影响人体健康。如果采用纸做食品包装材料，经脲醛树脂或三聚氰胺－甲醛树脂处理的具有湿强度的纸张中的甲醛会污染食品，而食品中的甲醛允许含量只有5毫克/千克。此外，在蜡纸、报纸等纸张中含有不能直接入口的化学品，如多环芳烃、铅、镉等。

食品在冰箱保存中也会遇到污染。比如，冰箱长期存放食品而不经常清洗，也会孳生许多细菌。虽然冰箱冷藏室的温度一般在0~5℃左右，会减慢绝大多数细菌的生长速度。但有些细菌如耶尔森菌、李斯特菌等在这种温度下反而能迅速增长繁殖，如果食用感染了这类细菌的食品，就会引起肠道疾病。冰箱的冷冻箱温度一般在零下18℃左右，在这种温度下，一般细菌都会被抑制或杀死，但并不等于能完全杀菌，仍有些抗冻能力较强的细菌会存活下来。可见，冰箱对细菌的抑制作用是有限的。

（4）使用餐具污染

常见的餐具如铝制餐具、不锈钢餐具、陶瓷餐具及塑料餐具等，由于其所含原料的不同，在使用过程中也会引起食品污染。

① 铝制餐具　目前常使用的铝制餐具主要有铝锅、铝铲、铝勺等，它们在使用过程中会使食物中的铝含量明显增加。铝会损害中枢神经系统，干扰磷在体内的代谢。食铝过多时对脑、心、肝、肾的功能和免疫功能有损害，造成记忆力减退，对疾病易感性增加。营养学家认为铝的安全摄入量大致为每天每千克体重0.7毫克左右。

② 陶瓷餐具　具有彩釉的陶瓷餐具中含有金属氧化物或金属单质（铝、镉、锑、铬等），如纯黄釉中含有氧化锑，蓝釉中含有氧化锰等。当陶瓷餐具中的釉与食物接触时，可能会溶出一些金属。如铅可在人的骨髓、肝、肾、脑中引起慢性中毒。所以新购置的陶瓷炊具最好应用食醋浸泡清洗后才能使用。

③ 不锈钢餐具　不锈钢比其他金属耐锈蚀，制成的器皿也美观、耐用。但是，不锈钢餐具使用不当，不锈钢中的微量金属元素同样会在人体中慢慢累积；当达到某一限度时，也会危害人体健康。因为，不锈钢长期接触腐蚀性的物质后，会使不锈钢中微量金属元素溶解出来。如用强碱性或强氧化性的化学洗涤剂清洗不锈钢餐具时，它们的强电解质性会使微量元素溶解出来，经吸收与积累，就会有损于人体健康。所以，使用不锈钢餐具时，必须注意以下几点：

a. 切勿用强碱、强酸或强氧化性化学药剂（如苏打、漂白粉、次氯酸等）进行洗涤，因为这些物质都是强电解质，与不锈钢器皿起电化学反应后，其微量元素就会被溶解出来。

b. 不要用不锈钢器皿长时间盛放盐、酱油、醋等，避免发生电化学反应。

c. 不能用不锈钢器皿煎熬中药。因为中药中含有很多生物碱、有机酸等成分，特别是在加热条件下，很难避免与之发生化学反应，而使药物失效，甚至生成某些毒性更大的化合物。

④ 塑料餐具　常用的塑料餐具多以聚苯乙烯为原料，其主要成分为聚苯乙烯、滑石粉、碳酸钙等化学物质。其中聚苯乙烯是一种致癌的环境激素物质，滑石粉、碳酸钙等超标会导致餐具中碳酸钙严重超标。详见8.5塑料制品与人体健康。

（5）人为污染

一些不法分子为了谋取个人利益，不顾消费者的健康，将一些非食品添加剂加入到食品中，如"苏丹红事件"、"三聚氰胺奶粉事件"等。"三聚氰胺奶粉事件"中的三聚氰胺主要用途是作为生产三聚氰胺甲醛树脂的原料，可作为阻燃剂、甲醛清洁剂等。三聚氰胺主要影响人的泌尿系统，尤其对婴幼儿更为显著。不法分子添加三聚氰胺有助于劣质奶粉通过食品检验结构测试，因为三聚氰胺是白色结晶粉末，无气味，掺入到牛奶中不易被发现。现在国家质检总局已经规定三聚氰胺含量不能超过2.5毫克/千克。

7.2.3　食品污染影响人体健康

食品污染影响人体健康主要体现在食物中毒、突变作用和诱发癌症等方面。

（1）食物中毒

食物中毒是指摄入了含有生物性、化学有毒有害物质的食品或把有毒有害物质当作食品摄入后所出现的非传染性急性、亚急性疾病。如细菌性食物中毒、霉菌毒素中毒和化学性食物中毒等。食物中毒的特征是潜伏期短,食用某种食物后突然发病,常常伴有呕吐、头痛、腹泻等肠胃炎的病症,严重时出现昏迷、休克,甚至死亡。

细菌性食物中毒是常见的一种食物中毒,多发生在炎热的季节。该病发病率高,一般死亡率较低,恢复快,不会留下后遗症,但年长者和体弱者如不及时治疗也可能会造成死亡。霉菌毒素中毒表现为食欲明显减退、体重下降、口渴、便血、生长缓慢、皮肤出血或充血,随后出现抽搐、过度兴奋、黄疸等症状。霉菌毒素自1960年在英国发生10万只火鸡发生黄曲霉毒素中毒后,目前有200多种各种毒素。其中黄曲霉毒素对家畜、家禽及动物有强烈的毒性,属于超剧毒级,其毒性是氰化钾的10倍、砒霜的68倍。化学性中毒主要有农药、化肥和激素等。长期少量摄入含污染物的食品,可引起慢性中毒。例如,摄入残留有机汞农药的粮食数月后,会出现周身乏力、尿汞含量增高等症状。慢性中毒还可表现为生长迟缓、不孕、流产、死胎等生育功能障碍,有的还可通过母体使胎儿发生畸形。比如亚硝酸盐食物中毒的主要症状表现为:口唇、指甲、全身皮肤紫绀、头晕、头痛、心跳加快、烦躁不安等。化学性中毒主要是发病快,潜伏期短,中毒程度严重,病程长,发病率高,死亡率高,季节性地区性不强。

(2)突变作用

引起食品污染中的一些化学物质,如苯并[a]芘、黄曲霉毒素、狄氏剂和烷基汞化合物等可使人体发生突变。突变发生在生殖细胞上,可使正常妊娠发生障碍,甚至不能受孕,胎儿畸形或早死。突变发生在体细胞上,可使在正常情况下不再增殖的细胞发生不正常增殖而构成癌变的基础。

(3)诱发癌症

引起食品污染中的一些化学物质会引起癌症,这些化学物质有多环芳烃化合物、芳香胺类、氯烃类、无机盐类(某些砷化合物等)、黄曲霉毒素B_1和生物烷化剂(如高度氧化油脂中的环氧化物)等。例如,200多种多环芳烃类化合物中有十多种具有强烈的致癌作用,其中苯并[a]芘是主要的食品污染物。一些食品在加工过程中采用烟熏、烧烤等处理会产生大量的多环芳烃化合物。长期食用烟熏食物,人的胃癌发病率比一般地区高2倍。再比如,120多种亚硝基化合物中有92种可使动物致癌。其中人受到污染,可能会导致鼻咽癌、食管癌、胃癌、肝癌及膀胱癌等。超剧毒的黄曲霉毒素中毒后可引起肝癌、胃癌、肾癌、直肠癌及乳腺、小肠等部位肿瘤等。

7.3 食品添加剂与健康

食品添加剂是指改善食品品质和色、香、味，以及为防腐和加工工艺的需要而加入食品中的化学合成或天然物质。食品添加剂在一定条件下可防止食品腐败变质，增强食品的保藏性；也可以改善风味，改变食品的感官性状，有利于食品加工操作和提高食品的营养价值，并可满足特殊产品需要等。随着人类生活水平的不断改善提高，食品工业发展迅速，食品添加剂的使用范围也日益扩大。目前食品添加剂已成为发展现代食品工业的重要基础。

7.3.1 食品添加剂分类与功能

食品添加剂按其来源分天然品和合成品两类，按其功能分为防腐剂、抗氧化剂、着色剂、增稠剂、甜味剂、酸味剂等。

（1）防腐剂

食品防腐剂是防止因微生物作用引起食品腐败变质，延长食品保存期的一种食品添加剂。食品防腐剂一般分为酸性防腐剂、脂型防腐剂、无机盐防腐剂和生物防腐剂等四类。酸性防腐剂的特点是其酸性越大，其防腐剂的效果越好，而在碱性条件下几乎无效，如苯甲酸、山梨酸、丙酸及它们的盐类。脂型防腐剂的特点是在很宽的pH范围内都有效，但溶解性较低，一般情况下该防腐剂在使用时要同时使用尼泊金脂类、没食子酸酯、抗坏血酸棕榈酸酯等来提高溶解度用以增强防腐效果。无机盐防腐剂使用后有时残留的二氧化碳能引起过敏反应，现在一般只将它列入特殊的防腐剂，如含硫的亚硫酸盐、焦盐酸等。生物防腐剂在体内可以分解成营养物质，提高了安全性，有很好的发展前景，如乳酸链球菌素、溶菌酶等。

（2）抗氧化剂

抗氧化剂能够阻止或延迟食品氧化，并能提高食品的稳定性和延长食品的贮存期。抗氧化剂包括油性抗氧化剂和水溶性氧化剂。常用的油性抗氧化剂有丁基羟基酚基茴香醚、二丁基羟基甲苯、混合生育酚浓缩物等。水溶性抗氧化物有抗坏血酸及其钠盐、植酸等。其中抗坏血酸及其钠盐是安全无害的水溶性抗氧化剂，它广泛用于啤酒、无醇饮料、果蔬食品、肉制品中，以防止变色、褪色、变味。

（3）着色剂

着色剂是在食品加工过程中，为了改善食品的色泽，同时也增进人们的食欲而提高食用价值。着色剂主要包括天然色素和合成色素。合成色素多属于煤焦油染料，不仅无营养价值，而且多数对人体有害。近几年来，合成食用色素品种逐步减少，而天然食用色素品种日益增多。目前允许使用的天然色素主要有姜黄素、辣椒素、甜菜红、β–胡萝卜素等。

（4）香味增强剂

香味增强剂是用以改善或增强食品芳香气味的食品添加剂，分为天然与人造两类。天然香味增强剂一般对人体安全无害，主要是植物香料，如八角、茴香、花椒、薄荷、橙皮、丁香、玫瑰等。人造天然香味增强剂多用石油化工产品煤焦油等原料合成，而且通常是以数种或数十种香料单体调和而形成的各种香味香精。但是香味增强剂中的部分香精单体可能有毒。

（5）甜味剂

甜味剂主要包括天然甜味剂和人工甜味剂。天然甜味剂有蔗糖、葡萄糖等，人工甜味剂有糖精、环己基糖精等。糖精是苯甲酸的衍生物，其化学名称是邻磺酰苯甲酰亚胺。糖精在人体内不起代谢作用，而直接排出体外。目前国际上对糖精的食用皆采取限制态度，婴儿食品中不允许使用糖精。我国对糖精的使用也局限于酱菜类、调味酱汁、浓缩果汁、蜜饯类、配制酒、冷饮类、糕点、饼干等。国家规定糖精的最大使用量为0.15克/千克。

7.3.2 食品添加剂存在隐患

随着食品工业和化学工业的发展，食品添加剂的种类不断增多，在日常生活的食品中，食品添加剂更是比比皆是。比如，油条在炸制过程中加入了疏松剂硫酸铝钾（明矾）和膨化剂，面粉里加入过氧化苯甲酰以提高面粉的增白性。食品添加剂的广泛使用，使人的视觉和味蕾得到极大的满足，但由于食品添加剂的不规范使用，也会给人体健康带来严重影响。

（1）食物中毒

不规范使用某些食品添加剂可能对人体带来中毒现象。比如亚硝酸盐在香肠、狗肉等肉制品的生产中是为了保持肉制品的亮红色泽，抑菌和增强风味。但要严格控制亚硝酸盐的使用范围和使用量。国家标准曾经规定，肉制品中，亚硝酸盐含量不得超过30毫克/千克，并妥善保管。然而，一些肉制品并没有符合标准,造成亚硝酸盐过量。人一旦过多食用亚硝酸盐会使口唇、指甲、全身皮肤紫绀,头晕、头痛、心率加快、烦躁不安等,甚至危及生命。最近,卫生部已经明确禁止亚硝酸盐作为食品添加剂使用。

(2)变态反应

某些食品添加剂可引起某些高敏人群的变态反应(过敏),如糖精可引起皮炎,表现红、肿、痒等现象。食品中过量的添加剂会对儿童的生长发育和身心健康造成不利影响,尤其是婴幼儿的免疫系统发育尚不成熟,肝脏的解毒能力较弱,极容易对食品中的添加剂产生过敏反应。

(3)远期危害

某些食品添加剂在体内蓄积,当达到一定量时会对人体造成危害。比如过量使用过氧化苯甲酰增白剂,它分解为苯甲酸和苯后会损害肝脏功能。美国、日本、欧盟等发达国家已禁止在小麦粉中添加过氧化苯甲酰,我国也做出了这个方面的决定。奶茶、汽水和果汁饮料也常常使用各种食品添加剂。在汽水和果汁饮料的制作中,常使用苯甲酸钠来防腐。GB 2760规定,苯甲酸钠最大使用量为1克/千克。果汁饮料中往往会加入着色剂(色素)。过量色素进入体内容易沉积在胃肠黏膜上,引起食欲下降和消化不良,干扰体内酶代谢。GB 2760对色素的要求是按生产需要适量使用,以减少人工合成色素在加工过程中可能混入的砷、铅、汞等污染物对人体脏器造成危害,特别是对儿童影响更大。医学界普遍认为,过多摄入含色素等化学物质的食品会影响儿童神经系统的冲动信号传导,导致儿童好动、情绪不稳定、自制力差等症状。在蜜饯、雪糕、糕点以及饼干等的制作中,GB 2760规定,甜味剂(糖精钠)的最大使用量为0.15克/千克。糖精钠在体内不能被吸收,从化学结构来看,糖精钠经水解后会形成有致癌威胁的环乙胺,环乙胺的主要排泄途径是泌尿系统,因此很可能导致膀胱癌。

7.3.3 食品添加剂使用原则

联合国粮农组织及世界卫生组织所属的食品添加剂专家委员会规定了食品添加剂的人体每日允许摄入量(简称ADI)。人体每日允许摄入量系指人类终生每日摄入该化合物质对人体健康无任何已知不良效应的剂量,以相当人体每千克体重的毫克数表示。这一剂量主要根据动物试验结果所得最大无作用剂量换算而来。例如,糖精钠的ADI值为5毫克/千克,即糖精钠的每日允许摄入量为每公斤体重5毫克,即一个50千克体重的人每日允许摄入量为

250毫克。使用食品添加剂一般遵循如下原则：

① 食品添加剂本身，应该经过食品安全性毒理学鉴定程度，证明在限量范围内对人无害，也不含有其他有毒杂质，对食品的营养成分不应有破坏作用；

② 食品添加剂在进入人体后，最好能参加人体的正常代谢，或被吸收而全部排出体外；

③ 不能用添加剂来掩盖食品质量上的缺陷，或作伪造的手段；

④ 婴儿代乳食品中不得使用甜味剂、香精、色素等添加剂；

⑤ 严格遵守国家规定的《食品添加剂卫生管理办法》，正确使用添加剂，严格控制使用的品种、范围和数量。

因此，不反对使用食品添加剂，但反对滥用食品添加剂和过量食用食品添加剂，更反对添加非食用物质作为食品添加剂。

7.4 饮料与健康

7.4.1 饮料种类

饮料一般分为不含酒精饮料和含酒精饮料。酒精饮料指供人们饮用且乙醇含量在0.5%～65%（体积分数）的饮料，包括各种发酵酒、蒸馏酒及配制酒等。不含酒精饮料包括碳酸饮料（将二氧化碳气体和各种不同的香料、水分、糖浆、色素等混合在一起而形成的气泡式饮料，如可乐、汽水等）、果蔬饮料（各种果汁、鲜榨汁、蔬菜汁、果蔬混合汁等）、功能饮料（含各种营养素的饮品，满足人体特殊需求）、茶饮料和乳饮料（牛奶、酸奶等）等。

7.4.2 碳酸饮料与人体健康

碳酸饮料是一种常见的饮料，分为果汁型、果味型、可乐型、低热量型和其他型等。其中果汁型碳酸饮料指含有2.5%及以上的天然果汁；果味型碳酸饮料指以香料为主要赋香剂，果汁含量低于2.5%；可乐型碳酸饮料指含有可乐果、白柠檬、月桂、焦糖色素的饮料；其他型碳酸饮料：乳蛋白碳酸饮料、冰淇淋汽水等。饮用碳酸饮料后可补充身体因运动和进行生命活动所消耗掉的水分、糖和矿物质，对维持体内的水液电解质平衡具有一定作用。但是饮用过多的碳酸饮料也会影响人体健康。

第一，对骨骼的影响。碳酸饮料大部分含有磷酸，大量磷酸的摄入会影响钙的吸收，引起钙、磷比例失调。研究显示，长期大量饮用碳酸饮料，特别是奶、奶制品摄入不足，容易引发骨质疏松。经常大量喝碳酸饮料的青少年发生骨折的危险是其他青少年的3倍。由于孕妇在怀孕期间容易缺钙，所以也应该尽量少喝碳酸饮料。

第二，对牙齿的影响。研究显示，常喝碳酸饮料会令12岁青少年齿质腐损的概率增加59%，令14岁青少年齿质腐损的概率增加220%。如果每天喝4杯以上的碳酸饮料，这两个年龄段孩子齿质腐损的可能性将分别增加252%和513%。在接受调查的1000名青少年中，12岁孩子饮用碳酸饮料的比例为76%，14岁孩子为92%。而在所有年龄段的被调查者中，有40%的人每天喝3杯以上的碳酸饮料。尽管喝无糖碳酸饮料减少了糖分摄取，但这些饮料酸性仍然很强，也可能导致齿质腐损。

第三，对免疫力的影响。健康的人体血液应该呈碱性，但由于饮料中添加碳酸、乳酸、柠檬酸等酸性物质较多，又由于人们摄入的肉、鱼、禽等动物性食物比重越来越大，许多人的血液呈酸性，如再摄入较多的酸性物质，会使血液长期处于酸性状态，不利于血液循环，导致人容易疲劳，免疫力下降，这样各种致病的微生物乘虚而入，人容易感染各种疾病。

第四，对消化功能的影响。足量的二氧化碳在饮料中能起到杀菌、抑菌作用，还能通过蒸发带走体内热量，起到降温作用。但是碳酸饮料喝得太多对肠胃是没有好处的，而且还会影响消化。因为大量的二氧化碳在抑制饮料中细菌的同时，对人体内的有益菌也会产生抑制作用，所以消化系统就会受到破坏。特别是年轻人，一下子喝得太多，释放出的二氧化碳很容易引起腹胀，影响食欲，甚至造成肠胃功能紊乱。饮料中过多的糖分被人体吸收，就会产生大量热量，长期饮用非常容易引起肥胖。最重要的是会给肾脏带来很大的负担，这也是引起糖尿病的隐患之一。

第五，对神经系统的影响。大量饮用碳酸饮料会妨碍神经系统的冲动传导，引起儿童多动症。

所以，人们在日常生活中尽量少喝碳酸饮料，一般最好选择具有特异活性的白开水饮用，也可以适量饮用些含维生素的果汁。患有高血压、糖尿病、高血糖疾病者，尽量不饮用碳酸饮料。

7.4.3 功能饮料与人体健康

功能饮料是指通过调整饮料中天然营养素的成分和含量比例，以适应某些特殊人群营养需要的饮品。它包括营养素饮料、运动饮料和其他特殊用途饮料三类。营养素饮料是指人体日常活动所需的营养成分，而运动饮料含有的电解质能很好地平衡人体的体液；特殊用途饮料主要作用是抗疲劳和补充能量。

功能饮料有如下特点。第一，使用人群的特殊性。功能饮料里都富含电解质，可以适当补充人体丢失的钙、锌等微量元素，以及出汗后缺失的盐分。而由于要激活身体机能，一些功能饮料里还含有咖啡因、牛磺酸等刺激中枢神经的成分，可以提神抗疲劳。有的功能饮料里添加了某些保健成分，可以起到调理肠胃，促进脂肪代谢等作用。有的功能饮料里含有赖氨酸，是儿童生长发育过程中必须补充的。维生素饮料适合所有人，而矿物质饮料，尤其是含抗疲劳成分的矿物质饮料，只适合容易疲劳的成人，儿童不宜。第二，使用功能的特殊性。一些维生素功能性饮料除了补充人体所需的维生素外，还能清除体内的垃圾，起到抗衰老的作用。矿物质饮料是用来补充人体所需的铁、锌、钙等各种矿物质元素、增强人的免疫功能和身体素质的，它可以改善骨质疏松，更能有效抗疲劳。还有大部分功能性饮料都是"运动型"的，大都含有大量蛋白质、多肽和氨基酸。蛋白质可以降低血清中的胆固醇含量，防止血管粥样硬化，很适合老年人饮用；多肽能有效抵抗高血压脑血栓，调节身体免疫力，适合有心脑血管等慢性病人饮用；氨基酸能充分补充人在运动后的体力消耗。这种饮料的成分与人体的体液相似，饮用后能迅速被身体吸收，能及时补充人体因为大量运动、劳动出汗所损失的水分和电解质，使体液达到平衡状态。

目前很多功能性饮料为了给消费者留下深刻印象而夸大其功效，淡化了适用人群和适宜场合。其实，每一种类别的饮料具体功效并不相同，应该强调饮用的适应人群和适宜状态。如果没有针对性地饮用，就无法发挥其效用。即功能性饮料饮用不当，也可能造成人体不适。由于一些功能性饮料的成分中有其特殊性，比如：强调抗疲劳、提神醒脑的功能性饮料，消费者就不宜在睡觉前过多饮用；像一些含有咖啡因等刺激中枢神经成分的功能性饮料，儿童就应该慎用；而有的功能饮料适合在强烈运动、人体大量流汗后饮用，但对于心脏病和高血压患者来说，其中所含的钠元素可能增加机体负担，可能引起心脏负荷增大、血压升高。因此在没有强烈运动流汗的情况下，心脏病、高血压患者不适宜过量饮用。而且，功能性饮料也不是老幼都能随意喝的，身体不舒服的话，最好不要喝。

7.4.4 茶饮料与人体健康

茶叶中含有蛋白质、维生素、脂肪、糖类、矿物质五大营养素，其中茶多酚、茶素、茶色素等又具有多种药理效应，所以茶是一种低糖和多功能的价廉物美保健饮料。第一，提神益思，消除疲劳。茶叶中的咖啡碱含量较高，约占成茶物质总量的40%左右。咖啡碱被人体吸收后，既能刺激中枢神经系统，清醒头脑，帮助思维，又能加快血液循环，活跃筋肉，解除疲劳。同时，咖啡碱还有扩张血管、松弛冠状动脉的作用，在治疗心绞痛和心肌梗死等病症时，可作为一种辅助剂。第二，止渴生津，消食除腻。茶汤中的化学成分（如多酚类、糖类、果胶、氨基酸）在口中发生化学反应，使口腔得以滋润，产生清凉的感觉。咖啡碱能兴奋中枢神经系统，促进胃液的分泌和食物的消化，促进脂肪消化。茶叶中的芳香物质也有溶解脂肪、帮助消化和消除口中腥膻的作用，而且芳香物质还能给人以兴奋和愉快的感觉，提高胃液分泌量，促进蛋白质、脂肪的消耗。第三，杀菌消炎，利尿解毒。茶叶中的多酚类物质，能使蛋白质凝固沉淀。茶多酚与单细胞的细菌结合，能凝固蛋白质，将细菌杀死。茶的利尿功能是咖啡碱和茶碱共同作用的结果，茶可减轻因饮酒或吸烟而产生的毒害。例如，烟草中的尼古丁是一种具有毒性的生物碱，人们连续吸烟，尼古丁随着烟雾进入人体，当含量达到一定程度时，便产生中毒现象：头晕脑胀，全身不适。这时，如饮用浓茶，就可依靠茶咖啡碱的抗制作用而得到解除。第四，补充营养，增强体质。茶叶中含有多种维生素，主要有维生素A、维生素B_1、维生素B_2、烟碱酸、泛酸、维生素C等。茶叶含有多种矿物质，特别是其他食物中少有的微量元素，如铜、氟、镁、钼、铝等，这对人体有一定的营养价值和药理作用。第五，减肥健美，强心防病。有些茶有减肥健美和防治心血管疾病的作用。第六，预防、治疗癌症。有些茶叶能防止某些放射性物质对人体的危害。研究已表明，茶叶中的某种物质通过血液循环，可以抑制人体的癌细胞，并起预防作用。

然而，在饮茶过程中也要注意几个方面。

第一，不喝隔夜茶。茶叶易氧化，所以隔夜茶的茶杯上往往会留有茶斑。另外，夏季温度偏高，茶叶容易被细菌污染，发霉、发馊，导致腹泻，所以从健康角度看，不喝隔夜茶为好。

第二，不喝浓茶。咖啡碱是茶叶中最主要的生物碱，含量一般占干茶质量的2%~4%，具有强心、利尿、兴奋中枢神经等生理作用。所以，就咖啡碱而言，临睡前不要饮茶，更不要饮浓茶，以免造成失眠。对某些疾病患者，如严重的心脏病及神经衰弱等，也应避免饮浓茶或饮茶太多，尤其不要晚上饮茶，以免加重心脏负荷。由于咖啡碱可诱发胃酸分泌，所以胃溃疡患者一般也不宜饮浓茶。不要在服用某些药物的同时饮茶，茶叶中的咖啡碱有可能与其发生反应，从而产生不良后果。

第三，喝茶非解酒。科学研究表明，茶不但不能解酒，而且还可能加重酒醉的症状。酒精对心血管有强烈的刺激性，而浓茶也同样具有兴奋心脏的作用。将茶和酒加在一起对心脏的损害更大。若酒后用浓茶解酒，茶中的茶碱会刺激肾脏加速利尿作用，由于排水过速，会把来不及完全氧化分解的乙醛提早引入肾脏，刺激肾脏，肾脏受到茶和乙醛的双重刺激，造成排尿过多，使肾脏负荷过重。经常如此，会损及肾脏。同时由于体内水分减少，形成有害物质的残留沉积在肾脏，可能产生结石，对身体造成双重的伤害。

第四，茶与食物营养成分的相互作用。茶叶中的许多成分都是人体所必需的营养成分，人们可通过饮茶而摄取维生素、矿物质、蛋白质、氨基酸等。然而，由于茶叶中存在大量的多酚类、生物碱等，它们在一定条件下会与同时摄入体内的其他营养物质相互影响或发生反应，从而影响其活性或吸收，有的还可能导致毒副反应，或助长体内结石等。所以，有必要注意茶叶活性成分与人体内其他营养成分之间的相互作用。

7.4.5 乳饮料与人体健康

乳饮料是饮料家族中的新宠，除具有乳固有的香味外，有的还添加了可可、巧克力、咖啡、胡萝卜汁、果汁、蔗糖等辅料物质，并经过有效杀菌制成具有特殊风味的乳产品。有些家长错误地把"乳饮料"当成了"乳制品"，以为在帮孩子补充营养，却无意间培养了孩子过量喝饮料的习惯。乳饮料是以鲜乳或乳制品为原料，经加工制成的制品；乳制品主要是牛奶、酸奶、奶酪、奶粉等。乳饮料的蛋白质含量没有乳制品高，且含多种添加剂。一般而言，乳饮料的蛋白质含量只有1%左右，而乳制品含量达到2.9%～5%（酸奶为2.3%～2.5%）。

豆奶是以豆类为主要原料制成的含乳饮料，它不含胆固醇，而且饱和脂肪酸也较低，比喝牛奶和奶粉更容易防止心血管疾病，是女性防治乳腺癌的理想食品。豆奶的蛋白质含量与牛奶相差无几，但维生素B_2含量只有牛奶的1/3，叶酸、维生素A、维生素C的含量则为零，铁的含量虽然较高，但不易被人体吸收，钙的含量也只有牛奶的一半。果奶只是增加了水果风味或果汁的含乳饮料，其蛋白质含量只有纯牛奶的1/3。果奶的优点在于口味选择多，有的果奶中还添加了钙、铁、锌、维生素D等物质。果奶含糖较高，且蛋白质和钙含量很低，可促使儿童发胖、发生龋齿等。

7.4.6 酒精饮料与人体健康

酒是人们日常生活中常见的饮品。少量饮酒不仅能振奋神经系统，有助于消除疲劳，提高工作效率；而且适量酒精还能刺激味觉，引起消化液分泌的增加，有增强食欲之效果。但是长期饮酒、饮酒过量或饮用劣质白酒，都会对人体健康产生一定的危害。

（1）白酒中有害物质影响身体健康

在生产白酒过程中会产生一些有害物质，主要包括甲醇、醛类、杂醇油、铅和氰化物等。这些有害物质有些是从原料带来的，有些是在酿造过程中产生的。

甲醇：甲醇对人体有很大的毒性，食入4～10克就可引起严重中毒。甲醇急性中毒表现有恶心、胃痛、呼吸困难、昏迷等症状。少量甲醇会引起慢性中毒，表现为头晕、头痛、视力减退（不能矫正）视野缩小，严重者可双目失明、耳鸣等症状。甲醇在人体内有蓄积作用，不易排出体外，在人体内氧化成甲醛和甲酸，而甲酸的毒性比甲醇大6倍，甲醛的毒性比甲醇大30倍。

醛类：白酒中的醛类包括甲醛、乙醛和糖醛，主要是在发酵过程中产生的。乙醛的毒性是乙醇的10倍，糖醛相当于乙醇的83倍。其中饮含10克甲醛的酒，就可以使人死亡。国家规定一般白酒总醛量不宜超过0.2克/升（以乙醛计）。

杂醇油：杂醇油是白酒的重要香气成分之一，但如果含量较高，也会对人体造成危害。杂醇油的中毒和麻醉作用均比乙醇强，使饮用者头痛、头晕。所谓的饮酒上头主要就是杂醇油引起的。杂醇油的毒性作用随着相对分子质量的增大而加剧。丙醇的毒性是乙醇的8.5倍，异丁醇为乙醇的8倍，异戊醇为乙醇的19倍，杂醇油在人体内氧化速度很慢，停留时间长，故容易使人长醉。国家规定：白酒中的杂醇油的总量不能超过1.5克/升（以戊醇计）。

铅：铅是有毒的重金属，含量0.04克就可引起急性中毒。铅发生急性中毒的事故较少，主要是慢性中毒，表现为头痛、头晕、记忆力减退、四肢无力、贫血等。国家规定白酒中铅含量不宜超过1×10^{-6}千克/米^3。

氰化物：白酒中的氰化物主要与原料有关，如用木薯或野生植物酿酒，在酿造过程中分解为氢氰酸。氰化物有剧烈的毒性，饮用者轻者中毒，重者死亡。国家规定：木薯白酒中氰化物含量不能超过5×10^{-6}千克/米^3（以氢氰酸计），代用原料的白酒中氰化物含量不能超过2×10^{-6}千克/米^3。

（2）过量饮酒危害人体健康

统计表明，体重60千克的健康人，每次饮用酒精可达36～48毫升，相当于50度的白酒72～96毫升是适量的。如果每千克体重摄入酒精量达到1～2毫升时，就有微醉的可能；达到4～5毫升时，就可能昏迷；达到6毫升时，就可能出现急性酒精中毒，并可能引起死亡。许多资料表明，酒精对肝脏、肾脏、胃肠道、神经系统、循环系统都有一定毒性，一些口腔癌、咽癌、喉癌、结肠癌及上呼吸道癌的患者与过量饮酒也有密切关系。因此，酗酒对身体有害。

7.5 食品安全管理

7.5.1 食品安全管理内容

食品安全管理内容制度广泛，主要包括食品安全综合检查管理制度、预防食品安全事故制度、从业人员健康及卫生管理制度、从业人员食品安全知识培训制度、食品采购索证验收管理制度、食品仓储管理制度、食品添加剂使用管理制度、粗加工管理制度、烹调加工管理制度、餐饮具清洗消毒保洁管理制度、餐厅卫生管理制度、食品留样制度、食品设备与设施管理制度、餐厨废弃物处置管理制度、面食糕点制作管理制度、专间食品安全管理制度、食品安全事件处置报告制度等。食品安全管理制度有助于加强食品安全管理。

7.5.2 预防食品污染措施

面对当前严峻的食品安全形势，我国已经颁布了一系列政策法规，并采取了多项措施来保障食品安全。同时，国家相关部门也加大了对生产企业、市场商品的监督抽查力度。从整体上看，食品安全状况有很大的改进，但要进一步解决我国的食品安全问题，预防食品污染，还应做好以下措施。

第一，加强宣传教育，提高全民素质。加强对环境保护知识的宣传，强化人们的环保意识，使国民珍爱环境，使每一个人在办每一件事时，都要从保护环境出发。加强社会主义道德、诚信、公德的宣传教育。只有全民素质提高了，食品安全问题才能从根本上得到解决。

第二，完善法规标准，提高科技水平。建立并完善我国的食品安全技术法规、标准，全面提升国家的食品安全的标准化水平。要注重引进与创新并举，结合我国的国情，借鉴先进标准，开展标准技术创新研究，为保证食品安全和为政府部门制定符合我国利益的进出口监督检验策略和措施提供技术支撑。还要不断提高国家食品安全领域的科技水平和创新能力，为国家食品安全控制提供强有力的科技支撑。我国的食品安全问题也对质检机构的检测水平和能力提出了挑战，对质检机构提出了更高的要求。为适应新形势下的检测工作，质检机构要加强硬件建设，不断充实新的仪器设备，配备先进的测试手段。

第三，加大监督力度，打击违法行为。加强食品市场监管力度，从源头、生产、流通、销售各环节控制食品的污染，加大对涉及食品安全事件责任企业和责任人的惩罚和打击力度，健全市场管理和食品生产许可证制度、食品市场准入制度和不安全食品的强制返回制度，确保消费者吃上放心安全的食品。建立和完善食品与营养监测系统，坚持重点监控与系统监控结合。

第四，做好食物中毒与污染的急救工作。在毒性物质没有查明之前，只要符合中毒等症状，就应及时进行急救处理。同时做好排毒健康饮食工作。

7.5.3 绿色食品和有机食品

（1）绿色食品

绿色食品是指按照特定的生产方式生产，经过专门机构认定和许可后，使用绿色食品标志的无污染、安全、优质的营养食品。开发绿色食品包括产地的选择，产品的生产、加工、包装和储运等一系列环节。每一个环节都有严格的标准和要求，以便防止和减少污染。例如，农田的大气、土壤、水质都必须符合绿色食品生态环境标准；包装时不能对食品造成污染，食品要密封。绿色食品标志由上方的太阳、下方的叶片和中心的蓓蕾组成，象征和谐的生态系统。整个标志为正圆形，寓意为保护，见图7-1。

图7-1 中国绿色食品标志

绿色食品分为A级和AA级两类，两类的主要区别是：A级绿色食品在生产过程中允许限量使用限定的有机化学合成物质；AA级绿色食品在生产过程中不允许使用任何有机化学合成物质。开发绿色食品是我国重视保护生态环境的产物，是我国社会进步和经济发展的产物，也是我国人民生活水平提高和消费观念改变的产物。

（2）有机食品

有机食品是一种国际通称，是从英文Organic Food直译过来的。"有机"不是化学上的概念，而是指采取一种有机的耕作和加工方式；产品符合国际或国家有机食品要求和标准；并通过国家认证机构认证的一切农副产品及其加工品，包括粮食、蔬菜、水果、奶制品、禽畜产品、蜂蜜、水产品、调料等。有机食品通常来自于有机农业生产体系，根据国际有机农业生产要求和相应的标准生产加工的。"中国有机产品标志"的图案由三部分组成，如图7-2所示。即外围的圆形、中间的种子图形及其周围的环形线条。标志外围的圆形形似地球，象征和谐、安全，圆形中的"中国有机产品"字样为中英文结合方式。既表示中国有机产品与世界同行，也有利于国内外消费者识别。标志中间类似于种子的图形代表生命萌发之际的勃勃生机，象征了有机产品是从种子开始的全过程认证，同时昭示出有机产品就如同刚刚萌发的种子，正在中国大地上茁壮成长。种子图形周围圆润自如的线条象征环形道路，与种子图形合并构成汉字"中"，体现出有机产品植根中国，有机之路越走越宽广。同时，处于平面的环形又是英文字母"C"的变体，种子形状也是"O"的变形，意为"China Organic"。绿色代表环保、健康，表示有机产品给人类的生态环境带来完美与协调。橘红色代表旺盛的生命力，表示有机产品对可持续发展的作用。

图7-2 中国有机产品标志

（3）绿色食品与有机食品区别

绿色食品和有机食品都是为了减少污染，保护生态环境，追求可持续发展，从土地到餐桌全程监控质量。它们的共同点是优质、健康、安全。从本质上来讲,绿色食品是从普通食品向有机食品发展的一种过渡产品。有机食品与绿色食品的区别主要体现在如下几方面。

① 加工过程　有机食品在其生产加工过程中绝对禁止使用农药、化肥、激素等人工合成物质,并且不允许使用基因工程技术;而绿色食品对基因工程和辐射技术的使用就未做规定。

② 生产转型　生产其他食品到有机食品需要2～3年的转换期,而绿色食品没有转换期的要求。

③ 数量控制　有机食品的认证要求定地块、定产量,而绿色食品没有如此严格的要求。

④ 标准　对于有机食品,不同的国家以及认证机构,其标准不尽相同。比如我国环境保护部有机食品发展中心制定了有机产品的认证标准,而绿色食品标准则由中国绿色食品发展中心制定的统一标准。

⑤ 标识　有机食品标识在国家工商局注册,绿色食品标识由中国绿色食品发展中心制定并在国家工商局注册。

⑥ 级别　有机食品无级别之分,而绿色食品分A级和AA级两个等次。

⑦ 认证机构与方法　在我国,最具权威性的有机食品认证机构是国家环境保护部有机食品发展中心和中国农科院茶叶研究所。绿色食品的认证机构是中国绿色食品发展中心。在我国,有机食品和AA级绿色食品的认证实行检查员制度。有机食品的认证重点是农事操作的真实记录和生产资料购买及应用记录等。A级绿色食品的认证遵循检查认证和检测认证并重的原则,同时强调从土地到餐桌的全程质量控制,在环境技术条件评价方法上,采用调查评价与检测认证相结合的方式。

阅读材料

转基因食品

转基因食品是利用现代分子生物技术,将某些生物的基因转移到其他物种中去,改造生物的遗传物质,使其在形状、营养品质、消费品质等方面向人们所需要的目标转变。转基因食品有较多优点,如增加作物单位面积产量,降低生产成本,增强作物抗虫害、抗病毒等的能力,提高农产品的耐贮性,延长保鲜期,使农作物开发的时间大为缩短,摆脱季节、气候的影响,打破物种界限,不断培植新物种,生产出有利于人类健康的食品。

转基因食品在发展过程中也面临一些问题。第一,毒性问题。一些研究学者认为,对于基因的人工提炼和添加,可能在达到某些人们想达到的效果的同时，也增加和积聚了食物中原有的微量毒素。其次，过敏问题。对于一种食物过敏的人有时还会对一种以前他们不过敏的食物产生过敏，比如：科学家将玉米的某一段基因加入到核桃、小麦和贝类动物的基因中，蛋白质也随基因加了进去，那么，以前吃玉米过敏的人就可能对这些核桃、小麦和贝类食品过敏。第三，营养问题。科学家们认为外来基因会破坏食物中的营养成分。第四，抵抗抗生素。当科学家把一个外来基因加入到植物或细菌中去，这个基因会与别的基因连接在一起。人们在服用了这种改良食物后，食物会在人体内将抗药性基因传给致病的细菌，使人体产生抗药性。第五，威胁环境。在许多基因改良品种中包含有从杆菌中提取出来的细菌基因，这种基因会产生一种对昆虫和害虫有毒的蛋白质。在一次实验室研究中，一种蝴蝶的幼虫在吃了含杆菌基因的马利筋属植物的花粉之后，产生了死亡或不正常发育的现象，这引起了生态学家们的另一种担心，那些不在改良范围之内的其他物种有可能成为改良物种的受害者，进一步威胁生态环境。

油炸食品、烧烤食品及膨化食品

　　油炸食物包括油条、油饼、炸鸡腿、炸薯条等，由于其香气诱人、口感爽脆，令人食欲大增。但是，油炸食物对身体健康也有一定影响。第一，油炸食品营养失衡。食品经过高温加热后，被炸食物中的许多营养素会因高温等因素遭受严重破坏而大为减少，但却提供了大量能量，引起肥胖。第二，油炸食品难以消化。过多食用油炸食物后，会使人感到腹部饱胀不适，尤其是肝、胆、胰腺、胃肠道功能较差的人，可能因此而诱发或加重某些疾病。一些平常较易消化的食物也可因高温的作用发生变性，而变得难以消化，降低消化吸收率。第三，油炸食品含有有毒物质。油炸食物在制作过程中需要加入含铝的膨化剂，而铝元素在脑细胞中的沉积与老年痴呆症有关；食物经过高温煎炸处理，会产生大量丙烯酰胺，甚至还会产生出有致癌作用的多环芳烃；油炸食物所用的食油往往反复使用，导致脂质过氧化物的产生和积累，这些过氧化脂质可促使脑细胞早衰。因此，胃肠功能不佳的糖尿病病友最好不要选择油炸食物。

　　目前，烧烤食物种类不断扩大，在丰富了人们餐桌的同时，也给人类健康带来隐患。一方面，烧烤食品对吃烧烤的人具有一定影响。烧烤大多是在煤火或木炭上熏烤。食物除了会直接粘染炭尘外，油烟中还含有氮氧化物、硫化物、氟化物、砷、多环芳烃以及3,4-苯并芘等多种有害物质。如果经常食用被苯并芘污染的烧烤食品，致癌物质会在体内蓄积，有诱发胃癌、肠癌的危险。同时，烧烤食物中还存在另一种致癌物质——亚硝胺。另外，烧烤肉类食品常发生表面焦脆而中间半生不熟的现象，这样极易感染寄生虫病或造成沙门菌属等食物中毒。美国一项权威的研究结果显示，食用过多烧煮、熏烤太过的蛋白质类食物，如烤羊肉串、烤鱼串等，将严重影响青少年的视力，导致眼睛近视。另一方面，烧烤食品对做烧烤人具有一定影响。烧烤人接触的青烟和油烟所产生的一氧化碳、3,4-苯并芘、二氧化硫等的危害远甚于顾客。北京市曾对烤羊肉摊点较多的街道进行测量，发现致癌物质苯并芘的环境浓度达到132纳克/米^3，比城区同期值高1.7倍，比标准高3.2倍。研究证明，生活环境中的苯并芘含量每增加1%时，肺癌的发病率即上升5%。虽然烧烤食品美味，但要注意身体健康。比如，最好不买街头路边烧烤摊上的烧烤吃，卫生、食品质量无法保障；自做烧烤时要注意选择使用环保型烤炉，选用新鲜食品作为烧烤原料，肉制品要尽量烤熟烤透，且不可贪多；不宜经常食用烧烤食品，特别是孩子和老人更要少吃，不要让孩子靠近烧烤摊；吃烧烤时应选择具有排烟设备的正规餐厅或饭店，建议大家烧烤用炭火。患有高血压、心脏病、糖尿病、痛风、胰腺炎、胆囊炎、胆结石、肝炎等慢性疾病患者不吃或少吃烧烤；体内有虚火或湿热者也不宜吃烧烤。

　　膨化食品是以谷类、豆类、薯类、蔬菜等为原料，经膨化设备加工制造出的外形精巧、营养丰富、酥脆香美的食品。食品经膨化过程不仅可以改变原料的外形、状态，而且改变了原料中的分子结构和性质，并形成了某些新的物质。处于生长发育期的儿童更应少吃膨化食品，以免影响正常饮食，导致营养不良。第一，膨化食物含铅、铝等金属元素。膨化食物中含有的铅积聚在人体内难以排出。如果血液里铅含量高时，会影响神经系统，心血管系统，消化系统和造血系统，造成精神呆滞、厌食、贫血、呕吐等症状。膨化类食品几乎也都存在铝的残留。长期食用铝含量过高的膨化食品，会干扰人的思维、意识与记忆功能，引起神经系统病变，表现为记忆减退，视觉与运动协调失灵，脑损伤、智力下降、严重者可能痴呆。摄入过量的铝，还能置换出沉积在骨质中的钙，抑制骨生成，发生骨软化症等。另外含铝高的膨化食品大部分属高脂、高热量食品，将促使体液酸性化，也易带来肥胖、糖尿病、高血压、高血脂等富贵病。第二，膨化食物含高盐高味精。膨化食品中普遍高盐、高味精，使孩子成年后易导致高血压和心血管病等，建议消费者尽量不吃或少吃膨化食品，如薯条、面包、饼干等。

葡萄酒和啤酒

　　葡萄酒一般含酒精10%～16%，化学成分十分复杂，已达250种之多。葡萄酒具有以下作用：第一，增进食欲。葡萄酒鲜艳颜色、清澈透明，使人赏心悦目；倒入杯中，果香酒香飘鼻；具有促进食欲，有利于身心健康。第二，滋补作用。葡萄酒中含有糖、氨基酸、维生素、矿物质等营养素，可以直接被人体吸收。经常饮用适量葡萄酒具有防衰老、益寿延年的效果。第三，消化作用。葡萄酒含有各种有机酸，能刺激胃酸分泌胃液。葡萄酒中单宁物质，可增加肠道肌肉系统中平滑肌肉纤维的收缩，调整结肠的功能。对结肠炎有一定疗效。甜白葡萄酒含有山梨醇，有助消化，防止便秘。第四，减肥作用。葡萄酒有减轻体重的作用，每升干葡萄酒中含525卡热量，这些热量只相当于人体每天平均需要热量的1/15。饮酒后，葡萄酒能直接被人体吸收、消化，在4小时内全部消耗掉而不会使体重增加。所以经常饮用干葡萄酒的人，不仅能补充人体需要的水分和多种营养素，而且有助于减肥。第五，利尿作用。一些白葡萄酒中，酒石酸钾、硫酸钾、氧化钾含量较高，具利尿作用，可防止水肿和维持体内酸碱平衡。第六，杀菌作用。葡萄酒中的抗菌物质对流感病毒有抑制作用。

啤酒是一种以麦芽为原料，添加酒花，经酵母发酵酿制而成的一种含二氧化碳、起泡、低酒精度的饮料酒。啤酒度数是指麦芽汁中含糖的浓度，通常以每千克麦芽汁中含糖类物质的质量（克）的1/10为标准。例：每千克麦芽汁中若含有120克糖类物质，该啤酒就是12度，其酒精含量一般为3%～3.5%。纯生啤酒不经过巴氏杀菌或瞬时杀菌，避免了热因素对啤酒风味物质和营养成分的破坏，体现出"鲜、纯、生、净"的特点，更有益于啤酒消费者的健康。正常啤酒的酒精含量通常为4%左右，适度饮用可预防心脏冠状动脉硬化而引起的心脏病，同时还可以减少糖尿病的发病率。其中纯生啤酒还可促进人体对必需微量元素铬的吸收。大量数据显示，心血管疾病与铬的含量成反比，铬可以加速胆固醇的分解和排泄，起到预防冠心病的作用；铬还有激活胰岛素的功能，对糖尿病的预防大有裨益。喝啤酒容易长"啤酒肚"是一个错误认识。1L啤酒的热量实际低于红葡萄酒、牛奶和苹果汁。研究发现，发胖的主要原因是由消费啤酒时不好的膳食习惯所致，比如食用过于油腻和热量高的饭菜。因此我们建议在饮用啤酒时尽量少吃油腻和热量高的饭菜。同时注意以下几点：空腹不宜饮用冰镇啤酒；啤酒和白酒易导致痛风；剧烈运动后饮啤酒易患痛风；肝炎愈后不宜多饮啤酒等。

儿童喝饮料注意事项

饮料是人们日常生活中常见的饮品，但是对于儿童来讲，过多饮用或饮用不当就会出现不良反应。如果儿童经常饮用可乐、果茶、配制型果汁、果味汽水等饮料，会刺激胃黏膜，冲淡胃液，影响食物的消化和吸收；还会加重肝肾负担，使儿童免疫功能下降，经常发生呼吸道、消化道及其他系统的感染；含有咖啡因等成分的饮料，长期饮用会严重危害儿童的生长发育；喝饮料过多有可能使儿童产生厌食、腹痛、腹泻、呕吐、消瘦、乏力等症状。儿童胃肠功能弱，餐后马上喝饮料，特别是汽水，不仅会引起胃胀痛，严重时还可能会导致胃破裂。因为，在进食后胃黏膜会分泌出较多的胃酸，如果马上喝汽水，汽水中所含的碳酸氢钠就会与胃酸发生中和反应，产生大量的二氧化碳气体。这时，胃已被食物完全装满，上下两个通道口即贲门和幽门都被堵塞，二氧化碳气体不容易排出，结果积聚在胃内，导致胃胀痛。当超过胃所能承受的能力时，就有可能发生胃破裂。一般来说，含有气体的饮料，只适宜在空腹或半空腹的情况下饮用。

思考题

1. 什么叫食品污染？哪些因素导致食品污染？
2. 什么叫食品添加剂？使用食品添加剂应注意什么？
3. 饮料对身体一定有益处吗？
4. 结合以下案例来分析食品污染事件引发的原因以及对身体健康的影响。

（1）2008年三鹿集团生产的一批婴幼儿奶粉中，发现含有化工原料三聚氰胺，这导致食用该奶粉的婴儿患上肾结石。其后此事件涉及扩大。截至2008年9月21日，因使用婴幼儿奶粉而接受门诊治疗咨询且已康复的婴幼儿累计39965人，正在住院的有12892人，此前已治愈出院1579人，死亡4人，另截至9月25日，香港有5人、澳门有1人确诊患病。9月24日，中国国家质检总局表示，牛奶事件已得到控制，9月14日以后新生产的酸乳、巴氏杀菌乳、灭菌乳等主要品种的液态奶样本的三聚氰胺抽样检测中均未检出三聚氰胺。

（2）1998年1月26日（腊月二十八），张某和朋友们聚在一起，喝酒。张某一高兴喝了半斤多。第二天，张某被家人送进了县医院。几天后，医生告诉他眼睛治不好了。与此同时，1998年1月23日，朔州市平鲁区医院接到了一名危重病人，症状是呕吐、头疼、瞳孔散大、呼吸困难，这名病人还没来得及进入抢救室就死亡了。1月26

日,该市技术监督局从省城太原及大同拿回了鉴定报告:死者所饮酒中含的甲醇超国家标准数百倍。不幸的是,尽管只有短短几天时间,27人死于非命,200余人被送进了医院。1998年3月9日,山西省吕梁地区、朔州市、大同市三个中级人民法院经过公开审理,分别对4起毒假酒案作出一审判决,王青华等6名犯罪分子被判处死刑,其他9名被告人分别被判处了5至15年有期徒刑。

(3)上海某食品有限公司分公司在生产过程中添加色素、防腐剂等,将白面染色制成玉米面馒头、黑米馒头等,工人还随意更改馒头的生产日期。"染色"馒头进入了上海部分超市销售。上海工商执法人员对报道中涉及的迪亚天天仓储中心、华联超市光新路店等进行了执法检查,并在现场发现了涉嫌使用色素的"染色"馒头。

生活用品与健康

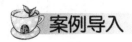 **案例导入**

1989年株洲美容霜事件

1989年11月9～11日，湖南省株洲市某厂向全厂职工统一发放了上海市某日用化学品厂生产的高级双色双效美容霜。发放之后，陆续有职工反映搽用该美容霜后皮肤出现不良反应。该厂于12月4～12日进行了调查。抽样调查1196名职工后发现，搽用该美容霜的人有26.5%发生了不良反应，主要表现为搽用部位皮肤瘙痒、浮肿、发红、丘疹、灼热，少数还有触痛、胀痛、鳞屑、黑色斑等，且上述症状反应程度也不尽相同。

2004年武汉染发猝死事件

2004年1月28日武汉《楚天都市报》报道，一位名叫汪汉洲的中年男子在该市关山某发廊染发后猝死。医生诊断结果是染发剂含有的有毒化学物质严重过敏致死。

 讨论

1. 从株洲美容霜事件中怎样理解美容带来的隐患？劣质化妆品为什么会影响人体健康？
2. 染发剂为什么能使人猝死？

8.1 生活用品与健康概述

8.1.1 生活用品种类

日常生活用品包括餐厅、厨房、卫浴、家纺、装饰、家用办公、微型家具等大类商品，囊括了美容、保健、户外、母婴、香氛、收纳、净化、刀具、钟表、沐浴、床品、灯具、梳妆、玩具等数十个分类商品。随着科学技术的发展以及生活水平的提高和需求的增长，人们在日常生活中极为广泛地使用高效的人工合成日用化学品，包括室内空气清新剂、杀虫剂、防霉防蛀药、擦光剂、洗涤剂、清洁剂、化妆品以及食品包装材料与容器等。日用化学品已经成为生活中不可缺少的部分。

8.1.2 生活用品存在的健康问题

日常生活用品中有的由化学合成而来，有的在制作过程中使用了化学品。随着生活用品的广泛使用，一些有毒有害物质也会进入到人体，危害人体健康。研究发现，空气清新剂大多含有苯酚。人体吸入后，会产生呼吸困难和头痛，并刺激眼睛。皮肤接触后，还可能导致脱皮，引发皮疹。类似的生活用品还有很多。比如，大部分漂白剂含有的次氯酸钠具有很强的腐蚀性，使用过程中会释放出有刺激性的有毒气体，过度接触可能对肺部和头发造成损伤；洗碗液和洗衣粉中含有碳酸钠和磷酸盐，容易导致人体过敏反应；指甲油清洗剂通常含有丙酮溶剂，长时间使用，能导致头痛和精神混乱；鞋油中含有硝基苯，对中枢神经系统具有毒性，可引起头痛和嗜睡；人造地毯大多含有不稳定的有机化合物，长期接触可能会导致过敏性疾病等。可见，在日常生活中的用品也会对身体健康产生危害。

8.2 化妆品与人体健康

化妆品是为达到护肤、美容、修饰、清洁和除味目的，用于皮肤、毛发、指甲和口唇等部位的日用化学品。化妆品按使用目的和使用部位分类，可分洗净用化妆品、基础用化妆品、美容用化妆品和香化用化妆品等。洗净用化妆品包括皮肤用（香皂、药皂、透明皂、洗粉、清洁霜）、头发用（香波、洗发粉、洗发膏、护发剂）、指甲用（脱膜剂、角质层除去剂等）化妆品。基础用化妆品包括皮肤用（化妆水、乳液、化妆油、面膜等）、头发用（生发水、发油、发乳等）、指甲用（指甲磨光剂、指甲膏、底涂剂等）化妆品。美容用化妆品包括皮肤用（胭脂、眉墨、眼影膏、眼线笔等）、头发用（香发蜡、整发条、发油、发乳、头发固定液、染发剂、冷烫液、新型头发整形剂等）、指甲用（指甲油上涂层，各种彩饰涂料等）化妆品。香化用化妆品包括香水、花露水、科隆水、香粉等。然而，某些化妆品为达到某种美容或清洁功效常需添加各种色素、香料、油脂、防腐剂、激素、重金属等特殊物质。

8.2.1 化妆品中有害物质

化妆品中主要含有油、水、乳化剂、化学添加剂、粉质、香料、颜料等成分。其中某些原料可能还含有少量有害杂质和中间体，造成对皮肤的刺激作用。如化学添加剂中的防腐剂、表面活性剂、抗氧化剂、收敛剂、抗干燥剂等都能引起皮肤损伤。此外某些原料成分本身也具有强致敏原性，如染发剂中的氢醌（对苯二胺）、化妆品基质中的羊毛脂、丙二醇等都可引起变态反应性接触性皮炎。中华人民共和国卫生部《化妆品卫生规范》（2002年版）规定，在化妆品组分中禁用的化学物质有421种，限用的化学物质有三百余种。

（1）汞及其化合物

汞及其化合物为化妆品组分中的禁用化学物质。作为杂质存在其限量小于1毫克/千克。硫化汞一般添加在口红、胭脂等化妆品中；氯化汞一般被添加于增白、美白、去斑化妆品中。乙基汞硫代水杨酸钠具有良好的抑菌作用，允许用于眼部化妆品和眼部卸妆品，但其最大允许使用浓度为0.007%（以汞计）。

（2）砷及其化合物

砷及其化合物为化妆品组分中禁用化学物质。砷及其化合物广泛存在于自然界中，化妆品原料和在化妆品生产过程中容易被砷污染。因此在化妆品中，砷作为杂质存在的限量为10毫克/千克（以砷计）。

（3）铅及其化合物

铅及其化合物为化妆品组分中禁用化学物质。在化妆品中，铅能增加皮肤洁白，作为杂质成分其含量不得超过40毫克/千克（以铅计）。但在染发制品中，含乙酸铅的染发剂除外，其含量必须小于0.6%（以铅计）。

（4）镉及其化合物

镉及其化合物为化妆品组分中禁用化学物质。金属镉的毒性很小，但镉化合物属剧毒，尤其是镉的氧化物。化妆品中常用的锌化合物中原料闪锌矿常含有镉，在化妆品中作为杂质成分，含量不得超过40毫克/千克。

（5）甲醇

甲醇为化妆品组分中限用化学物质，其最大允许浓度为2000毫克/千克。甲醇作为溶剂添加在香水及喷发胶系列产品中。

（6）氢醌

氢醌为化妆品组分中限用化学物质，其在化妆品中最大允许浓度为2%，允许使用范围及限制条件是染发用的氧化着色剂。

8.2.2 化妆品中有害物质危害人体健康

健康皮肤的pH值在5.0～5.6之间，属弱酸性。皮肤只有在正常的pH值范围内才能较好地吸收营养、抵御外界侵蚀以及保持最佳的弹性、光泽和水分等。化妆品对人体的影响是通过皮肤吸收以后进入人体的，所以化妆品首先表现为对皮肤的影响。皮肤好坏主要体现为皮肤的碱中和能力。由于遗传、心理、生理、环境、饮食、劳逸作息及自然节律诸多因素影响，不同的人在不同时期皮肤pH值常在4.5～6.6之间，也有一些超出这个范围。如果皮肤pH值长期在5.0～5.6之外，皮肤的碱中和能力就会减弱，肤质就会改变，最终导致皮肤衰老和损害。所以相对应的护肤品，使皮肤pH值保持在5.0～5.6之间，皮肤才会呈现最佳状态。化妆品可对眼睛造成损害。眼部化妆品在画眼线或眉时，很容易掉入眼睑内，产生机械性刺激，损伤结膜、角膜，甚至发炎。其他化妆品误入眼内损伤眼睛，引起疼痛、灼热感、异物感、瘙痒、结膜充血、流泪、视力模糊等。

（1）化妆品中有机物污染

化妆品本身含有多种化学物质。一般说来，这些化学物质毒性均很低。但有些成分，如冷烫液中的硫代甘醇酸、染发剂中的对苯二胺及2,4-氨基苯甲醚等则属高毒类化学物质。有的化妆品还可能含有致癌物，比如长期使用含砷高的化妆品可引起皮炎、色素沉积等皮肤病，最终导致皮癌。化妆品中的限用化学物质氢醌可以引起白细胞减少而造血器官变化。接触氢醌碱性溶液者曾发现有皮炎病例，接触游离的氢醌可使皮肤色素减少，停止接触后可重新出现，长期与氢醌接触可见到皮肤发红的现象，停止接触后可逐渐恢复。动物实验表明，在皮肤上每日涂抹氢醌丙酮溶液，总量达20.0毫克时产生皮肤癌。因此，氢醌作为去除雀斑和杀菌剂是有一定危险的。化妆品中的甲醇主要作用于中枢神经系统，具有明显麻醉作用，可引起脑水肿；对视神经及视网膜有特殊选择作用，引起视神经萎缩，导致双目失明。

（2）化妆品中重金属污染

化妆品在生产过程中也受到有毒重金属的污染。使用含超限量的重金属毒物的化妆品，可使体内有毒金属元素发生蓄积，出现毒性反应。对化妆品造成污染最常见的金属元素有铅、汞、镉、镍等。铅及其化合物通过皮肤吸收而危害人类健康，主要影响造血系统、神经系统、肾脏、胃肠道、生殖功能、心血管、免疫与内分泌系统，特别是影响胎儿的健康等。汞及其化合物都可穿过皮肤的屏障进入机体所有的器官和组织，主要对肾脏损害最大，其次是肝脏和脾脏，破坏酶系统活性，使蛋白凝固，组织坏死，具有明显的性腺毒、胚胎毒和细胞遗传学作用。慢性汞及其化合物中毒的主要临床表现为：易疲劳、乏力、嗜睡、淡漠、情绪不稳、头痛、头晕、震颤，同时还会伴有血红蛋白含量及红细胞、白细胞数降低、肝脏受损等，此外还有末梢感觉减退、视野向心性缩小、听力障碍及共济性运动失调等。镉及其化合物主要是对心脏、肝脏、肾脏、骨骼肌及骨组织的损害，抑制酶的活性。镉能破坏钙磷代谢以及参与一系列微量元素的代谢，如锌、铜、铁、锰、硒。

（3）化妆品中微生物污染

微生物污染可引起化妆品腐败变质外，还可对使用者健康带来不良影响。化妆品生产过程中使用的原料、容器和制作过程中均可受微生物污染，尤其在冷却灌装过程更易受污染。化妆品各种原料都有被微生物污染的可能，其中尤以天然动植物成分、矿产粉剂、色素、离子交换水等原料更易受微生物污染。化妆品被微生物严重污染时，可使产品腐败、变质。化妆品被致病菌污染可能诱发感染，使用被微生物污染的化妆品涂擦面部可引起疖肿、红斑、炎性、水肿，也可造成皮肤化脓感染。

8.2.3 正确使用化妆品

化妆品中的有害物质影响人体健康，为预防化妆品带来更大的危害，应正确使用化妆品。

（1）正确选用化妆品

选用化妆品时要注意以下几点。

第一，根据天气情况选用化妆品。寒冷干燥的冬天宜用含油性大的化妆品，春夏秋宜用水分大的化妆品。

第二，根据皮肤情况选用化妆品。如油性皮肤应选用水包油型的霜剂，干性皮肤应选择油包水性的脂剂，皮肤娇嫩应选用刺激性小的化妆品。少女要选用专用化妆品，一般不要使用香水、香粉、口红等美容化妆品。小孩最好不用化妆品。

第三，提倡选用天然化妆品。天然化妆品是一种新型化妆品，是来自动、植物或矿物的有效元素的提取物。由于其含多种维生素等人体所需的成分以及取材新鲜等优点且没有刺激性而倍受喜欢。

（2）正确使用化妆品

第一，不要使用变质、劣质化妆品。化妆品中含有脂肪、蛋白质等物质，时间长了容易变质或被细菌感染。化妆品应选用新鲜的，一般应在3~6个月内用完，并贮存在阴凉干燥处。

第二，防止化妆品过敏。在使用一种新的化妆品前，要先做皮肤试验，无发红发痒等反应时再用。一旦发现化妆品对自己皮肤有不良反应，应立即停用。

第三，避免化妆品吃进体内。化妆品只供外用，避免吃进体内。比如，为慎重起见，最好在饮食前擦去口红，以免随食物进入体内。

第四，睡眠前要卸妆。睡眠时应将皮肤上涂的化妆品洗去，不要涂着化妆品入睡。

8.3 洗涤剂与人体健康

洗涤剂是由表面活性剂和添加剂组成的可以去除物体表面污垢的一类化学日用品。洗涤剂按用途分为家用洗涤剂和工业洗涤剂等。本书侧重于家用洗涤剂的使用。常见的家用洗涤剂包括肥皂、洗衣粉、洗洁精、洗衣液、柔顺剂、丝毛剂、衣领净等。

8.3.1 洗涤剂中有害物质

洗涤剂是在石油开发中产生的副产品，主要由表面活性剂和各种洗涤助剂（如络合剂、增白剂、增稠剂、柔软剂、抗静电剂、增溶剂、抗氧化剂、杀菌防腐剂、酶制剂、香精、色素和营养物质）组成。目前洗涤剂品种较多，而且添加剂及原料也各不相同。有的洗涤剂原料本身就含有超过国家标准规定的有害物质，如一些洗涤剂中会含有过量的金属铝、汞、砷等。在生产过程中也会从管道或储存器中溶出铝、砷等有害物质，造成金属超量。洗涤剂中的烷基苯磺酸钠有支链结构（ABS）和直链结构（LAS）两种，其中直链结构易生物降解,生物降解性可大于90%,对环境污染程度小,但支链结构生物降解性小,会对环境造成污染。

8.3.2 洗涤剂中有害物质危害人体健康

洗涤剂可以通过呼吸、食物和皮肤等多种途径进入人体。沾在皮肤上的洗涤剂大约有0.5%渗入血液,皮肤上若有伤口则渗透力提高10倍以上。进入人体内的洗涤剂毒素可使血液中钙离子浓度下降,血液酸化,使人容易疲倦。这些毒素还能使肝脏的排毒功能降低,导致人体免疫力下降,肝细胞病变加剧,容易诱发癌症。化学洗涤剂侵入人体后若与其它化学物质结合,毒性会增加数倍,并且具有很强的诱发癌特性。

(1)急慢性中毒

洗涤剂的急性中毒表现为中枢神经系统和胃肠道症状。慢性毒性试验表明,烷基苯磺酸钠的支链结构可抑制大鼠精子生长发育,使输精管硬化。各种清洁剂中的化学物质都可能导致人体发生过敏性反应。

(2)免疫功能受损

有些化学物质侵入人体后会损害淋巴系统,引起人体抵抗力下降。一些漂白剂、洗涤剂、清洁剂中所含的荧光剂、增白剂等成分,侵入人体后,不易分解,而是在人体内蓄积,会大大削减人体免疫力。

(3)阻碍伤口愈合

化学物质容易污染人体血液,虽然血液具有一定的自净能力,微量的有害物质进入其中,会被稀释、分解、吸附和排出。但长期、大量的有毒物质倾注而入,必致其发生质的变化。清洁用品中的化学物质进入血液循环,会破坏红细胞的细胞膜,引起溶血现象。不少含天然生物精华物的沐浴液,常含有防腐剂等化学物质,也是血液污染之源。

(4)致畸致癌作用

洗涤剂中的十二烷基苯磺酸钠,在高浓度时,可以破坏生物原有的生理平衡机制,干扰生物体内正常的生理生化作用。在一定剂量范围内ABS可使小鼠胎仔畸形,同时可使动物胃癌发生率增加。对生殖系统而言,大量的表面活性剂可以明显降低精子的活性。清洁剂中的烃类物质,可致女性卵巢丧失功能;烷基磺酸盐等化学成分可通过皮肤黏膜吸收。若孕妇经常使用,可致卵细胞变性,卵子死亡。科学家在研究不孕症过程中,发现不少妇女的不孕与长期使用洗涤剂关系密切。在怀孕早期，洗涤剂中的某些化学物质还有致胎儿畸形的危险。

（5）引起代谢紊乱

ABS对肝功能有明显影响，可引起脂肪代谢紊乱；多种合成洗涤剂均可引起肾上腺髓质损害，肾上腺髓质核酸含量增高，非特异性酯酶和细胞色素氧化酶活性增强，异柠檬酸脱氢酶、乳酸脱氢酶同工酶活性降低、葡萄糖-6磷酸脱氢酶和琥珀酸脱氢酶活性增强。

8.3.3 正确使用洗涤剂

为避免洗涤剂对人体的危害作用，应根据使用目的来选择合适的洗涤用品，并注意正确的洗涤方法。

（1）选择合适的洗涤用品

洗涤用品中的皂类原料来自于动植物脂肪、脂肪酸与碱生成的盐，易于生物降解，对人体刺激少，对水污染也较小，比一般化学合成洗涤剂污染少得多。而洗衣粉含表面活性剂，若长期接触皮肤，就会有微量的洗衣粉进入体内，引起毒害。实际上，肥皂和洗衣粉都有一定的碱性，若长期直接接触后，皮肤表面的弱酸性环境就会遭到破坏，皮肤本身抑制细菌生长的作用就会消失，容易导致皮肤干燥、瘙痒，甚至引起过敏性皮炎等症状或在皮肤上留下色素沉着。对少量的污渍，应该尽量直接用清水冲洗，不用或少用洗涤剂。

（2）采用正确的洗涤方法

正确的洗涤方法有助于减少危害。如果餐具上有油污时，可先将残余的油污等作为垃圾处理掉后，再用碱水或热肥皂水等清洗。对有重油污的厨房用具也可以用苏打粉加热水来清洗。只要细心，就能选择到合适的皂：洗衣用肥皂，洗手、洗脸、洗澡用香皂或药皂，杀菌和去异味，干性皮肤用富脂皂，洗后能保留一些羊毛脂、甘油类物质，有保护皮肤的作用，婴儿皮肤娇嫩可以选婴儿皂和液体皂。用皂类洗后的缺点是皮肤发紧，可涂抹一些护肤品；要使用优质皂，肥皂变质后不要再使用。成人衣裤使用洗衣粉后，要注意用自来水漂洗干净；婴幼儿的尿布、内衣、内裤最好不用洗衣粉，改用肥皂为佳。

8.4 杀虫剂与人体健康

杀虫剂是主要用于防治农业害虫和城市卫生害虫的药品。在20世纪，杀虫剂在使农业产量大升的同时，也严重地影响了生态系统，有的还对人体产生了危害。目前，尽管杀虫剂在农业上大为减少，但在生活中却会常常用到各种各样的杀虫剂，如喷杀蟑螂、防蚊液、除草剂、除霉剂、驱虫剂、消毒剂等。

8.4.1 杀虫剂种类

目前，在生活中常用的杀虫剂按主要成分划分为以下几种。

（1）合成除虫菊精类

除虫菊精原本为除虫菊植物体中抽取的一种成分，具有杀虫的效力。目前许多杀虫剂是以人工合成此种近似之成分而制成的，属于触杀性药剂（药剂接触到虫体才有较高的效果，破坏昆虫神经系统的功能，最初使之昏迷继而死亡）。对人畜等高等动物较不具毒性，适合家庭园艺使用。

（2）有机磷剂

有机磷剂是目前使用的杀虫剂中种类最多的一类，包括马拉松、扑灭松、大灭松、陶斯松、美文松、三落松、达马松、欧杀松、二氯松等。有机磷剂为含磷元素的化合物，具有接触毒、胃毒及熏蒸杀虫作用，在生物体内抑制胆碱脂酵素的作用而阻碍神经传导，使昆虫兴奋、痉挛、运动失调后死亡。

（3）氨基甲酸盐剂

含有氨基甲酸盐的化合物，对昆虫的胆碱脂酵素具有强阻碍作用，毒性很强且毒效发生很快，施用不当对人畜易发生危险。此类药剂施用在植物上多会有渗透性，药剂成分自表面进入组织内运行，使药剂未能直接触及的昆虫亦因食入含毒成分而中毒死亡，如加保利、纳乃得、得灭克、加保扶等。

（4）有机氮剂

含有机氮化合物的杀虫剂，目前通用的只有培丹与硫赐安两种，但是在农作物害虫防治上使用量相当大。培丹为一种海虫身上所产生的毒素所制成，硫赐安在植物体中亦可以分解为此一毒素，这两种杀虫剂均用在花卉作物上用于防治非洲菊斑潜蝇。

（5）昆虫生长调节剂

昆虫生长调节剂主要成分是类青春激素，干扰昆虫，使之无法正常脱皮、化蛹、羽化为成虫，或影响成虫卵巢的发育及卵子的成熟，使产下不正常的卵。此类药剂有对除飞虱、粉虱类有效的布芬净，对蝇类有效的赛灭净外，尚有对斜纹夜蛾有效的二福隆。这类药剂有较好的专一性，防治的对象较为特定，只针对某一类害虫而作用。

8.4.2 杀虫剂影响人体健康

杀虫剂在使用过程中，如果方法不当，也会对人体健康产生不良影响。

第一，通过食物影响人体健康。杀虫剂残留会存在食物链中，通过生物累积浓缩进人体组织。人体如果暴露在低剂量的有机磷杀虫剂下，会造成腹泻，影响情绪及神经组织的变化。长期持续暴露在低浓度的杀虫剂中会使人们患癌症危险性增加，损害生殖系统。杀虫剂可造成妇女不孕、习惯性流产、死胎以及出生缺陷；对男性而言，杀虫剂可造成特定的生殖器癌症以及精子减少等。法国国家卫生与医学研究所专家曾对阿根廷一个杀虫剂使用非常频繁的重要农业产区进行了研究。他们对该地区189个不育男子的精液进行了化验，结果发现，这些男子精液中的精子数量和活力均远远低于正常水平。进一步研究显示，这些男子的激素分泌受到了严重干扰。

第二，通过饮水影响人体健康。杀虫剂会污染地表水及地下水进而影响身体健康。美联社曾报道，美国50个州的公立和私立中小学中存在着不同程度的水污染现象。问题最严重的是那些自己钻井取水的学校，大约每5所这样的中小学里就有1家违反了美国联邦饮用水法案。学生们在学校喝的水并不符合安全标准。据悉，在加利福尼亚州的农业区，部分学校的水井被邻近农田的杀虫剂污染，当地学生由于害怕生病只好每天自带瓶装水上学。

第三，杀虫剂中有毒成分直接影响人体健康。比如含臭樟脑（石脑油精）和对二氯苯等化学成分的樟脑丸被人吸入或接触，人体会产生过敏反应，皮肤及眼睛感到刺痛、灼热；含有氯和对二氯苯等化学成分的除霉剂具有腐蚀性，误食会灼伤喉咙；含除虫菊酯和待乙妥的防蚊液可能会使皮肤、眼睛或者喉咙灼伤。

8.4.3 正确使用杀虫剂

杀虫剂是日常生活家庭中必不可少的物品，但和普通日用品不同，杀虫剂具有一定的毒性，经常接触可引起头晕头疼甚至神经异常危及人体健康。因此，人们在使用杀虫剂时必须注意以下几点。

第一，远离食品。在使用杀虫剂前，必须先把所有食物、水源、碗柜密封，避免污染。

第二，做好防护。在使用杀虫剂时使用者最好能穿上长袖衣服，戴上口罩，防止皮肤或呼吸道中毒。

第三，不要过量。过量使用杀虫剂来增强杀虫效果易导致人体中毒。如果发现家人或小孩有头晕恶心、视力模糊、皮肤刺痛等症状，应当及时离开使用过杀虫剂的环境，严重的要及时送到医院治疗。

第四，安全保存。一些杀虫剂属于压力包装，要避免猛烈撞击和高温环境。有些杀虫剂使用易燃的有机物作溶剂，一定要远离火源，更不能对着火源喷射。而且要将药罐置于儿童接触不到的位置。

第五，远离婴儿。婴儿房里绝对不能使用杀虫剂。在婴幼儿可能活动的地方，也应注意使用方法。最好婴幼儿不在家时使用杀虫剂，喷洒房间一个半小时后开窗通风换气，然后再进屋。

8.5 塑料制品与人体健康

塑料制品是以塑料为主要原料加工而制成的生活用品和工业用品的统称。日常生活中塑料制品数不胜数，使人们生活轻便快捷；但人们很少注意塑料制品的安全使用问题。

8.5.1 塑料组成与性能

（1）塑料组成

塑料是由树脂和一些辅助材料组成的。其中有些塑料本身就是单纯的树脂，如聚乙烯、聚苯乙烯等，而有些塑料除了合成树脂之外，还含有其他辅助材料，如增塑剂、稳定剂、着色剂、各种填料等。

① 合成树脂　合成树脂是指以煤、电石、石油、天然气以及一些农副产品为主要原料，首先制得具有一定合成条件的低分子化合物（单体），然后通过化学、物理等方法合成的高分子化合物。合成树脂的含量在塑料的全部组分中占40%～100%，起着黏结的作用，它决定了塑料的主要性能，如机

械强度、硬度、耐老化性、弹性、化学稳定性、光电性等。

② 塑料助剂　塑料助剂在塑料用料中所占比例较少，但对塑料制品的质量却有很大影响。不同种类的塑料，因成型加工方法以及使用条件不同，所需助剂的种类和用量也不同。

　　a.增塑剂：增塑剂能增加塑料的柔软性、延伸性、可塑性，降低塑料流动温度和硬度，有利于塑料制品的成型。常用的有苯二甲酸酯类、癸二酸酯类、氯化石蜡及樟脑等。

　　b.稳定剂：塑料制品在加工、贮存和使用过程中，在光、热、氧的作用下，会发生褪色、脆化、裂开的老化现象。为延缓和阻止老化现象的发生，必须加入稳定剂。常见的有热稳定剂（防止热老化）、抗氧剂（防止氧化老化）、光稳定剂（防止光老化）等。

　　c.阻燃剂：能够提高塑料耐燃性的助剂叫做阻燃剂。含有阻燃剂的塑料大多数具有自熄性，或燃烧速率减缓等。常用的阻燃剂有氧化锑及铝、硼的化合物，卤化物和磷酸酯、四氯苯二甲酸酐、四溴苯二甲酸酐等。

　　d.抗静电剂：抗静电剂起着消除或减少塑料制品表面产生静电的作用。抗静电剂大多数是电解质，它们与合成树脂的相溶性有限，这样可以迁移至塑料表面，达到吸潮和消除静电的作用。

　　e.发泡剂：塑料发泡剂是一种在一定温度下可以气化的低分子有机物，如二氯二氟甲烷；或者受热时会分解出气体的有机化合物。这些气体留在塑料基体中便形成有许多细微泡沫结构的泡沫塑料。常用的有偶氮化合物、亚硝基化合物等。

　　f.着色剂：着色剂用于塑料的着色，主要起美化、修饰作用。塑料制品中约有80%是经过着色后制成最终制品的。

　　g.润滑剂：润滑剂是为了改善塑料加热成型时的脱模性和提高制品的表面光洁度而加入的物质。常用的润滑剂有硬脂酸及其盐类、石蜡、合成蜡等。

　　h.增强材料和填料：在许多塑料中，增强材料和填料占有相当的比重，尤其是增强塑料和钙塑材料。主要目的是为了提高塑料制品的强度和刚性，一般加入各种纤维材料或无机物。最常用的增强材料有玻璃纤维、石棉、石英、炭黑、硅酸盐、碳酸钙、金属氧化物等。

（2）塑料分类

　　日常生活中，人们使用的许多塑料制品都是由通用塑料制成的。这些通用塑料制品，根据其成分为五大品种，即聚乙烯、聚丙烯、聚氯乙烯、聚苯乙烯及ABS树脂。

a.聚乙烯（PE）：不透明或半透明、质轻的结晶性塑料，具有优良的耐低温性能（最低使用温度可达 −70 ~ −100℃），电绝缘性、化学稳定性好，能耐大多数酸碱的侵蚀，但不耐热。

b.聚丙烯（PP）：通常为无色、半透明固体，无臭无毒，密度为 0.90 ~ 0.919 克/厘米^3，是最轻的通用塑料，其突出优点是具有在水中耐蒸煮的特性，耐腐蚀，强度、刚性和透明性都比聚乙烯好，缺点是耐低温冲击性差，易老化，但可分别通过改性和添加助剂来加以改进。

c.聚氯乙烯（PVC）：由氯乙烯聚合而得，通过加入增塑剂，其硬度可大幅度改变。它制成的硬制品以至软制品都有广泛的用途。

d.聚苯乙烯（PS）：苯乙烯的聚合物，外观透明，但有发脆的缺点，通过加入聚丁二烯可制成耐冲击性聚苯乙烯（HTPS）。

e.ABS树脂：树脂是丙烯腈-丁二烯-苯乙烯三种单体共同聚合的产物（简称ABS三元共聚物）。这种塑料由于其组分A（丙烯腈）、B（丁二烯）和S（苯乙烯）在组成中比例不同，以及制造方法的差异，其性质也有很大的差别。ABS适合注塑和挤压加工。

（3）塑料性能

塑料具有很好的性能。第一，密度小。塑料是较轻的材料，相对密度分布在 0.90 ~ 2.2 之间。第二，稳定性强。绝大多数塑料对酸、碱等化学物质都具有良好的抗腐蚀能力。第三，绝缘性好。普通塑料都是电的不良导体，其表面电阻、体积电阻都很大。因此，塑料在电子工业和机械工业上有着广泛的应用。第四，导热性差。一般来讲，塑料的热导率是比较低的，相当于钢的 1/75 ~ 1/225，泡沫塑料的微孔中含有气体，其隔热、隔声、防震性更好。如聚氯乙烯（PVC）的热导率仅为钢材的 1/357，铝材的 1/1250。在隔热能力上，单玻塑窗比单玻铝窗高40%，双玻高50%。将塑料窗体与中空玻璃结合起来后，在住宅、写字楼、病房、宾馆中使用，冬天节省暖气、夏季节约空调开支，好处十分明显。第五，强度差异大。有的塑料坚硬如石头、钢材，有的柔软如纸张、皮革；从塑料的硬度、抗张强度、延伸率和抗冲击强度等力学性能看，分布范围广，有很大的使用选择余地。第六，易燃烧，耐老化性差、不耐热等。

8.5.2 塑料制品中有害物质危害人体健康

塑料制品中对人体的健康危害在于塑料本身、塑料助剂、填充物以及塑料的印染材料等方面。

（1）塑料本身有毒

我国允许用于食品容器、包装的塑料有聚酯、聚乙烯、聚丙烯、聚苯乙烯、聚氯乙烯、三聚氰胺、脲醛树脂等。其中，聚乙烯、聚丙烯是安全的塑料，可以用来盛装食品。但是，多数聚氯乙烯塑料袋有毒，不能包装食品，因为其在高温环境中会迅速分解，释放出氯化氢气体。聚氯乙烯树脂中未聚合的氯乙烯单体会对人体有害，不要盛装高温食品。同时聚氯乙烯不易处理，焚化时发生化学反应会生成氯化氢和二噁英。

（2）塑料助剂有害

塑料助剂中的增塑剂通常含有一种化合药剂，会对人体内分泌系统有很大破坏作用，扰乱人体的激素代谢，还极易渗入食物，尤其是高脂肪食物。如果高脂肪食物经过长时间的塑料包裹，食物中的油脂很容易将保鲜膜中的有害物质溶解，并且在加热时，会加速塑化剂中化合药剂释放到食物中。食用后会引起妇女患乳腺癌、新生儿先天缺陷、男性精虫数减低，甚至精神疾病等。目前，增塑剂在欧洲已被限制使用，在韩国被明令禁止使用。

塑料助剂中的稳定剂的主要成分是硬脂酸铅，这种铅盐极易析出，一旦进入人体就会造成积蓄性铅中毒。这些有毒性的物质和食品一起吃下去，对人体健康有害。特别是用聚氯乙烯塑料袋，在盛装温度超过50～60℃的食品时，袋中的铅就会溶入食品。

双酚A也是塑料助剂中常见的一种物质，主要用于生产聚碳酸酯、环氧树脂、聚砜树脂、聚苯醚树脂、不饱和聚酯树脂等多种高分子材料，也可用于生产增塑剂、阻燃剂、抗氧剂、热稳定剂、橡胶防老剂、农药、涂料等精细化工产品。资料表明，双酚A属低毒性化学物。动物试验发现双酚A有模拟雌激素的效果，即使很低的剂量也能使动物产生雌性早熟、精子数下降、前列腺增长等作用。此外，有资料显示双酚A具有一定的胚胎毒性和致畸性，可明显增加动物卵巢癌、前列腺癌、白血病等癌症的发生。中国科学家专门针对双酚A对男性内分泌的影响进行了以人体作为试验对象的研究。在这项试验中，研究人员将一组在中国工厂里暴露于双酚A环境中5年以上的男性工人，与另一组5年之内没有暴露于双酚A环境中的工人进行对比研究。结果表明，暴露于双酚A环境中的男性工人发生勃起功能障碍的风险是对照组的4倍，且出现射精困难的可能性是对照组的7倍。也有研究表明，双酚A并不是人类致癌的危险因素。

（3）塑料填充物有害

塑料制品中的填充物在遇热或油脂会释放出致癌致病化学物质，严重危害人体健康。一般合格品中聚丙烯用量要占到70%～80%，其余为填充剂。然而一些厂家在产品中添加滑石粉、碳酸钙等填充物竟超过了50%，从而导致餐具中的碳酸钙严重超标。工业碳酸钙主要是用各种废旧回收塑料加工而成的颗粒，可能含有很多细菌、病毒，同时还含有苯、芳香环族等致癌物质，是国家严禁用于生产餐盒的原料。食用工业碳酸钙容易形成胆结石、肾结石。工业碳酸钙中还含有铅、铬等重金属，对人体的消化道、神经系统也有很大的危害。有些餐具里含有工业石蜡，工业石蜡含有苯、多环芳烃等多种有害物质，对人体的神经系统、造血系统也会造成伤害，还可能致癌。

（4）印染材料有害

有些塑料会印上不同颜色的图案。用于塑料染色的颜料的渗透性和挥发性较强，遇油、遇热时容易渗出。染料中含有芳烃和重金属会对健康有一定影响。比如，体内含有过量铅、铬等重金属的婴幼儿会出现智力减退、听觉受损等现象。目前市场上的一些由劣质废塑料制成的玩具常会涂上涂料。涂料中就含有铅、铬、锑、砷、钡、镉、汞等重金属，它们一旦超标，就会给儿童健康造成威胁。

8.5.3　正确使用塑料制品

日常生活中离不开塑料制品，但一定要注意安全使用。首先，尽量选择透明无色的，没有刺鼻性气味的塑料制品。发现掉色或脱色的塑料制品，一定不要继续使用。有刺鼻气味的塑料物品，也不要购买。其次，不要用塑料饭盒盛放含油脂的饭菜。与油脂接触，会使塑料中的有害物溶出。加热食物时，一定要揭开保鲜膜，或撕开食物的塑料包装袋。最后，避免在高温下使用塑料。塑料水杯和塑料饭盒不要用来装热水、热的食物。在家或办公室，最好使用玻璃或瓷质的水杯。

8.6　服装与人体健康

人们身上穿的衣服，由线织成布，再加工成衣服，在加工过程中，几乎要使用到各种化学药品。由于汗液的渗透，这些药品从纤维中溶解出来，与皮肤接触后有时会引起炎症、皮炎等皮肤疾病。

8.6.1 服装中的污染物

（1）服装材料中的污染物

服装材料中的污染物主要来源于三个方面。其一，服装原材料中的棉、麻纤维在种植过程中，为控制害虫、植物病毒和杂草的侵蚀，确保其产量和质量，大量使用杀虫剂、化肥和除草剂，导致农药残留于棉花、麻纤维之中，虽然在服装之中含量甚微，但长期与皮肤接触，危害极大。其二，在原料储存时，要用五氯苯酚等防腐剂、防霉剂、防蛀剂，这些化学物质残留在服装上，轻者会引起皮肤过敏、呼吸道病症，重者会诱发癌症。其三，纤维制造过程中使用的化合物，如人造丝的氢氧化钠（NaOH）、二硫化碳（CS_2）、硫酸（H_2SO_4）、硫酸钠（Na_2SO_4）等；醋酸纤维的乙酸（CH_3COOH）、硫酸（H_2SO_4）、乙酸甲酯（CH_3COCH_3）等；尼龙的苯（C_6H_6）、氨（NH_3）、甲醇（CH_3OH）、苯酚（C_6H_5OH）等。

（2）制作服装中的污染物

在制作服装过程中，要添加各种化学加工剂，如染料、整理剂、添加剂等。在这些化学加工剂中可能含有化学污染物。

① 禁用染料　染料是使纤维和其他材料着色的物质。由于合成染料的迅速发展，染料中的致癌物质也引起世界各国的广泛关注。目前市场上70%左右的合成染料是以偶氮结构为基础的直接染料、酸性染料、活性染料、金属络合染料、分散染料、阳离子染料及缩聚染料等。一般情况下偶氮染料本身不会对人体产生有害影响，但部分用致癌性的芳香胺类中间体合成的偶氮染料，当其与人体皮肤长期接触之后，会与人体正常新陈代谢过程中释放的物质结合，并发生还原反应使偶氮基断裂，重新生成致癌的芳香类化合物，这些化合物被人体再次吸收，经过活化作用，使人体细胞发生结构与功能的改变，从而转变成人体病变诱发因素，而增加了致癌的可能性。禁用染料也不仅局限于偶氮染料，在其他结构的染料中，如硫化染料、还原染料及一些助剂中也可能因隐含有这些有害的芳香胺而被禁用。

② 整理剂　印染业中常用的整理剂有三羟甲基聚氰胺树脂、二羟甲基乙烯脲树脂等。这些整理剂中都含有一定成分的甲醛。现在市场上的免烫整理剂是以 N-羟甲基化合物为主体的整理剂。它们虽然有较好的免烫效果，但经这些整理剂处理后，都不可避免地会释放和残留游离甲醛。甲醛对人体有极强刺激作用，甚至会诱发癌症。为此国际上对织物含游离甲醛残留量的标准越来越严格，如GB 18401—2001《国家纺织产品基本安全技术规范》中

规定甲醛限量：婴儿服装为20毫克/千克；直接接触皮肤的服装为75毫克/千克；非直接接触皮肤的服装为300毫克/千克。因此，无甲醛免烫整理剂倍受染整行业青睐。

③ 其他添加剂　衣服在制作过程中，还经常使用多种化学添加剂，如增白多采用荧光增白剂处理，挺括一般做上浆处理。这些化学添加剂均对人的皮肤有一定的刺激作用，容易引起皮肤过敏。

（3）外界环境对服装的污染

服装材料中的棉麻纤维具有较强的吸附性，容易沾染上大气污染物，若在污染较严重的环境下工作更是如此。

（4）洗涤带来的污染物

衣物洗涤方式主要有水洗和干洗两种。当衣物水洗时，若洗涤剂使用不当或漂洗不净会引起表皮发炎，对婴幼儿尤为明显。干洗是利用清洁剂或溶剂来除掉衣服上污渍的一种方式。衣物干洗所用溶剂大多是一种高氧化物的化学品。在干洗过程中，这种化学品被衣服纤维吸附，待衣服干燥时从衣物内释放到空气中，从而影响人体的神经系统和肾脏系统。目前普遍采用的干洗油的主要成分是四氯乙烯，挥发性很强，吸入过多可能会抑制中枢神经系统而致死亡。

8.6.2　服装中的污染物危害人体健康

人体的皮肤是中性或偏弱酸性的，如果服装的pH值过高或者过低，都会破坏人体的平衡机理，使细菌进入到人体，造成伤害。服装对人体的健康危害主要以接触后引发的局部损害为常见，严重的可出现全身症状。

（1）服装原料中有害物质对人体健康的危害

服装原料中的化学物质对皮肤具有一定的刺激作用。这些化学物质通过与皮肤的直接接触或通过皮肤的微弱呼吸作用，对人体表皮产生影响，甚至导致炎症。棉、麻等服装原料，在种植过程中为了控制病虫草害，需大量使用杀虫剂和除草剂，导致农药残留于棉花、麻纤维之中，尽管制成服装后残留量甚微，但经常与皮肤接触也会对人体造成伤害。

（2）禁用染料对皮肤的刺激

服装染料大多具有偶氮或蒽醌类结构，其中100%含有或隐性含有芳香胺结构。如联苯胺是芳香胺的一种，具有较强的致癌性，其他种类的芳香胺致癌性较弱。联苯胺染料中红色较多，该类染料经生物还原，会产生致癌的联苯胺单体，如酸性黑NT。其他结构如喹啉类的还原染料及酸性染料也会对皮肤产生刺激和过敏作用。染料引起的皮炎发作时间最短4小时，最长6天。一些染料中的化合物能释放出致癌物，如衣裤中的化学添加剂可能是引起白血病的祸根；许多男式衬衫用15种不同化学物质进行过处理，这样的衣服会释放出各种含毒物质，使人体发生病变。研究表明，绝大多数偶氮染料本身不会对人体产生有害的影响，但会在特殊条件下分解出20多种芳香胺类。如染色牢度不佳时，在细菌生物的催化作用下，皮肤上沾有的此染料可能产生还原反应，释放毒性和致癌性远大于甲醛的芳香胺。婴幼儿由于喜欢吮嚼衣物，更容易通过唾液吸收这些有害物质。

（3）整理剂对皮肤的刺激

服装整理剂包括多种，比如防止衣服缩水使用的甲醛树脂、增白采用的荧光增白剂、为了挺括作上浆处理等。这些整理剂所含化学物质对皮肤均有刺激作用。比如，从纤维上游离到皮肤上的甲醛量超过一定限度时，会引起变态反应皮炎，多分布在胸、背、肩、肘弯、大腿及脚部。柔软整理剂可以减轻服装对皮肤的挤压、摩擦和刺入等物理刺激，但可能会引起体质异常的人产生皮炎。一般内衣、袜子等都要用有机汞或其他化合物进行整理，它们亦有可能对皮肤产生刺激和接触变态反应。目前使用甲醛印染助剂比较多的是纯棉纺织品。含有甲醛的纺织品在穿着和使用过程中，会逐渐释放出游离态的甲醛，通过呼吸道或皮肤接触引发呼吸道炎症和皮肤炎症。穿着甲醛超标的衣服会使人产生疲倦、失眠、头痛、呼吸困难、咳嗽、流泪、口干等症状；此外，甲醛还能引发过敏，甚至诱发癌症。

8.6.3 预防与减少服装中的污染

（1）减少化学污染

在服装产品开发、原料生产、染整加工等环节，充分考虑到环保因素，加强质量监控，最大限度地减少化学品对服装的污染。比如尽量不要购买防皱、免烫、漂白处理的衣物，尽量选择小图案、图案上印花不是很硬的服装；购买时闻是否有特殊的有刺激性气味；买回服装后，最好先用清水漂洗；如果出现皮肤过敏、连续咳嗽等症状，要尽快到医院诊治。

（2）开发环保服装

环保服装，又称绿色服装、生态服装，是以保护人类身体健康，使其免受伤害的纺织品，具有无毒、安全的优点，而且在穿着时，给人以松弛、舒适、回归自然、消除疲劳，心情舒畅的感觉。环保服装必须符合下述要求：没有经过有氧漂白处理和防霉防燃整理；不应有霉味、汽油味及有毒的芳香味；不得使用可分解的有毒芳香胺染料、可致癌的染料和可能引起过敏感染的染料；衣服中的甲醛、可提取的重金属含量、浸出液pH值、色牢度及杀虫剂的残留量都应符合直接接触皮肤的国家环保标准；整件成品从采购、生产到包装出货，各环节经过科学严格的处理，符合国家的环保要求。

8.7 饰品与人体健康

饰品是用来装饰的物品。精美的饰品不仅可以让人耳目一新、心旷神怡，而且有的还有益于身体健康，具有保健功能。但是，一些饰品在使用不当或劣质饰品也会对人体健康带来影响。

8.7.1 饰品中的化学物质

（1）金属类饰品

金属类饰品是以各种金属材料制成的各种元宝饰品和镶宝饰品的总称，主要包括贵金属首饰、普通金属首饰和特殊金属首饰等三大类。

① 贵金属首饰。该类首饰以价值昂贵的稀有金属为原料，通过加工精制而成。这类饰品不仅具有装饰功能，而且具有保值功能。其采用的材料有黄金、铂金、K白金、银等。

② 普通金属首饰。该类首饰指那些以普通金属材料，通过手工或机械加工制成的，与各类贵金属首饰在款式和功能上相仿的首饰。这类首饰价值低廉、款式繁多，主要品种有铜首饰、铝首饰、铁首饰、铅首饰等。

③ 特殊金属首饰。主要为了弥补贵金属的稀罕、昂贵和普通金属的色泽差、材料粗重的缺陷，采用一些古老的特殊工艺和新科技研制的材料被用作首饰。这些经过特殊工艺配制的材料所制成的金属首饰，称之为特殊金属首饰。

（2）宝石

宝石类主要包括钻石、水晶、祖母绿、红宝石、翡翠等。钻石，又名金刚石，在透明无色钻石中碳元素含量达99.95%～99.98%，硬度居已知物质之最。水晶分天然水晶和人造水晶两类，天然水晶是石英晶体。而人造水晶是由含铅玻璃制成，视含铅成分的多少称"含铅水晶"、"全铅水晶"等不同类型。人造水晶比天然水晶更加晶莹剔透，有如钻石一样，可以折射出"光谱"。祖母绿，又称"绿宝石"或"翠玉"，为翠绿色晶体天然宝石。红宝石属于刚玉，是选用深红色微透明状的晶体，沿用钻石首饰镶制工艺而制成的各种精美首饰。翡翠，又叫硬玉，质地为纤维状结构，具有一定的韧性和独特的耐久性。

8.7.2 饰品与人体健康

（1）金属类饰品

金属类饰品有手镯、手链、臂环、戒指、指环、钥匙扣、手机挂饰、手机链等。纯度高的黄金饰品对人体是没有多大危害的，但纯度不够的黄金饰品会对儿童具有一定伤害，如儿童饰品中存在着重金属含量超标现象。铅超标可能会引起慢性中毒，影响儿童的智力、听力。铬超标会引起孩子呕吐、腹泻、腹痛等症状，严重的可导致肾脏功能障碍。约有10%～15%的消费者，当皮肤接触到镍后，会产生过敏反应。银是一种不稳定的金属，健康人体表的油脂能维护银本色，长期不佩戴暴露在空气中会变黄，遇到体内有沉积霉素，或碰到含"硫"的化学品（如洗发剂，肥皂等）会突然变黑，所以佩戴银饰能否保持银本色，也是身体健康与否的一种表现。白金，即黄金与其他金属的合金。这种合金会添加钯、铜、铑等防止过敏反应的金属，故而对身体不会造成影响。近几年科学研究表明，人体里铜元素对人体骨架的形成具有重要作用。凡摄入足够铜元素的少年，身高都在平均身高以上，而那些低于平均身高的少年，铜的摄入量大都低于标准值。个别矮个少年铜的摄取量要比高个子少年低50%～60%。铜元素在机体组织发生癌变过程中还起着抑制作用。如我国一些边远地区的妇女和儿童，由于佩戴铜首饰，加上日常生活中经常使用铜器，这些地区的癌症发病率很低。另外，铜还有预防心血管病、消炎抗风湿等作用。合金类饰品在市场上最为多见，但多以仿真首饰为主。为了让仿真首饰发出鲜亮的光泽，往往在首饰表层涂抹一层金属。佩戴镍含量超标的仿真饰品，容易引起皮炎，有过敏体质的人甚至可能患上首饰皮炎，即在接触部位出现红肿、奇痒、水疱、脱皮现象，严重的会诱发哮喘和全身荨麻疹等疾病，影响人体健康。因此，佩戴仿真饰品必须极为谨慎。

佩戴金属首饰引起的接触性皮炎通常叫首饰病。这是由于过敏体质的人接触到首饰中所含有的一些金属，如镍、铬等引起的过敏反应。有些人的过敏症状仅表现在首饰与皮肤接触的部位，如耳部、颈部、手腕、手指等处；也有的人会出现全身过敏反应，先是皮肤红肿，接着开始起小丘疹、长水疱，并且全身奇痒难受。一般情况下，因首饰造成过敏反应的患者只需使用一些治疗皮肤病的外用药就可以治好。

（2）珠宝类饰品

珠宝首饰除了与美丽、财富紧密相连外，还同人们的健康息息相关。据分析，许多宝石中都含有对人体有益的微量元素。

① 玉石　玉石多含人体必需的微量元素，如铁、锌、硒、铜、铬、钴、镍和锰等，长期佩戴，可浸润皮肤，进入人体，补充不足，所以佩戴玉可使人体各项生理机能获得平衡，有稳定精神和稳定情绪作用。

② 翡翠　翡翠属辉石族稀有钠铝辉石，其主要化学成分含有钠铝元素。翡翠中的化学成分对人体能起补偿作用，有利于增强免疫力，提高新陈代谢功能，从而改善身心健康，起预防与强健作用。但未经成分分析的伪品都不宜帖身佩饰，以防有毒元素损害身心健康。

③ 辐射类宝石　该类宝石包括锆石、夜明珠等，其中低型锆石有较严重的辐射，能够对人体造成损害。夜明珠是指用磷光粉泡过的萤石球，有很多无良商人，用普通的、没有磷光的萤石，通过用磷光粉泡，使之有磷光。假萤石球对人体是有伤害的。

8.7.3　正确使用饰品

一般来说，金属类和宝石类饰品对人的生活影响较小，但是使用周期较长、保管不好也会影响人体健康。比如有的人将戒指常年戴在手上，结果被戒指箍紧的手指皮肤、肌肉、骨头凹陷成环状畸形，影响血液循环，手指会变得麻木、酸肿、疼痛，严重的甚至出现局部坏死。因此佩戴戒指不宜过紧，而且应该经常摘下活动手指。睡觉不摘下耳环很容易被耳环上的金属钩环或硬物刺伤脸颊。而且，长期佩戴首饰，周围的皮肤也难以清洗干净。夏季人体大量排汗，如果不注重清洁卫生，病原微生物就容易在此滋生繁衍，侵入皮肤中，从而影响身体健康。另外在选择饰品时，要选择质量好的饰品，不要购买劣质饰品，以免伤害身体。

 **阅读材料**

口红与健康

口红又称唇膏，是使唇部红润有光泽，达到滋润、保护嘴唇，增加面部美感及修正嘴唇轮廓有衬托作用的产品，也是妇女必备的美容化妆品之一。口红由多种成分配合而成，可以渗入人的皮肤，而且有吸附空气中的尘埃、各种金属离子和病原微生物等副作用。口红通过唾液的溶解，多种有害物质和细菌便可乘机进入口腔，影响人体健康。另外，有些口红在可见光的照射下，会产生"光毒性"反应。光毒反应是由于口唇接触吸收某种光感物质后，经一定光谱引起日晒样反应，它可使口红处的细胞内的脱氧核糖核酸受损伤，负伤的脱氧核糖核酸有导致唇癌的可能性。据有关资料报道，常涂口红的人有20%会发生"口红唇过敏症"，其症状表现为嘴唇干裂、烧灼、表皮剥脱、轻微疼痛等过敏症状。还有人会引起中毒，甚至产生癌变。一般说，咽下微量口红对身体不大可能造成危害，但是口红毕竟含有色素，不管是有机或无机色素，长期使用会产生蓄积作用，对机体造成潜在性危害。此外，口红应个人专用，不宜与他人合用，以免口红污染后，经皮肤和唾液等引起传染病。

女士涂口红是一种美容手段，应重视保证自己的健康。首先要选用优质口红，并注意产品的保质期。涂口红时宜淡妆不宜浓抹，就餐前将口红擦净，涂抹口红后若出现发痒、疼痛等不适症状，应立即洗净停用，以防引起口红过敏症，睡前应卸妆，减少羊毛脂对口唇黏膜的刺激。为了健康，口红不宜多用。

指甲油与健康

指甲油是女性修饰指甲的一种化妆品。普通指甲油中含有邻苯二甲酸酯、苯、甲醛、丙酮、乙酸乙酯等物质，所以经常使用可能会对人体健康产生一定危害。

第一，可能慢性中毒。指甲油主要成分为70%～80%的挥发性溶剂，基本上是以硝化纤维为主要原料，配上邻苯二甲酸酯、丙酮、醋酸乙酯、乳酸乙酯、苯二甲酸酐类等化学溶剂制成。邻苯二甲酸酯主要起到软化指甲的作用。这种物质会通过呼吸系统和皮肤进入人体，如果过多使用，会增加女性患乳腺癌的概率。不合格的指甲油会含有大量可能致癌的荧光剂。另外，用来美甲时的表皮磨光剂、染色增强剂等很多成分亦可能含有毒物质。由于指甲很容易吸收外界物质，所以，长期使用含铅、砷、汞、苯等重金属的指甲油可能会出现慢性中毒，甚至致癌。

第二，可致流产和畸胎。指甲油中含有的"邻苯二甲酸酯"是一种无色无味的油状液体，挥发性好，能够使指甲油质地更均匀、耐用。它可通过皮肤、呼吸道及消化道进入人体，积蓄在脂肪组织，不易排泄。如果人体内此物质的残留浓度高，会危害肝、肾、心血管和生殖系统，影响人体内分泌功能。孕妇长期使用后可致胎儿生殖器畸形或流产。

第三，指甲感染或发炎。频频美甲会导致指甲颜色变暗、变灰，这时只好通过厚厚的指甲油来掩盖。由于不断涂油掩盖变形指甲，导致恶性循环，最终指甲周围的指肉红肿流脓。这主要是因为把指甲小皮除掉或推后，指甲基质失去保护，就很容易使皮下组织发红、肿痛。如果感染状况严重，会迅速化脓，形成甲沟炎，若反复发作，最后会变成慢性甲沟炎。指甲表层有一层像牙齿表层釉一样的物质，能保护指甲，成为屏障。而指甲表面锉薄后，保护作用减弱，细菌、真菌和微生物很容易侵染指甲，易得灰指甲。

染发剂与健康

染发就是将头发表层的毛鳞片打开，让颜色颗粒进去。头皮是人体毛囊最多、最密集的部位，染发剂中的有害物质通过头皮以及挥发经过毛囊进入人体。即便没有直接接触头皮，化学成分经过挥发形成的气体也会通过毛囊进入人体。染发剂最常见的危害就是过敏反应，比如局部的皮肤出现红斑、水泡、瘙痒及过敏性皮炎等症状。严重的过敏人群则会发生全身性的过敏现象，比如呼吸道痉挛等，甚至危及生命。日本皮肤科医生向井秀树指出："化学染发剂已经成为引起接触性皮炎的一个重要诱因。在接触性皮炎患者中，有20%的人的疾病是由于化学染发引起的，化学染发已成为严重的社会问题。"美国医学家指出：若要保持头皮健康，最好少用化学染发剂。因为各种化学染发剂中常含镍元素。最新研究发现，普遍应用的染发原料会减少有益于头皮的细菌数量，对正常头皮的保护不利。长期使用含有苯胺类化学染发剂进行染发将导致体内蓄积毒素。当蓄积毒素超过1%时就会导致皮肤癌、淋巴癌、乳腺癌、膀胱癌、白血病等各种癌症的发生。

消除化学染发剂造成的伤害，必须停止使用添加了表面活性剂的染发水，而使用健康安全的天然替代产品。另外，要多吃可以给头发和头皮提供养分的绿色和黄色蔬菜，特别是含有胡萝卜素的油菜和菠菜。维生素B可以防止皮炎，改善油脂分泌。适当摄入维生素C也有助于保护皮肤健康。使用染发剂一定要使用经过批准的、合格的染发产品。使用染发剂前必须进行皮肤过敏试验，尽量防止染发剂直接接触皮肤，以此来尽量减少染发剂造成危害的概率。

塑料制品中的数字标识

在塑料容器底部有一个带有三个箭头组成的三角形符号，三角形里边有1～7的数字，每一个数字都代表不同的材料。这种标注方式有利于生产企业方便塑料制品的回收利用。数字标识1表示聚对苯二甲酸乙二醇酯（PET），矿泉水瓶、碳酸饮料瓶都使用这种材质制成，耐热至70℃，装高温液体或加热易变形，对人体有害的物质会溶出。数字标识2表示高密度聚乙烯（HDPE），常用于生产白色药瓶、清洁用品、沐浴产品，目前超市使用的塑料袋大多使用这种材质制成，可耐110℃高温，标明食品用的塑料袋可用来盛装食品。数字标识3表示聚氯乙烯（PVC），常用于生产雨衣、建材、塑料膜、塑料盒等产品，这种材质的塑料制品易产生有毒有害物质。数字标识4表示低密度聚乙烯（LDPE），保鲜膜、塑料膜等都是这种材质，耐热性不强，通常合格的保鲜膜在温度超过110℃时会出现热熔现象，会留下一些人体无法分解的塑料制剂。使用保鲜膜包裹食物加热，食物中的油脂很容易将保鲜膜中的有害物质溶解出来。因此，提醒消费者在将食物放入微波炉前，先要取下包裹着的保鲜膜。数字标识5表示聚丙烯（PP），微波炉餐盒采用这种材质制成，耐130℃高温，这是唯一可以放进微波炉的塑料盒。需要特别注意的是，一些微波炉餐盒，盒体以PP制造，但盒盖却以PS（聚苯乙烯）制造。数字标识6表示聚苯乙烯（PS），透明度好，但不耐高温，不能与盒体一并放进微波炉。为保险起见，容器放入微波炉前，先把盖子取下。数字标识7表示聚碳酸酯（PC）及其他类，多用于制造奶瓶、太空杯等产品。

标明数字1和7的都含有双酚A，温度愈高，释放愈多，速度也愈快，因此使用这类容器时，不要加热，避免在阳光下直射，同时应尽量少使用回收标识为数字"1"和"7"的塑料容器；第一次使用塑料容器前应用小苏打粉加温水清洗；不用洗碗机、烘碗机清洗、烘干塑料容器；如果塑料容器没编号、乱编号或者图标不标准的，都属不正规产品。

思考题

1. 化妆品里可能含有哪些化学污染物，它们会产生哪些危害？
2. 儿童玩具中有可能带来哪些污染？
3. 怎样避免金属饰品污染？
4. 结合以下案例试分析日常用品哪些因素影响人体健康。

（1）杭州某单位的陈阿姨早年下岗，现在每天的工作就是做家务。可是2009年7月份，陈阿姨却不得不经常往医院的皮肤科跑，因为她的手上出现了皮肤病。手指最末端的指腹开始出现干燥、龟裂，手掌也出现脱皮、发痒、裂口等症状。"每天都很难受。"陈阿姨说。经医生仔细检查，最后确认，这些病症都是因为过多接触洗涤剂引起的。

（2）四川绵阳市民杨女士在四川绵阳某影楼拍摄婚纱照后，手臂出现瘙痒症状。随后，她向绵阳市质监局反映。接到反映后，绵阳市纤维检验所执法人员开始对城区婚纱影楼、婚庆公司的婚纱、礼服进行卫生质量检查。检查发现，部分婚纱摄影店存在婚纱清洗、消毒不规范等问题。

（3）山西王女士从2011年10月到现在一直在为自己莫名其妙生的大病担心不已。王女士经多家医院检查后诊断为肾病综合征。经检测，王女士的血液中汞含量达36纳克/毫升，尿液中汞含量超过54纳克/毫升，都超出正常标准十几倍。在对王女士生活习惯进行分析后，医生将怀疑的重点锁定在了王女士使用的美白化妆品上。被确诊为汞中毒引发的肾病综合征之前，王女士陆续在当地的一家化妆品商店购买了两套美白化妆品。这两种美白化妆品中汞含量都大幅超出了国家标准。其中一款产品汞含量为39453毫克/千克，汞含量超标近4万倍；而另外一款汞含量为64117毫克/千克，超标6万多倍。经过医生的分析和法定机构的检测，最终确认导致王女士肾病综合征的原因是汞中毒，而导致王女士汞中毒的原因正是她所使用的美白化妆品。

绿色化学与低碳生活

 **案例导入**

绿色化学挑战奖

1995年3月16日,美国总统克林顿宣布设立绿色化学挑战奖计划,以推动社会各界进行化学污染预防和工业生态学研究,鼓励支持重大的创造性科学技术突破,从根本上减少乃至杜绝化学污染源。随后美国科学基金会和美国国家环保局提供专门基金资助绿色化学的研究,并于同年10月30日设立总统绿色化学挑战奖,以表彰在该领域有重大突破和成就的个人与单位。

"世界无车日"

1998年法国绿党领导人、时任法国国土整治和环境部长的多米尼克·瓦内夫人倡议开展一项"今天我在城里不开车"的活动。该活动得到首都巴黎和其他34个外省城市的响应。当年9月22日,法国35个城市的市民自愿弃用私家车,使这一天成为"市内无汽车日"。1999年9月22日,法国、意大利、瑞士等国的150多座城市参加了"无车日"活动。2000年2月,欧盟委员会及欧盟的9个成员国确定9月22日为"欧洲无车日"。为了鼓励更多市民乘坐公共客运交通车辆,减少交通对城市空气的污染,中国在全国范围内推行了"无车日"活动。2001年,成都成为中国第一个、亚洲第二个举办无车日活动的城市。

 **讨论**

1. 什么叫绿色化学?人们需要怎样的化学合成品?
2. "世界无车日"会带来哪些环境上的变化?怎样认识和提倡"世界无车日"?

9.1 绿色化学

9.1.1 化学工业带来环境污染

化学工业对人类做出了巨大贡献，合成化学就是典型一例。1824年德国化学家维勒首次人工合成尿素，标志着合成化学的诞生。合成化学可以分为有机合成化学，无机合成化学。无机化学在耐高温、耐低温、耐高压，光学，电学等方面都有很大的贡献。无机化学带动了催化领域的发展，无机合成化学产生的新材料对空间技术、原子能工业、海洋工业提供了发展的物质基础。合成化学为人类社会做出了巨大的贡献，20世纪的六大发明，信息技术，生物技术及核科学与核武器技术，航空航天与导弹技术，激光技术和纳米技术，无不需要合成化学的新材料。如果没有合成化学，六大技术是根本无法实现的。换个角度思考，如果没有合成化学创造的抗生素和药物人类的健康就不能达到现在的水平，没有合成氨，维持地球上的70亿人口，粮食的问题就会有很大的问题。如果没有合成化学提供的材料，很难想象今天的生活能够达到这样高的水平。

20世纪和21世纪是化学的世纪，但是化学对人类的危害也是最大的，特别是传统的化学工业公认为世界上最大的污染源。美国TRI（Toxics Release Iventory）在1994年统计结果表明，化学工业为最大的有害物质释放工业，超过排在前十名的其他9个工业行业的总和。人类通过化学的发展不断进步的同时，对人类生存的地球已经造成了空前的破坏，环境污染，能源耗竭，都成为了现当今最大的问题，所以我们在不断实现科技进步的同时，也要为我们的子孙后代着想。人们不能因为化学工业的成绩而回避现实中存在的污染问题，也不能因为污染问题而对它全盘否定。环境污染破坏了人们正常的生活环境平衡，严重危害人体和动、植物生长，影响了社会的进步。在环境污染中，化学污染占各类污染的80%～90%。化学污染是在化工生产过程中废弃的污染物随废水、废气排出，或以废渣形式排放。化学工业由于使用化学原料数量大、种类多，生产过程中排出的"三废"也就具有数量大，成分复杂，含危害物质多的特点。20世纪五六十年代，世界化学工业（尤其是石油化学工业）的兴起和迅速发展，更加剧了环境污染的危机。化工产品的使用过程中对环境的污染，主要体现在对化工产品的不当使用，及过度过滥使用上。从这一方面来说，几乎每一个人都对化工污染起到了"推波助澜"的作用。

（1）化工废水

各种化工操作（反应、冷却、加热、蒸馏、蒸发、萃取、吸收、过滤、结晶和熔解）都要排放废液或大量废水，生产装置和包装容器的冲洗过程也有可观数量的废水。化工废水中的污染物，一种是其中含有直接对人体和生物有毒性作用的污染物，如一些重金属和类金属及其化合物酚类和氰类等。1953～1979年间，日本的熊本县水俣湾地区，汞废水污染了水俣海域，鱼贝类富集了水中的甲基汞，人或动物吃了鱼贝后引起中毒。受害人数达到1004人，死亡206人。1955～1972年间，在日本富山神川流域由于镉渣污染引起"痛痛病"患者达280人，其中128人死亡。化工废水中的另一种污染物不直接造成危害，但导致水中产生色泽、味道、臭味和增加耗氧量，恶化水质间接损害水生生物的存在。如硫化物、亚硫酸盐和亚铁盐等还原性无机物以及能生物氧化和化学氧化的有机物，均大量地消耗水中的溶解氧使水体缺氧，从而造成水体的富营养化。

（2）化工废气

大气污染物可分为气体污染物和气溶胶状污染物。气体污染物主要有碳的化物、硫的氧化物、硫化氢、氮的氧化物、氯气、氯化氢和烃类等。其中，二氧化碳、氯氟烃、一氧化二氮和甲烷等温室气体造成全球的气温升高。这些将会改变降雨和蒸发体系，影响农业和粮食资源，改变大气环流，进而影响海洋水流导致富营养地区的迁移、海洋生物的再分布和一些捕鱼区的消失。同时，也会使海洋变暖和冰川溶化，给沿海地区造成大灾难。氟里昂、甲烷、四氯化碳和三氯甲烷等引起同温层中臭氧的浓度下降，形成"臭氧空洞"。据研究，臭氧减少1%就会导致增加2%的紫外线到达地球表面，如果没有任何防护措施，紫外线的辐射将会引起每年100万人患癌症。另外，由于化学燃料的大量使用，人为的二氧化硫和氮氧化物的大量排放而形成酸雨。酸雨的主要危害是破坏森林生态系统、改变土壤性质结构、破坏水生生态系统、腐蚀建筑物和损坏人体的呼吸系统和皮肤。目前，我国40%国土面积受到酸雨的危害，我国南方还出现了大片的pH值小于4.5的重酸雨。仅西南地区由于酸雨造成森林生产力下降共损失木材630万立方米，直接经济损失30亿元。

（3）化工废渣

化学工业中排出的工业废渣主要包括硫酸矿渣、电石渣、碱渣、煤气炉渣、磷渣、汞渣、铬渣、盐泥、污泥硼渣、废塑料以及橡胶碎屑等。其中仅以废塑料形成的"白色污染"（指废弃在环境中的废旧塑料，不易回收利用及不可降解性对市容景观和生态环境造成的污染）为例：当前世界塑料工业发展迅速，在2000年达到2亿吨左右。而废塑料约占塑料总量的70%，占城市垃圾的10%~15%。由此可见化工废渣对环境造成的危害。

化学工业的不断发展将会对环境造成新的污染，尽管现有的技术可以治理一部分化工引发的环境污染，但这种"先污染，后治理"的方法所付出的代价是惨重的。

9.1.2 绿色化学的产生

化学研究成果和知识的应用，使人们衣食住行等各个方面都受益匪浅，更不用说化学药物对人们防病祛疾、延年益寿、高质量地享受生活等方面起到的作用。但随着化学工业的发展和大量化学品的生产和广泛应用，也给人类和谐的生态环境带来了黑臭的污水、讨厌的烟尘和各种各样的毒物。起初人们通过减少废气、废水和固体废物的排放量来解决污染问题，后来又通过法规来对废弃物进行管理。但是这些措施并不能根本上解决环境污染问题。现在，人们已经充分认识到：最佳的环境保护方法是从源头上防止污染的产生，而不是产生后再去治理。1995年3月16日，美国总统克林顿宣布设立绿色化学挑战奖计划。随后美国科学基金会和美国国家环保局于同年10月30日设立"总统绿色化学"挑战奖，以表彰在该领域有重大突破和成就的个人与单位。目前，绿色化学越来越受到人们的关注。绿色化学，又称环境无害化学、环境友好化学、清洁化学，是可持续发展的基本化学问题，是一门从源头阻止污染的化学，是国计民生急需解决的热点研究领域。绿色化学涉及有机合成、催化、生物化学、分析化学等学科，体现了化学科学、技术与社会的相互联系和相互作用，是化学科学高度发展以及社会对化学科学发展的作用的产物，对化学本身而言是一个新阶段的到来。

9.1.3 绿色化学的核心与原则

（1）绿色化学核心

绿色化学的核心之一是"原子经济性"即充分利用反应物中的各个原子，因而既能充分利用资源，又能防止污染。"原子经济性"是1991年美国著名有机化学家Trost提出来的，用原子利用率衡量反应的原子经济性，为高效的有机合成应最大限度地利用原料分子的每一个原子，使之结合到目标分子中，达到零排放。原子利用率越高，反应产生的废弃物越少，对环境造成的污染也越少。绿色化学的核心内容还体现在五个"R"上：Reduction——"减量"，即减少"三废"排放；Reuse——"重复使用"，诸如化学工业过程中的催化剂、载体等，这是降低成本和减废的需要；Recycling——"回收"，可以有效实现"省资源、少污染、减成本"的要求；Regeneration——"再生"，即变废为宝，节省资源、能源，减少污染的有效途径；Rejection——"拒用"，指对一些无法替代，又无法回收、再生和重复使用的，有毒副作用及污染作用明显的原料，拒绝在化学过程中使用，这是杜绝污染的最根本方法。

（2）绿色化学原则

绿色化学原则概括起来有防止性、经济性、安全性、效益性等。

第一，防止性。防止化学反应产生废弃物要比产生后再去处理和净化好得多。防止污染进程能进行实时分析。需要不断发展分析方法，在实时分析、进程中监测，特别是对形成危害物质的控制上。从化学反应的安全上防止事故发生。在化学过程中，反应物的选择应着眼于使包括释放、爆炸、着火等化学事故的可能性降至最低。

第二，经济性。应该设计这样的合成程序，使反应过程中所用的物料能最大限度地进到终极产物中，尽量减少派生物。应尽可能避免或减少多余的衍生反应（用于保护基团或取消保护和短暂改变物理、化学过程），因为进行这些步骤需添加一些反应物同时也会产生废弃物。

第三，安全性。无论如何要使用可以行得通的方法，使得设计合成程序只选用或产出对人体或环境毒性很小最好无毒的物质。设计要使所生成的化学产品是安全的。设计化学反应的生成物不仅具有所需的性能，还应具有最小的毒性。溶剂和辅料是较安全的。按设计生产的生成物，当其有效作用完成后，可以分解为无害的降解产物，在环境中不继续存在。

第四，效益性。尽可能降低化学过程所需能量，还应考虑对环境和经济的效益。化学合成程序尽可能在大气环境的温度和压强下进行。只要技术上、经济上是可行的，原料应能回收而不是使之变坏。催化剂（尽可能是具选择性的）比符合化学计量数的反应物更占优势。

9.1.4 绿色化学的任务与技术

（1）绿色化学任务

第一，设计安全有效的目标分子。绿色化学要对已有的不安全的分子进行重新设计，使其保留已有功效的基础上，消除掉不安全因素，得到改进过的安全有效的分子。

第二，寻找安全有效的反应原料。绿色化学要积极主动寻找安全有效的反应原料，以取代在化工生产中常用的光气、甲醛、氢氰酸、丙烯腈等原料。

第三，开发"原子经济"反应。原料分子中的原子百分之百地转变成产物，不生成副产物或废物，实现废物的"零排放"。比如针对钛硅分子筛催化反应体系，开发降低钛硅分子筛合成成本的技术，开发与反应匹配的工艺和反应器就是现在以至今后努力的方向。

第四，采用无毒、无害的催化剂。多年来国外正从分子筛、杂多酸、超强酸等新催化材料中大力开发固体酸烷基化催化剂，使催化剂选择性更高更强。

第五，采用无毒、无害的溶剂。采用无毒无害的溶剂代替挥发性有机化合物作溶剂已成为绿色化学的重要研究方向。如采用超临界二氧化碳作溶剂等。有时采用无溶剂的固相反应也是避免使用挥发性溶剂的一个研究动向，如用微波技术来促进固－固相有机反应。

第六，利用可再生的资源合成化学品。利用生物量（生物原料）代替当前广泛使用的石油，是保护环境的一个长远的发展方向。可再生的物质主要由淀粉及纤维素等组成，前者易于转化为葡萄糖，而后者则由于结晶及与木质素共生等原因，通过纤维素酶等转化为葡萄糖难度较大。

（2）绿色化学技术

绿色化学技术是指将绿色化学的基本观念应用于化学研究、化工制备以及化品的利用等方面。绿色化学技术主要有不对称催化技术、相转移催化技术、酶催化技术、有机电化学合成技术、改变化学反应的溶剂、微波技术、膜技术等。

① 不对称催化技术　不对称催化反应是使用非外消旋手性催化剂进行反应的，仅用少量手性催化剂，可将大量前手性底物对映选择性地的转化为手性产物，具有催化效率高、选择性高、催化剂用量少、对环境污染小、成本低等优点。经过40年的研究，不对称催化已发展成合成手性物质最经济有效的一种方法。不对称催化领域最关键的技术是高效手性催化剂的开发，因为手性催化剂是催化反应产生不对称诱导和控制作用的源泉。美国孟山都公司的Knowles和德国的Homer在1968年分别发现了使用手性膦－铑催化剂的不对称催化氢化反应，从此不对称催化反应迅速发展。近几十年来手性配体的开发是不对称催化领域最为关注的焦点，并已合成出上千种手性配体，其

中BINAP和（DHQD）2PHAL等已实现工业化应用，对映选择性已达到或接近100%，在氢化、环氧化、环丙烷化、烯烃异构化、氢氰化、氢硅烷化、双烯加成、烯丙基烷基化等几十种反应中取得成功，同时在均相催化剂负载化、水溶性配体固载化等研究中也取得了突出成果。不对称催化反应在20世纪90年代发展迅速，目前，该研究趋势逐渐向实用手性技术和工业化的方向发展。在不对称催化反应的研究中，催化剂的设计、合成是不对称催化反应中的第一步，也是最关键的一步。无数科学家在这方面进行了深入的研究，希望找到更加简便的合成方法。无论是学术上的突破和发展，还是社会需求，都成为不对称催化的发展动力，引导人们的进一步探索和研究。

② 相转移催化技术　相转移催化是20世纪70年代以来在有机合成中应用日趋广泛的一种新的合成技术。在有机合成中常遇到非均相有机反应，这类反应的通常速度很慢，收率低。但如果用水溶性无机盐，用极性小的有机溶剂溶解有机物，并加入少量（0.05摩尔以下）的季铵盐或季磷盐，反应则很容易进行，这类能促使提高反应速度并在两相间转移负离子的鎓盐，称为相转移催化剂。一般存在相转移催化的反应，都存在水溶液和有机溶剂两相，离子型反应物往往可溶于水相，不溶于有机相，而有机底物则可溶于有机溶剂之中。不存在相转移催化剂时，两相相互隔离，几个反应物无法接触，反应进行得很慢。相转移催化剂的存在，可以与水相中的离子所结合（通常情况），并利用自身对有机溶剂的亲和性，将水相中的反应物转移到有机相中，促使反应发生。

③ 酶催化技术　生物酶在有机合成中的应用是20世纪80年代发展起来的生化技术，由于它有许多优点，如反应条件温和（常温、近中温），具有高度的区域选择性、立体选择性和对映体选择性，可避免敏感官能团发生变化，可产生许多光学活性物质，尚可完成一些用传统的化学反应很难完成的化学反应；另外还有产品纯、无"三废"、无环境污染等优点，因此越来越受到有机化学研究者的青睐。实验表明，在有机溶剂中进行酶催化反应具有以下优点：增加非极性底物的浓度，很多不溶于水或在水中不稳定的产物能在有机溶剂中用酶来催化生成；有机溶剂能保护酶免受有毒反应物和反应条件的损坏，提高酶的耐温性等。酶催化反应的类型包括氧化还原、酯合成、酯交换、脱氧、磷酸化、脱氨、异构化、环氧化、开环聚合、侧链切除、聚合及卤代等。

④ 有机电化学合成技术　以电化学方法合成有机化合物称为有机电合成，它是把电子作为试剂，通过电子得失来实现有机化合物合成的一种新技

术,这是一门涉及电化学、有机合成及化学工程等学科的交叉学科。有机电合成与一般有机合成相比,有机电合成反应是通过反应物在电极上得失电子实现的,一般无需加入氧化还原试剂,可在常温常压下进行,通过调节电位、电流密度等来控制反应,便于自动控制。有机电合成简化了反应步骤,减少物耗和副反应的发生。可以说有机电合成完全符合"原子经济性"要求,而传统的合成催化剂和合成"媒介"是很难达到这种要求的。从本质来说,有机电合成很有可能会消除传统有机合成产生环境污染的根源。中国走可持续发展战略,在化学合成中有机电合成将会占很大比例,将是未来的合成化学的一种发展趋势。

9.2 低碳经济

9.2.1 低碳经济的提出

人类进入21世纪,全球油气资源不断趋紧,同时气候变化问题也逐渐加剧。英国率先提出"低碳经济"的概念,并于2003年颁布了《能源白皮书(英国能源的未来——创建低碳经济)》。同时,欧美发达国家大力推进以高能效、低排放为核心的"低碳革命",着力发展"低碳技术",并对产业、能源、技术、贸易等政策进行了重大调整,以抢占先机和产业制高点。日本每年投入巨资致力于发展"低碳技术"。美国参议院2007年提出了《低碳经济法案》,同时该国也制定了低碳技术开发计划。"转变传统观念,推行低碳经济"成为2008年6月5日"世界环境日"的主题。

9.2.2 低碳经济的特点

所谓低碳经济,是指在可持续发展理念指导下,通过技术创新、制度创新、产业转型、新能源开发等多种手段,尽可能地减少煤炭石油等高碳能源消耗,减少温室气体排放,达到经济社会发展与生态环境保护双赢的一种经济发展形态。低碳经济有两个基本点:

其一,它是包括生产、交换、分配、消费在内的社会再生产全过程的经济活动低碳化,把二氧化碳排放量尽可能减少到最低限度乃至零排放,获得最大的生态经济效益;

其二,它是包括生产、交换、分配、消费在内的社会再生产全过程的能源消费生态化，形成低碳能源和无碳能源的国民经济体系，保证生态经济社会有机整体的清洁发展、绿色发展、可持续发展。

在一定意义上说，发展低碳经济就能够减少二氧化碳排放量，延缓气候变暖，保护我们人类共同的家园。

9.2.3 低碳经济与绿色化学

"低碳经济"是提高能源利用效率和创建清洁能源结构的经济形式，其核心是技术创新、制度创新和发展观念的更新。"低碳技术"是"低碳经济"的支撑，"低碳观念"是"低碳经济"的行动指针。低碳技术涉及电力、交通、建筑、冶金、化工、石化等部门以及在可再生能源及新能源、煤的清洁高效利用、油气资源和煤层气的勘探开发、二氧化碳捕获与埋存等领域开发的有效控制温室气体排放的新技术。低碳经济核心在于提高能源效率，改善能源结构，优化经济结构，推动社会转型；其本质在于低碳技术创新和经济社会发展激励制度的创新，低碳经济的核心提高碳生产率。绿色经济是实现循环经济、低碳经济和环境保护的最佳手段和方式，尤其在化工和制药领域，由于其涉及的范围与循环经济、低碳经济和环境保护关系极为密切，所以实施绿色化学技术是这些领域实现绿色经济的重要途径。采用绿色化学技术，不仅增加经济效益，而且实现环境保护。

绿色化学和技术创新是实现低碳经济所倡导的节能减排目标的关键因素。化工产业在实现碳减排目标中，既肩负着重大的责任和义务，同时也有着巨大的发展空间。有关研究表明，与非化工类产品相比，化工产品能带来更多的二氧化碳减排数量，在所有被认定为碳减排领域中，有40%左右得益于塑料和保温材料等化工产品。比如，利用二氧化碳生产碳酸二甲酯技术可将工业生产中大量排放的二氧化碳变成碳酸二甲酯等精细化工产品。通过羰基合成等工艺技术，可使二氧化碳与氢反应生产甲烷、甲醇、碳纤维、工程塑料、沥青以及建筑材料等，不仅能减少二氧化碳的排放，还能拓宽氢能利用的空间。除了采用化学方法实现碳利用，变废为宝之外，还有碳捕捉。碳捕捉的主要方法是碳燃烧和碳封存。据有关专家介绍，我国已经掌握了碳捕捉、分离与净化技术，在二氧化碳综合利用领域的技术与世界先进水平相差不大。

面对资源、能源和环境的挑战，为了建立可持续发展的化学工业，我国应遵循生态发展规律，大力发展绿色化学和化工，把原子经济性和零排放作为两个终极目标，使所有化学成分能够完全被利用，使产生的废物都能够变成资源重新利用。绿色化学不但有重大的社会、环境和经济效益，而且说明化学的负面作用是可以避免的，显现了人的能动性。绿色化学是控制化工污染的最有效手段，是人类和化工行业实现可持续发展的必然选择。在世界大力发展低碳经济的背景下，低碳经济的发展，离不开化工产业的发展，中国要由经济大国走向经济强国，更要调整能源结构、产业结构以及技术革新，走可持续发展道路。

9.3 低碳生活

9.3.1 低碳生活的提出

"低碳经济"不仅意味着制造业淘汰高能耗、高污染的落后生产能力，而且意味着要引导公众反思浪费能源、增排污染的不良嗜好，从而充分发掘消费和生活领域节能减排的巨大潜力。在市场经济的体制和观念下，"低碳经济"高能效、低能耗技术状态下的生产仍然是追逐最大利润。因此大量的生产不可避免，所生产的产品最终一定要想办法卖出去，而且卖得越多越好。然而大量生产必然会产生大量污染、大量排碳。单位能耗虽然降低了，但能耗总量因大量生产而大大增加。二氧化碳的排放量不会减少多少或许还会增加。举例来说，通过几十年的努力，小汽车行驶100公里的耗油量下降了约50%，但由于小汽车的总量增加了几十倍。显然污染和二氧化碳排放量也增加了许多倍。因此说，"低碳经济"仅有先进技术的支撑是不够的，必须依托于"低碳生活"才能实现真正的节能减排目的。

9.3.2 低碳生活从身边事做起

"低碳生活"是一种简单、简约和俭朴的生活方式。只要人们愿意改善自己的生活习惯，就可以过上舒适的"低碳生活"。下面的几个小例子就是身边常发生的事情，希望人们能够做到。

少买不必要的衣服。服装在生产、加工和运输过程中，都要消耗大量的能源，同时产生废气、废水等环境污染物。在保证生活需要的前提下，如果每人每年少买一件不必要的衣服就可节约2.5千克标准煤，相应减少排放二氧化碳6.4千克。如果全国每年有2500万人都少买一件衣服，就可以节约6.25万吨标准煤，减排二氧化碳16万吨。

节电节水。使用电脑时，尽量使用低亮度，开启程序少些。尽量不使用空调、电风扇，热时可用蒲扇或其他材质的扇子。夏天开空调前，应先打开窗户让室内空气自然更换，开电风扇让室内先降温，开空调后调至室温25～26℃之间，用小风，这样既省电也低碳。在滴水的龙头下接水，15分钟可接200毫升水，每天近20升，每年就是7000多升。全国有成千上万的水龙头，加在一起可不是个小数！

尽量乘坐公共汽车。汽车数量的急剧增长，使汽车成为城市大气污染的主要来源。不仅如此，制造汽车的过程中也要消耗自然资源，也要排放污染物，汽车还产生噪声等危害；而且，日益增加的汽车给城市交通造成重大压力，造成交通拥堵。这些，都严重地困扰着我们的生活。解决办法就是少乘小汽车，提倡乘坐公共汽车。不开汽车而改骑自行车或步行。北京现有200万辆机动车，每辆车排放的污染物浓度，比东京、纽约等城市同类机动车多3.10倍。

购物自带环保袋。以北京为例，若人均每天消费1个塑料袋（约0.4克重），每天就要扔掉4吨塑料袋，仅原料就价值4万元。塑料废物在垃圾处理厂及堆田区，一般需要20～30年才能被土壤稀释及完全氧化。

植树种草美化空间。草坪从一定程度上除带给人们美的享受外，草坪还在默默地为人们做出更多的贡献。比如，草坪不停地呼吸和进行光合作用，吸收空气中的二氧化碳，为人类吐出氧气。每10平方米草地所释放的氧气，就足够一个人的需要了。草坪还能吸附大量的尘土，它的覆盖和固定作用使地表营养丰富的土层不被风吹走；还可以避免土壤被雨水冲刷，保留一部分雨水，使之成为地下水，有助于城市的雨水回收。树木可以大量吸收二氧化碳、放出氧气，吸附粉尘、吸收有害气体，如形成酸雨的二氧化硫等。此外，树木还能吸纳噪声，调节小气候。所以，在房前屋后种树，既可以美化生活环境，又能起到树木"绿色工厂"的作用，保护人类的健康，为人们提供纳凉的场所。同样，在室内养花，也能够起到净化室内空气的作用。

 阅读材料

环境教育

随着经济社会的发展，人类的生产能力不断提高，规模不断扩大，致使许多自然资源被过度利用，生态环境日益恶化。面对全球日益严重的环境问题，国际社会达成了共识：通过宣传和教育，提高人们的环境意识，是保护和改善环境重要的治本措施。

1972年，斯德哥尔摩人类环境会议是全球环境教育运动的发端，会议强调要利用跨学科的方式，在各级正规和非正规教育中、在校内和校外教育中进行环境教育。随后，环境教育开始体现在各国政府工作中，并逐渐形成全球性的环境教育行动。

　　1977年，联合国教科文组织和联合国环境规划署在前苏联的第比利斯召开了政府间环境教育会议。在第比利斯会议上，各国初步意识到环境教育在教育中的重要性，《第比利斯宣言》指出"从其基本性质看，环境教育对更新教育过程可以做出贡献"，还呼吁"要有意识地将对环境的关心、活动及内容引入教育体系之中，并将此措施纳入到教育政策之中"。第比利斯会议是环境教育发展史上一个里程碑，它突破了环境教育概念以知识为主的特点，明确提出环境教育的目标包括意识、知识、技能、态度和参与五个方面，拓展了环境教育的内容和方法，把环境教育引入了一个更广阔的空间，为全球环境教育的发展构建了基本框架。

　　1987年，世界环境与发展委员会发布了《我们共同的未来》，1992年的地球高峰会议提出了《21世纪议程》，使环境教育成为世界公民必备的通识，也是国际共负的责任。《21世纪议程》是人类大家庭为创建未来可持续发展的行动纲领。《21世纪议程》指出："教育对促进持续发展是非常关键的，它能提高人们对付环境与发展问题的能力，正规和非正规的教育对改变人们的态度都是必要的，使他们有能力估计并表达他们对持续发展的关心。"《21世纪议程》提出了环境教育的重要任务：重新确定教育方向，以适应持续发展的需要；提高公众的意识；进行培训等，从而对整个人类社会的环境教育提出了更高的要求。

　　在联合国1992年环境与发展大会以后，我国很快就制定了环境与发展十大对策，确定实行可持续发展战略，并在世界上率先制定了《中国21世纪议程》。在该议程中写道："加强对受教育者的可持续发展思想的灌输。在小学的《自然》和中学的《地理》等课程中纳入资源、生态、环境和可持续发展内容；在高等学校普遍开设《发展与环境》课程，设立与可持续发展密切相关的研究生专业，如环境学等，将可持续发展思想贯穿于从初等到高等的整个教育过程中。"1994年，联合国教科文组织提出"为了可持续性的教育"，要求把环境教育与发展教育、人口教育等相融合，建立了环境、人口和发展项目，开始将环境教育转向可持续发展的方向。1997年，联合国教科文组织在希腊的塞萨洛尼基召开会议，确定了"为了可持续性的教育"的理念。这标志着环境教育已不再是仅仅对应环境问题的教育，它与和平、发展及人口等教育相结合，形成了"可持续发展教育"。"可持续发展教育"思想的出现，为"绿色学校"的蓬勃发展提供了坚实的理论基础。

环境保护的先行者——大学生

大学是培养高素质人才的地方，大学不仅要提高大学生专业素质和文化素质，而且要提升大学生的自身文化品位和格调。如保护环境就是当代大学生应该具备的文化素质之一。通过环境教育，不仅提高大学生"善"待自然，能动地调节与自然的关系，而且有助于实现环境保护的目的，实现人类和环境的可持续发展。大学生是未来社会发展的中坚力量，大学生的生态环保意识高低将直接影响到我国未来环境保护的策略及生态环境的好坏。因此，高校开展环境教育是环境保护形势的急切需要，是培养大学生具备与其职业活动及生活方式相关的环境保护意识的重要途径。

首先，大学生具备较强的专业知识，较宽的知识领域和较高的个人素质。尤其环境专业的学生自身就具备一定的环境保护方面的知识，让这类大学生宣传环保知识和理念，会有更强的感染力。

其次，大学生具有一定的社会经历和社会责任感。通过大学生的身体力行，以及浅显的语言来宣传环保理念，可扩大受众人群，从而起到良好的社会效果。

最后，通过宣传教育行为可增强大学生自身的环保意识。大学生本身也是社会的重要组成部分，将来也会是环境保护方面的中流砥柱，这个群体如果能够具备出色的环保意识，将给国家带来一个"绿色"的未来。

大学生应该充分的发挥自身的社会作用，承担起属于自己的社会责任，为我国的环保事业、生活环境和美好的明天贡献自己的力量。作为时代的新生力量，大学生必须要走在"低碳生活"的前沿。让低碳成为时尚，让低碳成为生活。

第一，加深对低碳概念的认识和了解，掌握基本的环保术语内涵。我们倡议大学生选修环境生态类课程，参加环保系列知识讲座，学习环保知识，树立低碳新理念。

第二，倡议大学生加入环境保护社团，积极参与各类环保活动。当代大学生科学文化素质高、思维活跃，充满激情与活力，是保护生态环境的新生力量。鼓励大学生投身绿色校园建设，有助于推动大学校园和社会公众的环境教育，使高校成为资源节约、环境优美、生态良性循环的模范社区，引领和促进社会的可持续发展。

第三，我们倡导大学生从点点滴滴做起，切实践行低碳生活。大学生应该改变不良的生活习惯，将环境保护的理念切实落实在生活中。节约一水一电；进行垃圾分类回收；减少一次性物品的使用；重复使用旧书；少买不必要的衣服，捐献旧衣物；珍惜粮食，减少餐桌浪费；多乘公共交通；种植绿色植物，优化社区环境；使用节能产品，引导市场消费。

思考题

1. 什么是绿色化学？绿色化学的原则与核心是什么？
2. 什么叫低碳？什么叫低碳经济？什么叫低碳生活？
3. 发展低碳经济与绿色化学有何联系？
4. 结合以下案例试分析日常生活中怎样坚持低碳生活。

（1）旅游时，自带清洁用品，减少更换被铺的需要，因酒店每次回收的毛巾、被单、床铺都需要用大量的水和清洁剂来清洗，造成水质污染。一次性的洗刷用品都要经历回收、再造的过程里产生废物及废料地球是需要好几十年才能氧化掉。

（2）一株生长了20年的大树，仅能制成6000～8000双筷子。我国每年生产一次性筷子1000万箱，其中600万箱出口到日本、韩国等国。我国森林覆盖率不足日本的1/4，每年为生产一次性筷子就减少森林蓄积200万立方米！

（3）印度加尔各答农业大学德斯教授，对一棵树的生态价值进行了计算：一棵50年树龄的树，产生氧气的价值，约为31200美元；吸收有毒气体、防止大气污染的价值，约为62500美元；增加土壤肥力的价值，约为31200美元；涵养水源的价值，约为37500美元；为鸟类和其他动物提供繁衍场所的价值，约为31250美元，产生蛋白质的价值，约为2500美元；除去花、果实和木材价值，总计创造价值约196000美元。所以，在房前屋后种树，既可以美化生活环境，又能起到树木"绿色工厂"、"绿色卫士"的作用，保护人们的健康，为人们提供纳凉的场所。

附录

附录1

历届世界环境日主题

1974 Only one Earth
只有一个地球
1975 human Settlements
人类居住
1976 Water：Vital Resource for Life
水：生命的重要源泉
1977 Ozone Layer Environmental Concern；Lands Loss and Soil Degradation；Firewood
关注臭氧层破坏，水土流失
1978 Development Without Destruction
没有破坏的发展
1979 Only One Future for Our Children-Development Without Destruction
为了儿童和未来——没有破坏的发展
1980 A New Challenge for the New Decade：Development Without Destruction
新的十年，新的挑战——没有破坏的发展
1981 Ground Water；Toxic Chemicals in human Food Chains and Environmental Economics
保护地下水和人类的食物链，防治有毒化学品污染
1982 Ten Years After Stockholm（Renewal of Environmental Concerns）
斯德哥尔摩人类环境会议十周年——提高环境意识
1983 Managing and Disposing Hazardous Waste：Acid Rain and Energy
管理和处置有害废弃物，防治酸雨破坏和提高能源利用率

1984 Desertification
沙漠化
1985 Youth：Population and the Environment
青年、人口、环境
1986 A Tree for Peace
环境与和平
1987 Environment and Shelter：More Than A Roof
环境与居住
1988 When People Put the Environment First，Development Will Last
保护环境、持续发展、公众参与
1989 Global Warming；Global Warning
警惕全球变暖
1990 Children and the Environment
儿童与环境
1991 Climate Change.Need for Global Partnership
气候变化——需要全球合作
1992 Only One Earth，Care and Share
只有一个地球———一齐关心，共同分享
1993 Poverty and the Environment-Breaking the Vicious Circle
贫穷与环境——摆脱恶性循环
1994 One Earth One Family
一个地球，一个家庭
1995 We the Peoples：United for the Global Environment
各国人民联合起来，创造更加美好的未来
1996 Our Earth，Our Habitat，Our Home
我们的地球、居住地、家园
1997 For Life on Earth
为了地球上的生命
1998 For Life on Earth-Save Our Seas
为了地球上的生命——拯救我们的海洋
1999 Our Earth-Our Future-Just Save It!
拯救地球就是拯救未来
2000 2000 The Environment Millennium-Time to Act
2000环境千年——行动起来吧!

2001 Connect with the World Wide Web of life
世间万物 生命之网
2002 Give Earth a Chance
让地球充满生机
2003 Water-Two Billion People are Dying for It!
水——二十亿人生命之所系
2004 Wanted! Seas and Oceans – Dead or Alive?
海洋存亡 匹夫有责
2005 Green Cities – Plan for the Planet!
营造绿色城市，呵护地球家园
中国主题：人人参与 创建绿色家园
2006　Deserts and Desertification—Don't Desert Drylands!
莫使旱地变荒漠
中国主题：生态安全与环境友好型社会
2007 "MELTING ICE–A hOT TOPIC?"
"冰川消融，是个热点话题吗？"
2008 Kick the habit，towards a low carbon economy
"转变传统观念，推行低碳经济"
2009 Your Planet Needs You–Unite to Combat Climate Change
地球需要你：团结起来应对气候变化
中国主题：减少污染——行动起来
2010 Many Species.One Planet.One Future
多样的物种，唯一的地球，共同的未来
中国主题：低碳减排·绿色生活
2011 "Forests：Nature at Your Service"
森林：大自然为您效劳
中国主题：共建生态文明，共享绿色未来
2012　Green economy：Does it include you?
绿色经济：你参与了吗？
中国主题：绿色消费 你行动了吗？

附录 2

与环境保护有关的纪念日

(1) 世界水日 (3月22日)

1993年1月18日，第47届联合国大会作出决定，从1993年开始，每年的3月22日为"世界水日"。确立"世界水日"标志着水的问题日益为世界各国所重视，旨在唤醒全世界充分认识当前世界性的水危机和水污染，人人都来关心水、爱惜水、保护水。

(2) 世界气象日 (3月23日)

1960年6月，世界气象组织决定，以每年的3月23日为"世界气象日"。该组织要求其成员国每年在这一天举行纪念和宣传活动，例如举行纪念性学术活动仪式，举办气象展览会，举行记者招待会，发表文章，广播，演说，放映气象科学影视，发行纪念邮票等，并广泛宣传天气气候、保护地球大气环境及气象工作对人类的重要性。

(3) 世界地球日 (4月22日)

"地球日"是从1970年4月22日美国的一次规模宏大的群众性环境保护活动开始的，这一天全美国有2000多万人，1万多所中小学，2000所高等院校、2000个社区和各大团体参加了这次活动，人们举行集会、游行、宣讲和其他多种形式的宣传活动，高举着受污染的地球模型、巨画和图表，高呼口号，要求政府采取措施保护环境。这是人类有史以来第一次群众性的环境保护运动，它不仅推动了美国国内环境保护的深入开展，而且有力地推动了世界环境保护事业的发展。1990年4月22日美国发起"地球日" 20周年之际，全世界都进行了地球日活动，从此"地球日"真正成为"世界地球日"。

(4) 世界无烟日 (5月31日)

1989年世界卫生组织将每年的5月31日定为"世界无烟日"，告诫人们吸烟污染环境，有害健康；呼吁全世界所有吸烟者在世界无烟日这一天主动停止或放弃吸烟；呼吁烟草推销单位和个人，在这一天自愿停止公开销售活动和各种烟草广告宣传。

（5）世界环境日（6月5日）

1972年6月5日至6月16日联合国人类环境会议建议将这次会议的开幕日6月5日定为"世界环境日"。同年10月，第27届联合国大会接受并通过了这项建议，规定每年6月5日为"世界环境日"。

（6）世界防治荒漠化和干旱日（6月17日）

1994年12月，联合国第49届大会通过了115号决议，宣布：从1995年起，每年6月17日为"世界防治荒漠化和干旱日"。"世界防治荒漠化和干旱日"的确立，意味着人类同荒漠化抗争的行动从此揭开了新的篇章，为防治土地荒漠化，全世界正迈出共同的步伐。

（7）国际禁毒日（6月26日）

毒品泛滥已是当今世界最为严重的问题之一，积极开展国际禁毒斗争，是国际社会刻不容缓的任务。1987年6月，联合国在维也纳召开部长级国际禁毒会议，建议设立国际禁毒日。1988年，第42届联合国大会确定每年6月26日为"国际禁毒日"，它标志着毒品问题已成为全球共同关心的重大问题。

（8）世界人口日（7月11日）

据有关专家推算，地球上第50亿个人在1987年出生。联合国人口活动基金会根据这一推算，假定1987年7月11日为世界人口突破50亿大关日，倡议在这一天举行"世界50亿人口日"活动。此后，于1990年7月11日，联合国又确定并发起举行了第一个"世界人口日"，同时将7月11日定为"世界人口日"。确定"世界人口日"旨在进一步促进世界各国政府、民间组织及各方面人士注重和解决人口问题，创造有利于控制人口过快增长的舆论环境和工作环境，以利于推进各国的人口与计划生育事业。

（9）国际保护臭氧层日（9月16日）

1995年1月23日，联合国大会通过决议，确定从1995年开始，每年的9月16日为"国际保护臭氧层日"。"国际保护臭氧层日"的确立旨在纪念1987年9月16日签署的《关于消耗臭氧层物质的蒙特利尔议定书》，要求所有缔约国根据《议定书》及其修正案的目标，采取具体行动纪念这一特殊日子。"国际保护臭氧层日"的确定，进一步表明了国际社会对臭氧层耗损问题的关注和对保护臭氧层的共识。

（10）世界旅游日（9月27日）

"世界旅游日"是由世界旅游组织确定的旅游工作者和旅游者的节日。从1980年起，有关国家每年都在这一天组织一系列庆祝活动，如发行纪念邮票，举办明信片展览，推出新的旅游路线，开辟新旅游点等。一些饭店和旅游服务设施还实行减价。旅游业与环境保护密切相关。

（11）世界粮食日（10月16日）

1979年11月，第20届联合国粮食及农业组织大会决议确定，1981年10月16日是首届"世界粮食日"，此后每年的这一天都将作为"世界粮食日"，举行有关活动。联合国粮食及农业组织大会决定举办世界粮食日活动的宗旨在于唤起世界对粮食和农业生产的高度重视。

（12）国际生物多样性日（12月29日）

1994年12月19日联合国大会第49/119号决议案宣布12月29日为"国际生物多样性日"。国际生物多样性日的诞生，说明人类已经省悟到生物多样性是人类赖以生存和发展的基础。这个国际纪念日的确立，还说明生物多样性问题已经引起国际社会和各国政府的广泛关注。

（13）植树节

美国早在1872年便从阿拉斯加州开始建立植树节，到了20世纪80年代初期，又把每年4月最后一个星期五作为全国统一的植树节。日本是每年的4月1日至7日定为绿化周。意大利从1898年就决定每年的11月21日为植树节。委内瑞拉1905年决定每年5月23日为植树节。菲律宾把每年9月的第二个星期六定为植树节。墨西哥的植树节在每年的6月至9月的雨季举行。朝鲜规定每年4月6日为植树节，4月和10月为植树月。法国每年3月为法定的绿化月，月末那天为植树日。泰国为使植树节更加隆重，特把这个节日和每年的9月24日国庆节同时举行。英国每年11月6日至12日在全国开展义务植树活动。塞内加尔每逢雨季一到，全国性植树活动随即开始，时间持续长达半年之久，是世界上植树节最长的国家。我国是开展植树节较早的国家之一。1915年当时的中华民国政府规定每年清明节为植树节，1929年改在每年的3月12日孙中山先生逝世纪念日为植树节。1979年全国人大第5届常务委员会第6次会议根据国务院的提议决定3月12日为中国的植树节。

（14）世界爱鸟周与爱鸟节

世界上有许多国家政府为了普及爱鸟知识和提高人民对鸟的认识，根据本国的季节气候规定了爱鸟日、爱鸟节或爱鸟周、爱鸟月。1981年，我国国务院批转了林业部等8个部门《关于加强鸟类保护执行中日候鸟保护协定的请示》报告，要求各省、市、自治区都要认真贯彻执行，并确定每年的4月至5月初的一个星期内为"爱鸟周"，到1983年底全国已有28个省、市、自治区选定了"爱鸟周"。例如：规定4月1日至7日的有北京、湖北、江西、湖南、云南、宁夏；规定5月1日至7日的有内蒙古、河北、安徽、青海；规定4月22日到28日的有吉林、辽宁、广西；4月4日至10日的有上海、浙江；此外，山东是4月23日至29日，福建是4月11日至17日，广东是4月20日至26日，黑龙江是4月24日至30日，四川是4月2日至8日，陕西是4月11日至17日，新疆是5月3日至8日，江苏是4月20日至26日，河南是4月23日至27日，贵州是3月1日至7日，甘肃是4月24日至30日，山西是清明节后的第一周。

附录 3

常见危险化学品环境污染处置方法

危险化学品的环境污染事故由于其发生的突然性、形式的多样性决定了应急处置的艰难与复杂。当涉及到某一特定的危险化学品时，应根据当时当地的具体情况，参照相关处置技术进行处置。

（1）确定危险化学品的性质和污染危害情况

当突发性环境污染事故发生时，应尽快确定引发突发性环境污染事故的危险化学品的名称（或种类）、数量、形式等基本情况，为处置危险化学品的突发性环境污染事故提供第一手资料，这对减少和降低危险化学品泄漏事故所造成的危害和损失至关重要。

① 对固定源（如生产、使用、贮存危险化学品单位等）可通过对生产、使用、贮存危险化学品单位有关人员（如管理、技术人员和使用人员）的调查询问，以及对引发突发性环境污染事故的位置、所用设备、原辅材料、生产的产品等的判断，一般可较快地确定引发突发性环境污染事故的危险化学品的名称、种类、数量等信息；也可通过污染事故现场的一些特征，如气味、挥发性、遇水的反应特性等，也可作出初步判断；通过采样分析，确定危险化学品的名称、污染范围等。

② 对运输危险化学品所引发的突发性环境污染事故，可通过对运输车辆驾驶员、押运员的询问以及危险化学品的外包装、准运证、上岗证、驾驶证、车号等信息，确定运输危险化学品的名称、数量、来源、生产或使用单位；也可通过污染事故现场的一些特征，如气味、挥发性、遇水的反应特性等，也可作出初步判断；通过采样分析，确定危险化学品的名称、污染范围等。

（2）常见几种（类）危险化学品的一些处置方法

处置危险化学品的突发性环境污染事故的一条基本原则就是将剧毒、有毒、有害的危险化学品尽可能处理成无毒、无害或毒性较低、危害较小的物质，避免造成二次污染，尽量减少和降低危险化学品泄漏事故所造成的危害的损失。可通过物理的（如回收、收集、吸附）、化学的（如中和反应、氧化还原反应、沉淀）等多种方法，进行处置。在可能的情况下，用于处置的物质应易得、低廉、低毒、不造成二次污染，或易于消除。同时，应确保处置人员及周围群众的人身安全，按规定佩戴必需的防护设备（如防护服、防毒呼吸器等），进入现场进行处置。

① 溶于水的剧毒物氰化钠、氰化钾的泄漏处置

若固体物质泄入路面，可用铲子小心收集于干燥、洁净、有盖的容器中，尽可能地全部收集；再在泄入路面喷洒过量漂白粉或次氯酸钠溶液，清除残留的泄漏物。若氰化物溶液泄入路面，可在泄入路面喷洒过量漂白粉或次氯酸钠溶液，清除泄漏物。注意对周围地表水及地下水的监控。若泄入水体，对少量泄漏，可在泄入水体中喷洒过量漂白粉或次氯酸钠溶液，清除泄漏物；对大量泄漏，必要时，应在江河下游一定距离构筑堤坝，控制污染范围扩大，同时严密监控，直到监测达标。

② 微溶于水的剧毒物三氧化二砷（砒霜）的泄漏处置

若泄入路面，可用铲子小心收集于干燥、洁净、有盖容器中，尽可能地全部收集；若泄入水体，可对水体进行喷洒硫化钠溶液，使溶于水的三氧化二砷与硫化钠反应生成不溶于水的硫化砷沉淀，经监测水体达标后，还应对沉积于河床的三氧化二砷和硫化砷沉淀进行彻底清除，以消除隐患。过后，在水体中喷洒漂白粉或次氯酸钠溶液，以消除喷洒硫化钠溶液时过量的硫化物对水体的影响，并测定水体中的硫化物至达标。

③ 无机酸（如盐酸、硫酸、硝酸、磷酸、氢氟酸、氯磺酸、高氯酸）的泄漏处置

若泄入路面，对少量泄漏，用干燥沙、土等惰性材料洒入泄入路面，吸附泄漏物，收集吸附泄漏物的沙、土；再用干燥石灰或苏打灰洒入泄入路面，中和可能残留的酸。对大量泄漏，一开始应避免用水直接冲洗，可在泄入路面周围构筑围堤或挖坑收容，用耐酸泵转移至槽车或专用收集器中，回收或运至废物处理场所处置；再用干燥石灰或苏打灰洒入泄入路面，中和可能残留的酸。若泄入水体，在泄入水体中洒入大量石灰（对江、河应逆流喷洒），进行中和，至水体监测达标。同时应注意对氟离子的监测。

④ 碱（如氢氧化钠、氢氧化钾等）的泄漏处置

若固体泄入路面，可用铲子收集于干燥、洁净、有盖的容器中，尽可能地全部收集。若液碱泄入路面，对少量泄漏，先用干燥沙、土等惰性材料洒入泄入路面、吸附泄漏物，收集吸附泄漏物的沙、土；再用稀醋酸溶液喷

洒路面，中和残留碱液；对大量泄漏，可在泄入路面周围构筑围堤或挖坑收容，用泵转移至槽车或专用收集器中，回收或运至废物处理场所处置；再用稀醋酸溶液喷洒路面，中和残留的碱液。若泄入水体，可在泄入水体中喷洒稀酸（如盐酸）以中和碱液，至水体监测达标。

⑤ 相对密度小于1、不溶于水的有机物（液体）（如苯、甲苯等）的泄漏处置

若泄入路面，对少量泄漏，用活性炭或其他惰性材料或就地取材用如木屑、干燥稻草等吸附；对大量泄漏，构筑围堤或挖坑收容，用防爆泵转移至槽车或专用收集器中，回收或运至废物处理场所处理。若进入水体，应立即用隔栅将其限制在一定范围，小心收集浮于水面上的泄漏物，回收或运至废物处理场所处理。

⑥ 相对密度大于1、不溶于水的有机物（液体）（如氯仿等）的泄漏处置

若泄入路面，对少量泄漏，用活性炭或其他惰性材料或就地取材用如木屑、干燥稻草等吸附；对大量泄漏，构筑围堤或挖坑收容，用防爆泵转移至槽车或专用收集器中，回收或运至废物处理场所处理。注意因向下渗透而造成对地下水的污染。若进入水体，由于比水的密度大、沉入水底，尽可能用防爆泵将水下的泄漏物进行收集，消除污染及安全隐患。

⑦ 有毒、有害气体及易挥发性有毒、有害液体（如液氯、液溴）的泄漏处置

根据事故现场的风向，迅速划定安全区域范围，转移下风向人员至安全处。如对液氯的泄漏，由于泄漏后即成气态，在保证安全情况下，尽可能切断泄漏源，同时，向泄漏源及上空喷含2%～3%硫代硫酸钠（大苏打）的雾状水进行稀释、反应。对液溴的泄漏，若泄入路面，少量泄漏，向泄入路面及上空喷含2%～3%硫代硫酸钠（大苏打）的雾状水进行稀释、反应；大量泄漏，构筑围堤或挖坑收容，用耐腐蚀泵转移至槽车或专用收集器中，回收或运至废物处理场所处置，尔后对泄入路面喷含2%～3%硫代硫酸钠的雾状水进行稀释、反应，清除泄漏物。

附录 4

实验室污染物的处理办法

为防止实验室的污染扩散，污染物的一般处理原则为：分类收集、存放，分别集中处理。尽可能采用废物回收以及固化、焚烧处理，在实际工作中选择合适的方法进行检测，尽可能减少废物量、减少污染。废弃物排放应符合国家有关环境排放标准。

（1）化学类废物

一般的有毒气体可通过通风橱或通风管道，经空气稀释排出。大量的有毒气体必须通过与氧充分燃烧或吸收处理后才能排放。废液应根据其化学特性选择合适的容器和存放地点，通过密闭容器存放，不可混合贮存，容器标签必须标明废物种类、贮存时间，定期处理。一般废液可通过酸碱中和、混凝沉淀、次氯酸钠氧化处理后排放，有机溶剂废液应根据性质进行回收。

（2）含汞废液的处理

排放标准：废液中汞的最高容许排放浓度为 0.05 毫克/升（以 Hg 计）。处理方法：① 硫化物共沉淀法。先将含汞盐废液的 pH 值调至 8~10，然后加入过量的 Na_2S，使其生成 HgS 沉淀。再加入 $FeSO_4$ 共沉淀剂，与过量的 S 生成 FeS 沉淀，将悬浮在水中难以沉淀的 HgS 微粒吸附共沉淀，然后静置、分离，再经离心、过滤，滤液的含汞量可降至 0.05 毫克/升以下。② 还原法。用铜屑、铁屑、锌粒、硼氢化钠等作还原剂，可以直接回收金属汞。

（3）含镉废液的处理

① 氢氧化物沉淀法：在含镉的废液中投加石灰，调节 pH 值至 10.5 以上，充分搅拌后放置，使镉离子变为难溶的 $Cd(OH)_2$ 沉淀，分离沉淀，用双硫腙分光光度法检测滤液中的 Cd^{2+}，使其降至 0.1 毫克/升以下后，将滤液中和至 pH 值约为 7，然后排放。

② 离子交换法：利用 Cd^{2+} 比水中其他离子与阳离子交换有更强的结合

力，优先交换。

（4）含铅废液的处理

在废液中加入消石灰，调节至pH值大于11，使废液中的铅生成$Pb(OH)_2$沉淀。然后加入$Al_2(SO_4)_3$凝聚剂，将pH值降至7~8，则$Pb(OH)_2$与$Al(OH)_3$共沉淀，分离沉淀，达标后，排放废液。

（5）含砷废液的处理

在含砷废液中加入$FeCl_3$，使Fe/As达到50，然后用消石灰将废液的pH值控制在8~10。利用新生氢氧化物和砷的化合物共沉淀的吸附作用，除去废液中的砷。放置一夜，分离沉淀，达标后，排放废液。

（6）含酚废液的处理

酚属剧毒类细胞原浆毒物，处理方法：低浓度的含酚废液可加入次氯酸钠或漂白粉煮一下，使酚分解为二氧化碳和水。如果是高浓度的含酚废液，可通过醋酸丁酯萃取，再加少量的氢氧化钠溶液反萃取，经调节pH值后进行蒸馏回收。处理后的废液排放。

（7）综合废液处理

用酸、碱调节废液pH值为3~4、加入铁粉，搅拌30分钟，然后用碱调节pH值为9左右，继续搅拌10分钟，加入硫酸铝或碱式氯化铝混凝剂进行混凝沉淀，上清液可直接排放，沉淀以废渣方式处理。

（8）生物类废物

生物类废物应根据其病源特性、物理特性选择合适的容器和地点，专人分类收集进行消毒、烧毁处理，日产日清。液体废物一般可加漂白粉进行氯化消毒处理。固体可燃性废物分类收集、处理、一律及时焚烧。固体非可燃性废物分类收集，可加漂白粉进行氯化消毒处理。满足消毒条件后作最终处置。一次性使用的制品如手套、帽子、工作物、口罩等使用后放入污物袋内集中烧毁。可重复利用的玻璃器材如玻片、吸管、玻瓶等可以用1000~3000毫克/升有效氯溶液浸泡2~6小时，然后清洗重新使用，或者废弃。标本的玻璃、塑料、搪瓷容器可煮沸15分钟，或者用1000毫克/升有效氯漂白粉澄清液浸泡2~6小时，消毒后用洗涤剂及流水刷洗、沥干；用于微生物培养的，用压力蒸汽灭菌后使用。微生物检验接种培养过的琼脂平板应压力灭菌30分钟，趁热将琼脂倒弃处理。尿、唾液、血液等生物样品，加漂白粉搅拌后作用2~4小时，倒入化粪池或厕所；或者进行焚烧处理。

(9) 放射性废弃物

一般实验室的放射性废弃物为中低水平放射性废弃物,将实验过程中产生的放射性废物收集在专门的污物桶内,桶的外部标明醒目的标志。根据放射性同位素的半衰期长短,分别采用贮存一定时间使其衰变和化学沉淀浓缩或焚烧后掩埋处理。放射性同位素的半衰期短(如碘131、磷32等)的废弃物,用专门的容器密闭后,放置于专门的贮存室,放置十个半衰期后排放或者焚烧处理。放射性同位素的半衰期较长(如铁59、钴60等)的废弃物,液体可用蒸发、离子交换、混凝剂共沉淀等方法浓缩,装入容器集中埋于放射性废物坑内。

参考文献

[1] 程胜高，但德忠. 环境与健康. 北京：中国环境科学出版社，2006.

[2] 刘新会，牛军峰，史绛红，等. 环境与健康. 北京：北京师范大学出版社，2009.

[3] 崔宝秋. 化学与健康. 大连：大连理工大学出版社，2010.

[4] 周中平，程远，陈朝东. 环境与健康知识问答. 北京：化学工业出版社，2006.

[5] 孙孝凡. 家居环境与人体健康. 北京：金盾出版社，2009.

[6] 石碧清，赵育，阎振华. 环境污染与人体健康. 北京：中国环境科学出版社，2008

[7] [日] 香川顺 编写. 环境与健康——谨防身边的杀手. 周英华，张学库，译. 长春：吉林科学技术出版社，2001.

[8] 杨小红. 健康化学. 合肥：合肥工业大学出版社，2004.

[9] 戴树桂. 环境化学. 北京：高等教育出版社，1997.

[10] 刘天齐. 环境保护. 北京：化学工业出版社，1996.

[11] 马力. 食品化学与营养学. 北京：中国轻工业出版社，2007.

[12] 刘树兴，吴少雄. 食品化学. 北京：中国计量出版社，2008.

[13] 马腾文，殷胜. 服装材料. 北京：化学工业出版社，2007.

[14] 李明阳. 化妆品化学. 北京：科学出版社，2002.

[15] 何谨馨. 染料化学. 北京：中国纺织出版社，2009.

[16] 章福平. 化学与社会. 南京：南京大学出版社，2007.

[17] 唐有祺，王夔. 化学与社会. 北京：高等教育出版社，1997.

[18] 杨频，高飞. 生物无机化学原理. 北京：科学出版社，2002.

[19] 周爱儒. 生物化学. 第六版. 北京：人民卫生出版社，2006.

[20] 康娟. 身边的化学. 北京：中国林业出版社，2002.

[21] 顾莉琴，程若男，郑林，等. 化妆品化学. 北京：中国商业出版社，2000.

[22] 魏荣宝，梁娅，孙有光. 绿色化学与环境. 北京：国防工业出版社，2007.

[23] 江元汝. 化学与环境. 北京：科学出版社，2009.

[24] 贡长生，张龙. 绿色化学. 武汉：华中科技大学出版社，2008.

[25] 卢金星. 微生物与健康. 北京：化学工业出版社，2004.

[26] 徐顺清，王先良. 环境健康学. 北京：化学工业出版社，2005.

[27] 2009年《中国环境状况公报》.

[28] 国家科技教育领导小组办公室编. 科技知识讲座文集. 北京：中共中央党校出版社，2003.

[29] 方明建，郑旭煦. 化学与社会. 武汉：华中科技大学出版社，2009.

[30] 唐有祺. 化学与社会. 北京：高等教育出版社，2004.

[31] 谈建国，陆晨，陈正洪. 高温热浪与人体健康. 北京：气象出版社，2009.

[32] 王英健，崔宝秋，展惠英，等. 环境保护概论. 北京：中国劳动社会保障出版社，2010.

[33] 宋福，沈英娃，卢玲. 洗涤品化妆品与人体健康与环境保护. 日用化学品科学，2001，24（2）：69-72.